Statistik

Entscheidungsorientierte Einführung

Von
o. Prof. Dipl.-Vw.
Dr. Gerhard Marinell
Institut für Statistik
Universität Innsbruck

2., ergänzte Auflage

R. Oldenbourg Verlag München Wien

Die erste Auflage ist unter dem Titel „Statistische Entscheidungsmodelle“ erschienen.

CIP-Kurztitelaufnahme der Deutschen Bibliothek

Marinell, Gerhard:
Statistik : entscheidungsorientierte Einf. / von Gerhard Marinell. – 2., erg. Aufl. – München ; Wien : Oldenbourg, 1987.
1. Aufl. u.d.T.: Marinell, Gerhard: Statistische Entscheidungsmodelle
ISBN 3-486-20309-6

Gesamtherstellung: R. Oldenbourg Graphische Betriebe GmbH, München

ISBN 3-486-20309-6

Inhaltsverzeichnis

Vorwort (zur zweiten Auflage)

Wegen der schnell vergriffenen ersten Auflage konnten für die zweite nur kleinere Tippfehler und Korrekturen in einem Erratum im Anhang zusammengestellt werden.

G. Marinell

Vorwort (zur ersten Auflage)

Statistische Verfahren, die dazu dienen, Aussagen über unbekannte Parameter von Verteilungen zu liefern, kann man nach der explizit verwendeten Information grundsätzlich dreiteilen: Im klassischen Modell werden nur Informationen aus Zufallsstichproben berücksichtigt, im Bayes Modell darüberhinaus auch Vorinformationen in Form von Prioriwahrscheinlichkeitsverteilungen und im Wald Modell werden die möglichen Schäden von Fehlentscheidungen ausführlich in Rechnung gestellt. In jedem der Modelle ist der Statistiker der Entscheidende, der aus der Menge der möglichen statistischen Verfahren ein bestes auswählen muß.

Jeder dieser Ansätze ist ausreichend dokumentiert und sowohl für den Theoretiker als auch für den Praktiker dargestellt. Hier wird versucht, die Zusammenhänge und Gemeinsamkeiten der drei Modelle aufzuzeigen. Im ersten Abschnitt wird ein Überblick über die drei Modelle gegeben. Die Vertiefung erfolgt jeweils in einem eigenen Abschnitt, wobei die Gliederung die gleiche ist. Zuerst wird der Informationsinput in seinen verschiedenen formalen Darstellungsmöglichkeiten erklärt. Dann wird gezeigt, wie diese Informationen zur Auswahl eines besten statistischen Verfahrens verwendet werden können. Dabei wird zwischen Test-, Intervall- und Punktschätzverfahren unterschieden.

Beweise wichtiger Theoreme werden im Anhang zusammengefaßt, um die Lesbarkeit des Textes nicht zu belasten. Am Ende jedes Kapitels findet man Aufgaben samt Lösungen und weitere Ergebnisse. Tabellen für Wahrscheinlichkeitsverteilungen wurden mit Ausnahme der Dichte- und Verteilungsfunktion der Normalverteilung nicht angeführt, da genügend umfangreiche Tabellensammlungen existieren. Näherungsformeln, die mit Hilfe der Normalverteilung berechnet werden können, wurden jedoch angegeben.

Nicht eingegangen wird auf die Technik der Informationsgewinnung. Weder die Erhebung einer Zufallsstichprobe, noch die Techniken zur Feststellung der subjektiven Nutzen- und Wahrscheinlichkeitsfunktion werden erläutert. Auch die Darstellung multivariater Probleme fehlt.

Beim Leser wird als mathematischer Hintergrund lediglich das Vertrautsein mit der Differential- und Integralrechnung vorausgesetzt. Daneben ist eine Einführung in die Wahrscheinlichkeitstheorie wünschenswert. Die für die Lektüre des Buches relevanten Definitionen aus der Wahrscheinlichkeitstheorie sind im Anhang zusammengestellt.

Kommentare von Kollegen, Studenten und Freunden waren sehr hilfreich für mich. Manche Neufassung und Vereinfachung ist den kritischen Anmerkungen von Herrn Dr. Gilg Seeber zu verdanken, die Beseitigung sprachlicher Unzulänglichkeiten Frau Mag. Uta Kirchlechner-Tribus. Frl. Angelika Schimann hat mit viel Geduld und Sorgfalt die zahlreichen Vorlagen und das endgültige Manuskript geschrieben. Ihnen gilt mein herzlicher Dank.

Gerhard Marinell

Statistische Entscheidungsmodelle

"Decisions made in the face of uncertainty pervade the life of every individual and organization. Even animals might be said continually to make such decisions, and the psychological mechanisms by which men decide may have much in common with those by which animals do so. But formal reasoning presumable plays no role in the decisions of animals, little in those of children, and less than might be wished in those of men". (Savage (1954) S. 6)

1. Entscheidungstheoretisches Grundmodell

a) Entscheidungsproblem des Statistikers

Vor dem Lesen dieses Buches wissen Sie nicht, ob sich die Lektüre für Sie lohnt. Die Menge Ihrer Umweltzustände besteht daher zumindest aus den beiden Elementen „die Lektüre ist nützlich für mich" und „die Lektüre ist für mich nicht nützlich". Da Sie sich im Bewußtsein dieser für Sie relevanten Umweltzustände entscheiden müssen, ob Sie das Buch lesen, gehören die Elemente „Buch lesen" und „Buch nicht lesen" zur Menge ihrer möglichen Aktionen. Ihre Entscheidung wird davon abhängen, welche Konsequenzen Sie der Wahl einer der Aktionen und dem Zutreffen der Umweltzustände zuordnen. Wenn Sie sich z. B. entscheiden, das Buch zu lesen und es stellt sich heraus, daß die Lektüre für Sie nützlich ist, dann gehört u. a. der eventuelle Kenntnisgewinn zu den Konsequenzen dieser Wahl. Die verlorene Zeit, die Frustration u. a. m. sind hingegen Konsequenzen dieser Entscheidung für den Fall, daß das Lesen dieses Buches für Sie nicht nützlich ist. Für die Entscheidung das Buch nicht zu lesen, können Sie analog die Konsequenzen im Hinblick auf die beiden Umweltzustände bestimmen. Sie werden jedenfalls Ihr Entscheidungsproblem so lösen, daß Sie in Anbetracht der Konsequenzen jene Aktion wählen, die für Sie optimal ist. Der Statistiker kann sein Entscheidungsproblem auch mit den Begriffen Umweltzustände, Aktionen und Konsequenzen beschreiben. Er kennt den Wert des Parameters einer Verteilung nicht. Die möglichen Werte des Parameters bilden daher die Menge der möglichen Umweltzustände. Um Aussagen über den unbekannten Parameter zu machen, stehen dem Statistiker eine Menge von Aktionen zur Verfügung.

Die Angabe eines Intervalls für den Wert des unbekannten Parameters oder die Angabe eines einzelnen Wertes sind Beispiele für mögliche Aktionen. Die Wahl einer bestimmten Aktion hängt davon ab, welche Konsequenzen der Statistiker einer richtigen bzw. falschen Aussage über den unbekannten Parameter zuordnet. Auch der Statistiker wird versuchen, jene Aktion zu wählen, die im Hinblick auf die Konsequenzen am besten ist. Das Optimum kann jedoch unterschiedlich definiert werden. Die Kriterien zur Auswahl einer besten Aktion werden nämlich nicht nur von der zulässigen Darstellung der Konsequenzen beeinflußt, sondern auch von den zulässigen Informationen über den unbekannten Parameter. Drei Entscheidungsmodelle für die Lösung des Problems der Auswahl einer besten Aktion stehen zur Verfügung. Bevor diese Modelle an Hand eines einfachen Beispiels kurz vorgestellt werden, müssen die Begriffe Umweltzustände, Aktionen und Konsequenzen für das statistische Entscheidungsproblem präzisiert werden.

b) Parameterraum

Die Verteilungsfunktion einer Grundgesamtheit kann ganz oder teilweise unbekannt sein. Teilweise unbekannt bedeutet, daß zwar die Funktionsform der Verteilung bekannt ist, nicht jedoch der die Verteilung genau spezifizierende Parameter ϑ (ϑ kann auch ein Vektor $(\vartheta_1, \ldots, \vartheta_m)$ sein). Bezeichnet man mit $F(x|\vartheta)$ die Verteilungsfunktion der Grundgesamtheit, dann ist die Verteilungsfamilie $\{F(x|\vartheta)| \vartheta \in \Theta\}$ bekannt zu der die Verteilung der Grundgesamtheit gehört, nicht aber der Parameter ϑ, der das Mitglied der Verteilungsfamilie genau bestimmt[1]).

$$\Theta = \{\vartheta_1, \vartheta_2, \vartheta_3, \ldots\}$$

ist der Parameterraum, der die möglichen Werte für den Parameter ϑ enthält. Er entspricht der Menge der möglichen Umweltzustände des entscheidungstheoretischen Grundmodells[2]).

Beispiel 1

X *sei bernoulliverteilt mit dem unbekannten Parameter* π. *Wenn* π *nur die zwei Werte* 0,4 *und* 0,7 *annehmen kann, dann ist* $\Theta = \{0{,}4; 0{,}7\}$ *der Parameterraum und* $\{B(1, \pi)|\pi \in (0; 1)\}$ *die Familie der möglichen Verteilungen für* X. *Wenn* $X \sim N(\mu, \sigma^2)$ *und* μ *sowie* σ^2 *unbekannt sind, dann ist* $\Theta = \{(\mu, \sigma^2)| -\infty < \mu < \infty, \sigma^2 > 0\}$ *der Parameterraum und* $\{N(\mu, \sigma^2)|(\mu, \sigma^2) \in \Theta\}$ *die Verteilungsfamilie für* X. *Wenn nur* μ *unbekannt ist und* $\sigma^2 = \sigma_0^2$, *dann ist* $\Theta = \{(\mu, \sigma_0^2)| -\infty < \mu < \infty\}$ *der Parameterraum oder einfacher* $\Theta = (-\infty, \infty)$ *und* $\{N(\mu, \sigma_0^2)|\mu \in \Theta\}$ *die Verteilungsfamilie für* X.

1) Statistische Verfahren die dazu dienen, die Ungewißheit über den Parameter ϑ einer Verteilung einzuschränken und deren Funktionsform bekannt ist, bezeichnet man als parametrisch. Von nicht parametrischen Verfahren spricht man, wenn die Ungewißheit nicht nur den Parameter ϑ sondern auch die Funktionsform der Verteilung betrifft. Nichtparametrische Verfahren findet man z. B. in Renn (1975) und Bünning, Trenkler (1978).

2) Je nach Kenntnisstand bezüglich des wahren Umweltzustandes unterscheidet man in der Entscheidungstheorie die Ungewißheits-, Risiko- und Sicherheitssituation. Für die statistische Entscheidungstheorie sind nur die Ungewißheits- und Risikosituation relevant, da bei der Sicherheitssituation der wahre Umweltzustand und damit der wahre Parameter bekannt ist. Zu dieser Einteilung und weiteren Klassifikationskriterien siehe Bamberg, Coenenberg (1981).

c) Aktionsraum

Jede Wahl eines Wertes für den unbekannten Parameter ϑ bezeichnet man als Aktion a_i und die Menge der möglichen Aktionen

$$\mathfrak{A} = \{a_1, a_2, a_3, \ldots\}$$

nennt man Aktionsraum.

Ein Entscheidungsproblem mit nur zwei möglichen Aktionen ist ein Testproblem. Es muß nur entschieden werden, ob ϑ zu einer vorgegebenen Teilmenge Θ_0 des Parameterraumes gehört oder nicht.

Beispiel 2

$\{N(\mu, \sigma^2) | \mu \in \Theta\}$ *sei die Familie der Normalverteilungen mit bekannter Varianz* σ^2 *und dem Parameterraum* $\Theta = \{-\infty, \infty\}$ *für* μ. a_1 *ist z. B. die Aktion, „μ ist Element der Teilmenge* $\Theta_0 = (-\infty, 0)$*" und* a_2 *„μ ist nicht Element dieser Teilmenge".*

Wenn die Entscheidung in der Angabe einer Teilmenge des Parameterraumes besteht, in der der unbekannte Parameter ϑ enthalten sein soll, dann gehören zum Aktionsraum die Menge der möglichen Teilmengen von Θ und das entsprechende Problem heißt Intervall- oder Bereichsschätzproblem.

Beispiel 3

Für den unbekannten Parameter μ *der Normalverteilungsfamilie* $\{N(\mu, \sigma^2) | \mu \in \Theta = \mathbb{R}^1\}$ *mit bekannter Varianz* σ^2 *ist* $\mathbb{R}^1$ *der Parameterraum. Wenn man ein Intervall angeben soll, das den unbekannten Parameter* μ *enthält, dann gehören zum Aktionsraum alle möglichen Intervalle von* $\mathbb{R}^1$.

Wenn man für den unbekannten Parameter ϑ einen einzelnen Wert sucht, dann ist der Aktionsraum gleich dem Parameterraum, da es in diesem Fall genausoviele Aktionen wie Parameter gibt. Das entsprechende Entscheidungsproblem nennt man Punktschätzproblem.

Beispiel 4

$\{B(n, \pi) | \pi \in \Theta\}$ *sei die Familie der Binomialverteilungen mit* $\Theta = \{\pi | 0 < \pi < 1\}$. *Da der unbekannte Parameter* π *jeden Wert zwischen* 0 *und* 1 *annehmen kann, umfaßt auch der Aktionsraum diese Zahlenmenge:* $\mathfrak{A} = \{a | 0 < a < 1\}$. *Jede mögliche Aktion besteht in der Wahl einer Zahl aus diesem Intervall.*

d) Schadenfunktion

Die Konsequenzen, die die Wahl einer Aktion und das Eintreffen eines bestimmten Umweltzustandes verursachen, werden im statistischen Entscheidungsproblem durch eine Schadenfunktion ausgedrückt. Die Schadenfunktion $s(a_i, \vartheta_j)$ ist auf dem kartesischen Produkt $\mathfrak{A} \times \Theta$ definiert. Sie gibt den Schaden an, der entsteht, wenn man die Aktion a_i wählt und der wahre Parameter gleich ϑ_j ist.

Beispiel 5

$\{B(1, \pi) | \pi \in \Theta\}$ *sei die Familie der Bernoulliverteilungen. Wenn man nur entscheiden* *will, ob der unbekannte Parameter π Element von $\Theta_1 = \{\pi_1\}$ ist oder von $\Theta_2 = \{\pi_2\}$, dann besteht der Aktionsraum $\mathfrak{A}$ aus den beiden Aktionen $a_1 : \pi = \pi_1$ und $a_2 : \pi = \pi_2$. Das kartesische Produkt $\mathfrak{A} \times \Theta$ besteht in diesem Fall aus vier Elementen, die in folgender Matrix zusammengestellt sind:*

		Θ	
	$s(a_i, \vartheta_j)$	π_1	π_2
$\mathfrak{A}$	a_1	$s(a_1, \pi_1)$	$s(a_1, \pi_2)$
	a_2	$s(a_2, \pi_1)$	$s(a_2, \pi_2)$

e) Entscheidungsbaum

Das statistische Entscheidungsproblem kann auch mit Hilfe eines Entscheidungsbaumes dargestellt werden (s. Fig. 1). In diesem Baum wird mit □ ein Entscheidungsknoten repräsentiert. Der Entscheidende wählt eine der möglichen Aktionen. Jede Aktion wird durch einen Ast dargestellt, der von diesem Entscheidungsknoten ausgeht. ○ ist ein Zufallsknoten. Die von diesem Knoten ausgehenden Äste symbolisieren die möglichen Parameter des Parameterraumes. An den Endknoten △ sind die jeweiligen Schäden angeführt die entstehen, wenn man eine bestimmte Aktion a_i wählt und der unbekannte Parameter tatsächlich ϑ_j ist.

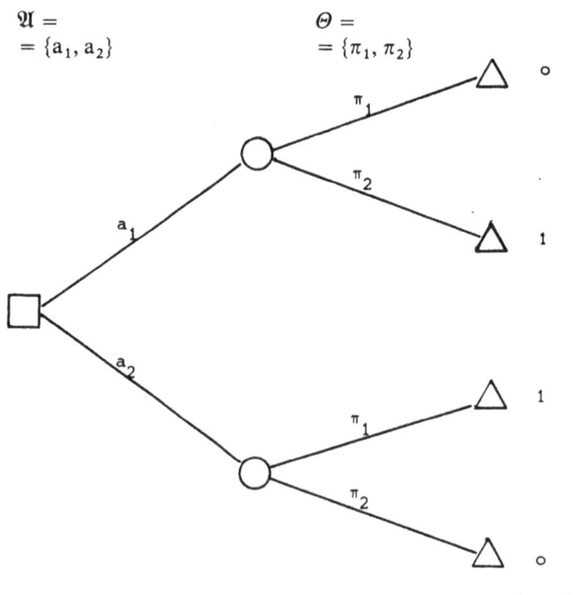

Figur 1: Entscheidungsbaum

Beispiel 6

Für das vorhergehende Beispiel werden folgende Schadenwerte angenommen:

	$s(a_i, \vartheta_j)$	Θ π_1	π_2
$\mathfrak{A}$	a_1	0	1
	a_2	1	0

Wenn z. B. die Aktion a_1 *gewählt wird und der unbekannte Parameter gleich* π_1 *ist, dann entsteht kein Schaden. Ist* π *jedoch gleich* π_2*, dann ist mit einem Schaden von* 1 *zu rechnen.* a_1 *ist die bessere Aktion, wenn der unbekannte Parameter gleich* π_1 *ist und für* π_2 *ist* a_2 *die bessere Aktion.*

Da die Parameter π_1 *und* π_2 *unbekannt sind, kann nicht entschieden werden, welche der beiden Aktionen generell vorzuziehen ist. Das klassische, das Bayes und das Wald Modell sind Entscheidungsmodelle, die unterschiedliche Kriterien zur Lösung dieses Problems anbieten.*

2. Klassisches Modell[3])

a) Stichprobenraum und statistisches Verfahren

Im klassischen Modell wird bei der Wahl einer besten Aktion die Information aus der Realisation einer Zufallsvariablen X berücksichtigt. Wenn man die Menge der möglichen Realisationen der Zufallsvariablen X als Stichprobenraum $\mathfrak{X}$ bezeichnet, dann ordnet man jeder möglichen Realisation $x \in \mathfrak{X}$ eine Aktion $a \in \mathfrak{A}$ zu. Eine solche Funktion, die den Stichprobenraum in den Aktionsraum abbildet

$$\delta:\ \mathfrak{X} \rightarrow \mathfrak{A},$$

nennt man statistisches Verfahren oder nach Wald statistische Entscheidungsfunktion.

Beispiel 7

$\{B(1, \pi) \mid \pi \in (0; 1)\}$ *sei die Familie der Bernoulliverteilungen. Auf Grund der Realisation einer einzigen Zufallsvariablen* X*, deren Verteilung von* π *abhängt, soll entschieden werden, ob der unbekannte Parameter* π *Element von* $\Theta_1 = \{\pi_1\}$ *oder von* $\Theta_2 = \{\pi_2\}$ *ist. In diesem Fall besteht der Aktionsraum* $\mathfrak{A}$ *aus den beiden Aktionen* $a_1 : \pi = \pi_1$ *und* $a_2 : \pi = \pi_2$*. Zum Stichprobenraum* $\mathfrak{X}$ *gehören die beiden möglichen*

---

3) Da die wesentlichen Publikationen, auf die dieser Ansatz zurückgeht, historisch etwas früher erschienen, als die der beiden folgenden Modelle, bezeichnet man diesen Lösungsansatz als klassisches Modell. Thomas Bayes, auf den die Bezeichnung des zweiten Modells zurückgeht, lebte jedoch fast zwei Jahrhunderte vor den sogenannten Klassikern. Unter dem Aspekt der Information wäre es eher angebracht, von Stichproben-, Posteriori- und Schadenmodellen zu sprechen.

Realisationen 0 *und* 1. *Durch die Zuordnung* $\delta(0) = a_1$ *und* $\delta(1) = a_2$ *wird der Stichprobenraum* $\mathfrak{X}$ *in den Aktionsraum* $\mathfrak{A}$ *abgebildet. Die Abbildungsvorschrift* δ *ist ein statistisches Verfahren mit folgender Bedeutung: Wenn die Zufallsvariable* X *den Wert* 0 *annimmt, dann ist die Aktion* a_1 *zu wählen. Der unbekannte Parameter ist Element der Teilmenge* Θ_1. *Ist die Realisation der Zufallsvariablen* X *gleich* 1, *dann wählt man die Aktion* $a_2 : \pi = \pi_2$. *Der entsprechende Entscheidungsbaum ist in Figur 2 dargestellt. Die vom ersten Zufallsknoten ausgehenden Äste symbolisieren in diesem Entscheidungsbaum die möglichen Realisationen der Zufallsvariablen und die vom zweiten Zufallsknoten ausgehenden, die möglichen Parameter. Durch die doppelte Durchstreichung* || *eines Astes wird angezeigt, daß dieser Ast nach dem gewählten statistischen Verfahren nicht in Frage kommt.*

$\mathfrak{X} = \{0, 1\}$ $\mathfrak{A} = \{a_1, a_2\}$ $\Theta = \{\pi_1, \pi_2\}$

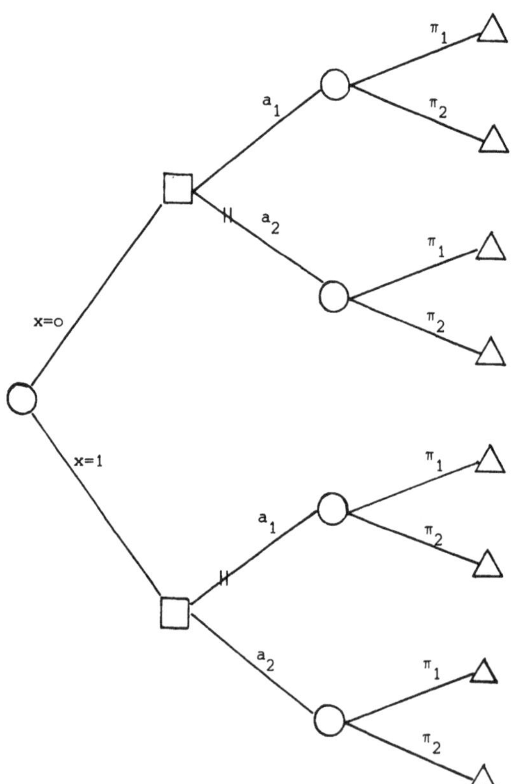

Figur 2: Entscheidungsbaum für ein statistisches Verfahren

b) Menge der statistischen Verfahren

Bei der Berücksichtigung von Stichprobeninformationen entscheidet man nicht direkt durch die Wahl einer Aktion, welchen Wert der unbekannte Parameter ϑ vermutlich hat, sondern durch die Wahl eines statistischen Verfahrens ist für jede

Stichprobenrealisation $x \in \mathfrak{X}$ die Aktion $a \in \mathfrak{A}$ festgelegt und damit der vermutliche Wert von ϑ. Mit

$$\Delta = \{\delta_1, \delta_2, \delta_3, \ldots\}$$

bezeichnet man die Menge der relevanten statistischen Verfahren.

Beispiel 8

In folgender Tabelle sind für das Beispiel 7 mögliche Abbildungen des Stichprobenraumes $\mathfrak{X} = \{0; 1\}$ in den Aktionsraum $\mathfrak{A} = \{a_1, a_2\}$ angeführt.

x_i	δ_1	δ_2	δ_3	δ_4
0	a_1	a_1	a_2	a_2
1	a_1	a_2	a_1	a_2

Beschränkt man sich auf diese Abbildungen, dann gehören zu Δ vier statistische Verfahren. Das im Beispiel 7 beschriebene statistische Verfahren ist hier unter δ_2 angeführt.

c) Risikofunktion

Da X eine Zufallsvariable ist, ist auch der bei der Wahl von δ entstehende Schaden eine Zufallsvariable. Man kann daher den Schaden, der entsteht, wenn man das Verfahren δ_i wählt und der unbekannte Parameter ϑ_j ist, nicht durch eine einzige Zahl ausdrücken. Der auftretende Schaden hängt von der Realisation der Zufallsvariablen X ab. Man ersetzt daher den zufallsabhängigen Schaden $s(\delta(X), \vartheta)$ durch den Schadenerwartungswert $E[s(\delta(X), \vartheta)]$. Die Schadenerwartungswerte für die einzelnen Parameter bezeichnet man als Risikofunktion des Verfahrens δ und kürzt sie wie folgt ab:

$$r(\delta, \vartheta) = E[s(\delta(X), \vartheta)].$$

Beispiel 9

Für die numerischen Werte $a_1 : \pi_1 = 0{,}4$, $a_2 : \pi_2 = 0{,}7$ und die Schadentabelle

	$s(a_i, \vartheta_j)$	Θ: 0,4	0,7
$\mathfrak{A}$	a_1	0	1
	a_2	1	0

sind die Schadenerwartungswerte des statistischen Verfahrens δ_2 von Beispiel 8

$$\begin{aligned} r(\delta_2, \pi_1) &= E[s(\delta_2(X), \pi_1)] = \\ &= s(\delta_2(0), \pi_1) \cdot f(x = 0 | \pi_1) + s(\delta_2(1), \pi_1) \cdot f(x = 1 | \pi_1) = \\ &= 0 \cdot \pi_1^0 (1 - \pi_1)^{1-0} + 1 \cdot \pi_1^1 (1 - \pi_1)^{1-1} = \\ &= 0 \cdot 0{,}6 + 1 \cdot 0{,}4 = 0{,}4, \end{aligned}$$

$$\begin{aligned} r(\delta_2, \pi_2) &= E[s(\delta_2(X), \pi_2)] = \\ &= 1 \cdot 0{,}3 + 0 \cdot 0{,}7 = 0{,}3. \end{aligned}$$

An Hand des Entscheidungsbaumes in Figur 3 ist die Berechnung der Risikowerte für δ_2 veranschaulicht. Bei den Entscheidungsknoten wurden der Einfachheit halber nur jene Äste eingezeichnet, die nach dem Verfahren δ_2 in Frage kommen.

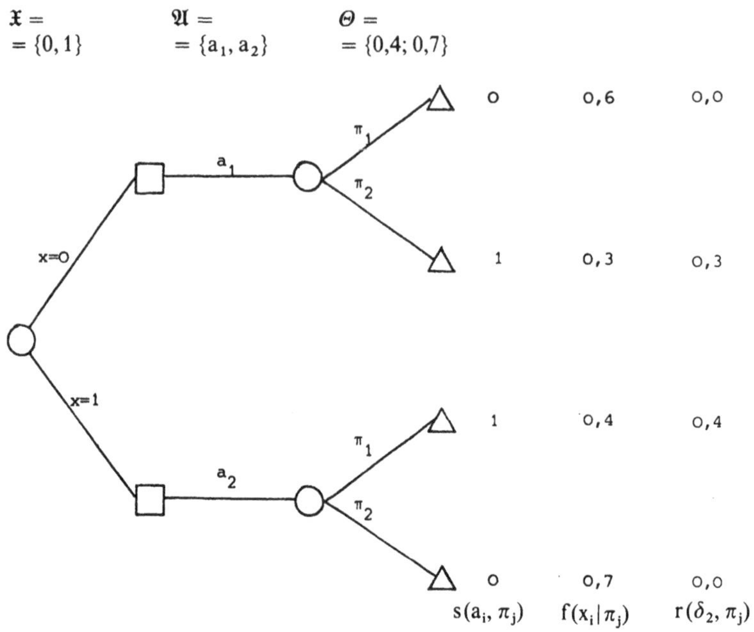

Figur 3: Berechnung der Risikowerte für das statistische Verfahren δ_2

d) Gleichmäßig beste Verfahren

Wenn ein Verfahren δ in der Menge Δ für jedes ϑ ein geringeres oder höchstens gleiches Risiko besitzt als alle anderen Verfahren aus Δ, dann nennt man δ ein gleichmäßig bestes Verfahren. Die Existenz gleichmäßig bester Verfahren stellt leider die Ausnahme dar. Normalerweise ist das Verfahren δ_1 besser als δ_2, wenn der unbekannte Parameter $\vartheta = \vartheta_i$ ist und umgekehrt das Verfahren δ_2 besser als δ_1, wenn $\vartheta = \vartheta_j$ ist.

Beispiel 10

Wenn man sich auf die im Beispiel 8 angeführte Menge Δ der statistischen Verfahren beschränkt, dann zeigt folgende Tabelle die Risikowerte der vier Verfahren für die Schadentabelle von Beispiel 9:

		Θ	
	$r(\delta_i, \pi_j)$	π_1	π_2
	δ_1	0,0	1,0
Δ	δ_2	0,4	0,3
	δ_3	0,6	0,7
	δ_4	1,0	0,0

Der entsprechende Entscheidungsbaum ist in Figur 4 dargestellt. Die Äste des Entscheidungsknotens symbolisieren in diesem Baum nicht mehr die möglichen Aktionen $a \in \mathfrak{A}$, *sondern die möglichen statistischen Verfahren* $\delta \in \Delta$. *An den Endknoten sind auch nicht die jeweiligen Schäden* $s(a_i, \pi_j)$, *sondern die Schadenerwartungswerte* $r(\delta_i, \pi_j)$ *angegeben, die entstehen, wenn man das Verfahren* δ_i *wählt und der wahre Parameter* π_j *ist. Beim Vergleich der vier Verfahren sieht man, daß* δ_1 *das beste ist, wenn der unbekannte Parameter gleich* π_1 *ist und für* π_2 *ist* δ_4 *am besten. Mit Hilfe der Risikofunktion allein kann offensichtlich kein gleichmäßig bestes Verfahren bestimmt werden.*

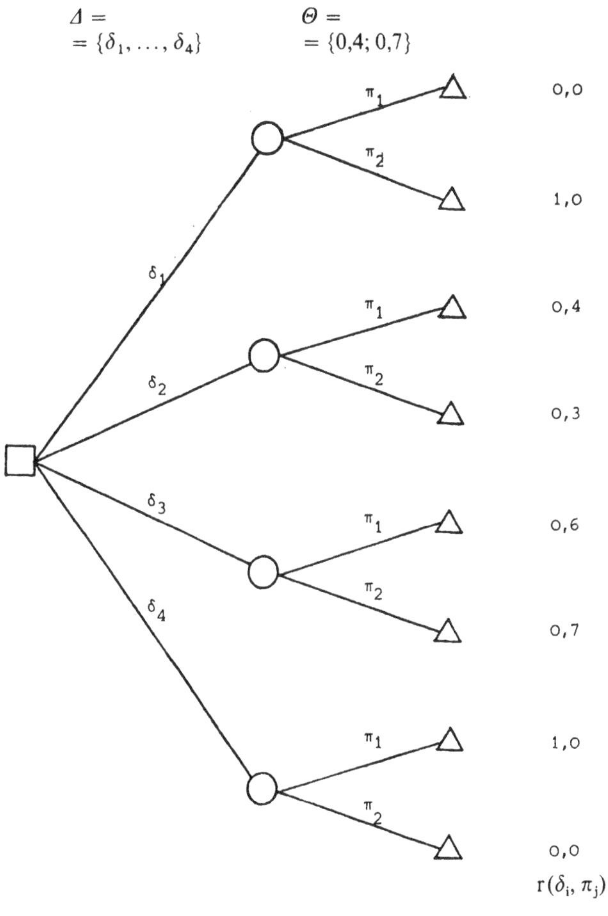

Figur 4: Entscheidungsbaum für das klassische Modell

e) Entscheidung im klassischen Modell

Im klassischen Modell wird das statistische Entscheidungsproblem durch das Tripel (Θ, Δ, r) beschrieben. Um Aussagen über den unbekannten Parameter $\vartheta \in \Theta$ zu machen, versucht man mit Hilfe der Risikofunktion $r(\delta, \vartheta)$ ein bestes statistisches Verfahren $\delta \in \Delta$ auszuwählen. Da die Risikofunktion nicht ausreicht, um aus der Menge aller statistischer Verfahren Δ ein bestes auszuwählen, schränkt man die Menge der statistischen Verfahren in der Hoffnung ein, daß in einer Teilmenge von Δ ein gleichmäßig bestes Verfahren existiert.

Im klassischen Modell wird nur die Stichprobeninformation nicht aber die Schadenfunktion in expliziter Form für die Auswahl eines besten Verfahrens berücksichtigt. Den klassischen Auswahlkriterien entspricht jedoch implizit eine bestimmte Schadenfunktion.

3. Bayes Modell

a) Prioriverteilung

Die Informationen aus der Realisation einer Zufallsvariablen werden auch im Bayes Modell bei der Auswahl einer besten Aktion herangezogen. Darüberhinaus werden aber auch Informationen über die möglichen Werte des unbekannten Parameters ϑ in Form einer Prioriverteilung über den Parameterraum Θ berücksichtigt[4]).

Beispiel 11

X *sei bernoulliverteilt mit dem unbekannten Parameter* π. *Wenn* π *nur die zwei Werte* 0,4 *oder* 0,7 *annehmen kann und man weiß, daß die Wahrscheinlichkeit für den ersten Wert gleich* 0,2 *ist, dann hat* π *die Wahrscheinlichkeitsfunktion*

$$f(\pi) = \begin{cases} 0{,}2 & \text{für} \quad \pi_1 = 0{,}4, \\ 0{,}8 & \text{für} \quad \pi_2 = 0{,}7 \end{cases}$$

als Prioriinformation.

b) Bayes Risiko

Wenn man die Prioriverteilung des unbekannten Parameters kennt, dann kann man für jedes statistische Verfahren δ_i den Risikoerwartungswert berechnen. Diesen Erwartungswert

$$E_\vartheta[r(\delta_i, \vartheta)] = B(\delta_i)\,,$$

bezeichnet man auch als Bayes Risiko des Verfahrens δ_i.

4) Da das Bayes Theorem benötigt wird, um die beiden Informationen zu verknüpfen, heißt das Modell Bayes Modell.

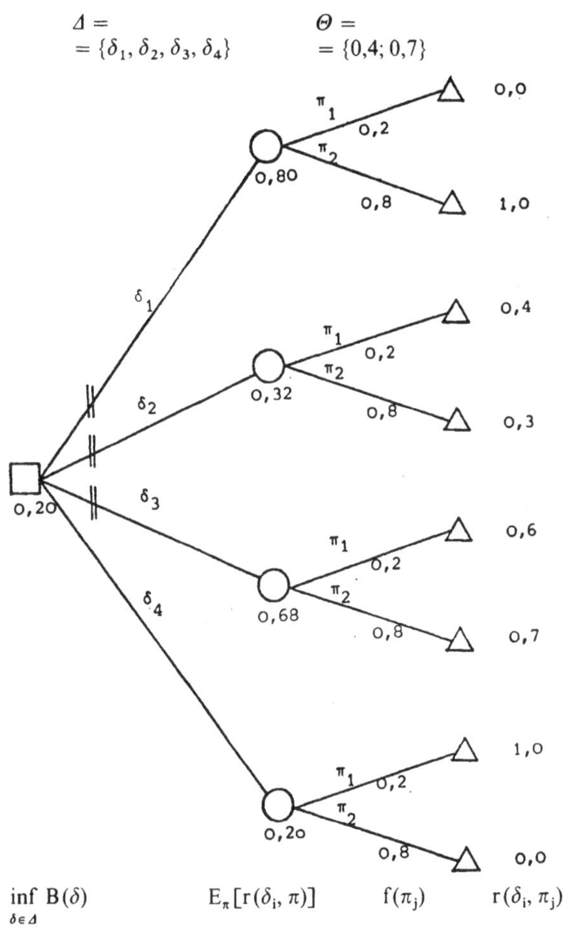

Figur 5: Entscheidungsbaum für das Bayes Modell

Beispiel 12

Für die numerischen Angaben von Beispiel 9 und die Prioriverteilung von π

$$f(\pi) = \begin{cases} 0{,}2 & \text{für} \quad \pi_1 = 0{,}4, \\ 0{,}8 & \text{für} \quad \pi_2 = 0{,}7, \end{cases}$$

ist

$$\begin{aligned} E_\pi[r(\delta_2, \pi)] &= r(\delta_2, \pi_1) \cdot f(\pi_1) + r(\delta_2, \pi_2) \cdot f(\pi_2) = \\ &= 0{,}4 \cdot 0{,}2 + 0{,}3 \cdot 0{,}8 = 0{,}32 \end{aligned}$$

der Risikoerwartungswert des statistischen Verfahrens δ_2. *Die Werte für die restlichen in Beispiel 8 aufgezählten Verfahren findet man in der Figur 5 und der folgenden Tabelle:*

	$r(\delta_i, \pi_j)$	Θ π_1	π_2	$B(\delta_i)$
Δ	δ_1	0,0	1,0	0,80
	δ_2	0,4	0,3	0,32
	δ_3	0,6	0,7	0,68
	δ_4	1,0	0,0	0,20
	$f(\pi_j)$	0,2	0,8	

Der Vergleich der vier Verfahren zeigt, daß δ_4 mit 0,2 das kleinste Bayes Risiko besitzt. Dieses Verfahren ist daher das beste. Es schreibt vor, immer die Aktion $a_2 : \pi = \pi_2$ zu wählen, gleichgültig welche Realisation der Zufallsvariablen auftritt.

c) Entscheidung im Bayes Modell

Im Bayes Modell wird das statistische Entscheidungsproblem durch das Tripel (Θ, Δ, B) beschrieben. Für die Auswahl eines besten statistischen Verfahrens $\delta \in \Delta$ und damit einer besten Aktion $a \in \mathfrak{A}$, muß man nicht wie im klassischen Modell die Menge der statistischen Verfahren einschränken, sondern wählt jenes mit minimalem Bayes Risiko. Für die Ermittlung dieses Risikos benötigt man aber neben den Stichprobeninformationen auch die Prioriverteilung des unbekannten Parameters ϑ über Θ. Die Schadenfunktion wird auch im Bayes Modell nicht explizit berücksichtigt.

4. Wald Modell

a) Schadenfunktion

Das Wald Modell unterscheidet sich von den beiden vorangehenden Modellen durch die ausführliche Berücksichtigung der Schadenfunktion als Informationsbasis für die Auswahl einer besten Aktion. Der Schaden einer falschen Aussage über den unbekannten Parameter wird z. B. nicht nur durch die Zahl 1 ausgedrückt, wie dies im klassischen und Bayes Modell der Fall ist, sondern dieser Schaden wird in seinem vollen Umfang berücksichtigt[5]).

Beispiel 13

Bisher wurde in den Beispielen des klassischen und des Bayes Modells

5) Dieses Modell wird nach A. Wald benannt, der der erste war, der neben den Informationen aus der Realisation einer Zufallsvariablen auch die Konsequenzen, die mit der Wahl eines bestimmten Verfahrens verknüpft sind, explizit berücksichtigte. Das Bayes und Wald Modell werden häufig zusammengefaßt zu einem sogenannten Bayes Ansatz. Wenn differenziert wird, dann findet man in der Literatur nicht die Unterscheidung zwischen Bayes und Wald Modell, sondern zwischen Bayes und entscheidungstheoretischem Ansatz. Vgl. dazu z. B. Barnett (1982).

$$s(a_1, \pi) = \begin{cases} 0 & \text{für} \quad \pi_1 = 0{,}4 \\ 1 & \text{für} \quad \pi_2 = 0{,}7 \end{cases}$$

$$s(a_2, \pi) = \begin{cases} 1 & \text{für} \quad \pi_1 = 0{,}4 \\ 0 & \text{für} \quad \pi_2 = 0{,}7 \end{cases}$$

als Schadenfunktion verwendet. Der Schaden ist 1, *wenn die Aussage über den unbekannten Parameter falsch ist, sonst* 0. *Muß man jedoch mit einem Schaden von* 3 *Einheiten rechnen, wenn die Aktion* a_1 *gewählt wird und tatsächlich der Parameter* $\pi_2 = 0{,}7$ *zutrifft, dann kann dies im klassischen und Bayes Modell nicht berücksichtigt werden. Für die Schadenfunktion*

$$s(a_1, \pi) = \begin{cases} 0 & \text{für} \quad \pi_1 = 0{,}4 \\ 3 & \text{für} \quad \pi_2 = 0{,}7 \end{cases}$$

$$s(a_2, \pi) = \begin{cases} 2 & \text{für} \quad \pi_1 = 0{,}4 \\ 0 & \text{für} \quad \pi_2 = 0{,}7 \end{cases}$$

sind

$$r(\delta_2, \pi_1) = 0 \cdot 0{,}6 + 2 \cdot 0{,}4 = 0{,}8$$
$$r(\delta_2, \pi_2) = 3 \cdot 0{,}3 + 0 \cdot 0{,}7 = 0{,}9$$

die Risikowerte des statistischen Verfahrens δ_2 *von Beispiel 8. Für die restlichen Verfahren sind die Werte in folgender Tabelle enthalten:*

	$r(\delta_i, \pi_j)$	Θ π_1	π_2
Δ	δ_1	0,0	3,0
	δ_2	0,8	0,9
	δ_3	1,2	2,1
	δ_4	2,0	0,0

b) Minimax Regel

Wenn man neben der Schadenfunktion nur die Informationen aus der Realisation einer Zufallsvariablen zuläßt, um ein statistisches Verfahren auszuwählen, muß man versuchen, mit Hilfe der Risikofunktion ein bestes Verfahren zu finden. Das Verfahren δ^*, für das der maximal mögliche Risikowert minimal ist

$$\delta^* = \inf_{\delta \in \Delta} \sup_{\vartheta \in \Theta} r(\delta, \vartheta),$$

ist nach der Minimax Regel am besten.

Beispiel 14

In folgender Tabelle sind die maximalen Risikowerte der statistischen Verfahren $M(\delta_i)$ *in der letzten Spalte eingetragen:*

	$r(\delta_i, \pi_j)$	Θ π_1	π_2	$M(\delta_i)$
Δ	δ_1	0,0	3,0	3,0
	δ_2	0,8	0,9	0,9
	δ_3	1,2	2,1	2,1
	δ_4	2,0	0,0	2,0

Da von den vier Verfahren δ_2 mit 0,9 den kleinsten Wert für $M(\delta_i)$ besitzt, ist dieses Verfahren nach der Minimax Regel am besten. Figur 6 zeigt die Ermittlung dieses besten Verfahrens an Hand eines Entscheidungsbaumes.

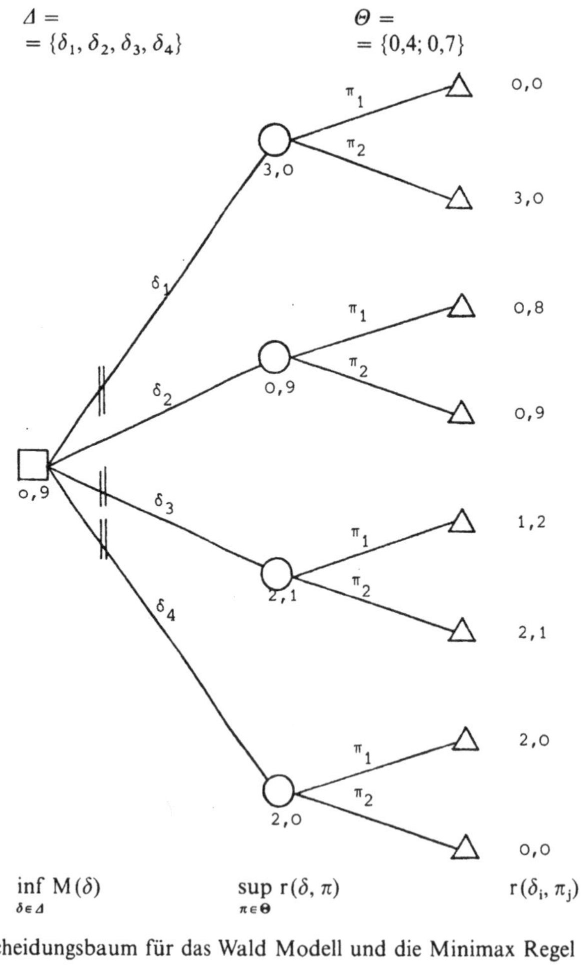

Figur 6: Entscheidungsbaum für das Wald Modell und die Minimax Regel

c) Bayes Regel

Wenn man neben der Schadenfunktion und der Stichprobeninformation auch noch die Prioriverteilung des Parameters ϑ über Θ als Information zur Verfügung hat, dann kann man für jedes statistische Verfahren δ_i das entsprechende Bayes Risiko $B(\delta_i)$ berechnen und als bestes Verfahren δ^* jenes wählen, das für dieses Risiko den kleinsten Wert besitzt, also

$$\delta^* = \inf_{\delta \in \Delta} B(\delta) .$$

Diese Vorgangsweise zur Auswahl eines besten Verfahrens bezeichnet man im Rahmen des Wald Modells als Bayes Regel.

Beispiel 15

Für die vier Verfahren sind in folgender Tabelle und in Figur 7 die Bayes Risiken angeführt, die man auf Grund der Prioriverteilung von Beispiel 11 erhält.

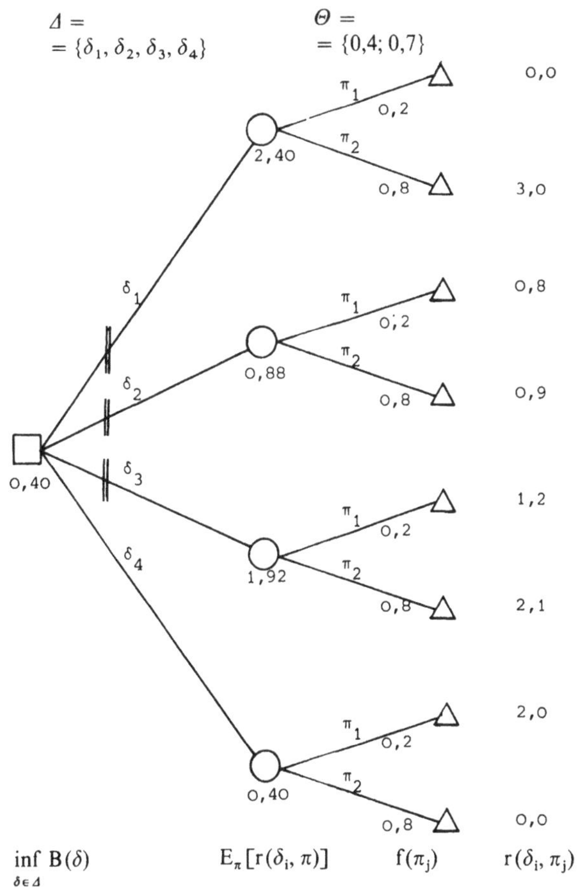

Figur 7: Entscheidungsbaum für das Wald Modell und die Bayes Regel

	$r(\delta_i, \pi_j)$	Θ π_1	π_2	$B(\delta_i)$
Δ	δ_1	0,0	3,0	2,40
	δ_2	0,8	0,9	0,88
	δ_3	1,2	2,1	1,92
	δ_4	2,0	0,0	0,40
	$f(\pi_j)$	0,2	0,8	

δ_4 ist das beste Verfahren, da mit diesem Verfahren das kleinste Bayes Risiko verknüpft ist.

d) Entscheidung im Wald Modell

Das statistische Entscheidungsproblem wird im Wald Modell durch das Tripel (Θ, Δ, r) wie im klassischen Modell oder durch das Tripel (Θ, Δ, B) wie im Bayes Modell beschrieben. Von beiden unterscheidet sich das Wald Modell durch die explizite Berücksichtigung der Schadenfunktion in r bzw. B. Bei der Auswahl eines besten statistischen Verfahrens wird man daher nur für ganz bestimmte Schadenfunktionen zum selben Ergebnis kommen. Die Minimax Regel ist ein Auswahlkriterium für das Tripel (Θ, Δ, r) und die Bayes Regel für (Θ, Δ, B).

A) Klassisches Modell

"We are reminded of the old problem ... of the number of votes in a court of judges that should be needed to convict a prisoner. Is it more serious to convict an innocent man or to acquit a guilty? ... From the point of view of mathematical theory all that we can do is to show how the risk of the errors may be controlled and minimized." (Neyman, Pearson (1933) S. 492).

I. Stichprobe

1. Einfache Stichprobe

a) Unabhängig und identisch verteilt

Um Aufschluß über den unbekannten Parameter einer Verteilung zu erhalten, von der man nur weiß, daß sie zu einer bekannten Verteilungsfamilie gehört, werden nach einer bestimmten Ziehungsvorschrift n Einheiten aus der Grundgesamtheit entnommen. Bestimmt man die Ziehungsvorschrift so, daß jede Einheit der Grundgesamtheit die gleiche Chance hat ausgewählt zu werden, dann erhält man n unabhängige Beobachtungen $x_1, \ldots, x_n$. Jedes x_i kann als Realisierung einer Zufallsvariablen $X_i (i = 1, \ldots, n)$ aufgefaßt werden, wobei die n unabhängigen Zufallsvariablen alle dieselbe Verteilungsfunktion $F(x \mid \vartheta)$ der Grundgesamtheit aufweisen. Das n-Tupel $(X_1, \ldots, X_n)$ bezeichnet man als eine einfache Stichprobe des Umfanges n aus der Verteilung der Grundgesamtheit und das n-Tupel $(x_1, \ldots, x_n)$ ist eine Realisation dieser Stichprobe. Alle n-Tupel, die als Stichprobenrealisation möglich sind, bilden den Stichprobenraum $\mathfrak{X}$.

b) Gemeinsame Verteilungsfunktion

Wegen der Unabhängigkeit der Zufallsvariablen der einfachen Stichprobe ergibt sich ihre gemeinsame Verteilungsfunktion als Produkt aus den einzelnen Randverteilungen:

$$F(x_1, \ldots, x_n \mid \vartheta_1, \ldots, \vartheta_k) = \prod_{i=1}^{n} F_i(x_i \mid \vartheta_1, \ldots, \vartheta_k).$$

Da die Zufallsvariablen identisch verteilt sind, ist die gemeinsame Verteilungsfunktion das n-fache Produkt der Verteilungsfunktion der Grundgesamtheit. Dies gilt auch für die gemeinsame Dichte- bzw. Wahrscheinlichkeitsfunktion:

$$f(x_1, \ldots, x_n \mid \vartheta_1 = \ldots = \vartheta_n) = f(x_1, \ldots, x_n \mid \vartheta) = \prod_{i=1}^{n} f(x_i \mid \vartheta).$$

Beispiel A-I-1

$X_1, \ldots, X_n$ *sei eine einfache Stichprobe mit* $X_i \sim B(1, \pi_i)$. *Wenn die* $X_i (i = 1, \ldots, n)$ *unabhängige Zufallsvariablen sind, dann ist die gemeinsame Wahrscheinlichkeitsfunktion*

$$f(x_1, \ldots, x_n \mid \pi_1, \ldots, \pi_n) = \prod_{i=1}^{n} f(x_i \mid \pi_i) = \\ = \prod_{i=1}^{n} \pi_i^{x_i} \cdot (1 - \pi_i)^{1 - x_i}.$$

Wenn die X_i *zudem auch identisch verteilt sind, d.h.* $\pi_1 = \pi_2 = \ldots = \pi_n$, *dann ist das n-Tupel* $(X_1, \ldots, X_n)$ *eine einfache Stichprobe mit der gemeinsamen Wahrscheinlichkeitsfunktion*

$$f(x_1, \ldots, x_n | \pi) = \prod_{i=1}^{n} f(x_i | \pi) =$$
$$= \prod_{i=1}^{n} \pi^{x_i} \cdot (1 - \pi)^{1 - x_i} =$$
$$= \pi^{\Sigma x_i} \cdot (1 - \pi)^{n - \Sigma x_i}.$$

Aus dem Zusammenhang ist ersichtlich, ob x und ϑ Skalare oder Vektoren sind. Man schreibt $f(x_1, \ldots, x_n | \vartheta_1, \ldots, \vartheta_k)$ daher auch kürzer mit $f(x | \vartheta)$.

c) Likelihoodfunktion

Da nur die Verteilungsfamilie bekannt ist zu der die Verteilungsfunktion der Grundgesamtheit gehört, nicht aber der Parameter $\vartheta \in \Theta$, kann die gemeinsame Verteilungsfunktion der Stichprobe nicht bestimmt werden. Man kann aber eine gegebene Stichprobenrealisationen auch in Abhängigkeit von den möglichen Parametern $\vartheta \in \Theta$ betrachten. Diese Funktion heißt Likelihoodfunktion und wird mit

$$l(x | \vartheta) = f(x | \vartheta)$$

bezeichnet.

Während bei der gemeinsamen Dichtefunktion der einfachen Stichprobe die möglichen Stichprobenrealisationen das Argument der Funktion sind und der Parameter ϑ eine fixe Größe ist, bilden bei der Likelihoodfunktion die möglichen Parameterwerte $\vartheta \in \Theta$ das Argument und die beobachtete Stichprobenrealisation x ist ein fixer Wert.

Beispiel A-I-2

$X_1, \ldots, X_n$ *sei eine einfache Stichprobe mit* $X_i \sim N(\mu, \sigma^2)$, σ^2 *bekannt. Die Likelihoodfunktion für eine Realisation der einfachen Stichprobe ist*

$$l(x_1, \ldots, x_n | \vartheta) = l(x | \vartheta) = \prod_{i=1}^{n} f(x_i | \mu).$$

Da

$$f(x_i | \mu) = (2\pi\sigma^2)^{-1/2} \cdot \exp[-(x_i - \mu)^2/2\sigma^2]$$

die Dichtefunktion der Normalverteilung ist, erhält man für die Likelihoodfunktion

$$l(x | \mu) = (2\pi\sigma^2)^{-n/2} \cdot \exp[-\Sigma(x_i - \mu)^2/2\sigma^2]$$

mit x *konstant und* μ *variabel.*

2. Stichprobenfunktion

a) Stichprobenfunktion als Zufallsvariable

Um Aufschluß über den unbekannten Parameter ϑ der Verteilung der Grundgesamtheit zu erhalten, verwendet man nicht unbedingt die Stichprobe

$X = (X_1, \ldots, X_n)$ selbst als Informationsbasis, sondern eine Funktion der Stichprobe. Diese Funktion

$$T(X) = T(X_1, \ldots, X_n)$$

heißt Stichprobenfunktion, Stichprobenmaßzahl oder auch Statistik. Da die Stichprobe ein n-Tupel von Zufallsvariablen ist, ist auch die Stichprobenfunktion T(X) eine Zufallsvariable mit entsprechender Verteilungsfunktion $F(t|\vartheta)$. $T(x_1, \ldots, x_n) = T(x) = t$ ist eine Realisation von T.

b) Stichprobenmomente

Die Stichprobenmomente, die analog zu den Momenten einer Zufallsvariablen definiert sind, bilden eine wichtige Gruppe von Stichprobenfunktionen. Der Durchschnitt ist z. B. das erste Stichprobenmoment um Null und ist wie folgt definiert:

$$\bar{X} = \sum_{i=1}^{n} X_i/n .$$

Das zweite zentrale Stichprobenmoment ist die Stichprobenvarianz

$$S^2 = \sum_{i=1}^{n} (X_i - \bar{X}^2)/n ,$$

deren Quadratwurzel als Standardabweichung bezeichnet wird.

Beispiel A-I-3

Als Realisation der einfachen Stichprobe $X_1, \ldots, X_{10}$ *liegt folgendes Ergebnis vor:*

7,5; 2,5; 3; 8; 3; 4; 7; 4; 4; 5.

Der Durchschnitt dieser Stichprobe ist $\bar{x} = 10^{-1} \cdot 48 = 4{,}8$ *und die Stichprobenvarianz* $s^2 = 10^{-1} \cdot 36{,}1 = 3{,}61$.

Wenn μ und σ^2 Erwartungswert und Varianz einer beliebig verteilten Grundgesamtheit sind, dann hat jede Zufallsvariable einer einfachen Stichprobe $(X_1, \ldots, X_n)$ den gleichen Erwartungswert und die gleiche Varianz. Es ist also

$$E(X_1) = \ldots = E(X_n) = \mu$$

und

$$V(X_1) = \ldots = V(X_n) = \sigma^2 .$$

Für den Erwartungswert und die Varianz der Stichprobenfunktion $\bar{X}$ gilt unter diesen Voraussetzungen:

$$E(\bar{X}) = E(\sum_{i=1}^{n} X_i/n) = \sum_{i=1}^{n} E(X_i)/n = n \cdot \mu/n = \mu ,$$

$$V(\bar{X}) = V(\sum_{i=1}^{n} X_i/n) = V(\sum_{i=1}^{n} X_i)/n^2 = \sum_{i=1}^{n} V(X_i)/n^2 =$$
$$= n \cdot \sigma^2/n^2 = \sigma^2/n .$$

c) Ordnungsmaßzahlen

Ordnungsmaßzahlen sind weitere wichtige Stichprobenfunktionen. Sie entsprechen den Quantilen einer Zufallsvariablen. Das bekannteste Quantil ist der Zentralwert. Bezeichnet man mit $X_{[i]}$ die i-te Zufallsvariable der geordneten einfachen Stichprobe, dann ist der Zentralwert (oder Median) der Stichprobe

$$\tilde{X} = \begin{cases} X_{[(n+1)/2]} & \text{für n ungerade,} \\ (X_{[n/2]} + X_{[(n+2)/2]})/2 & \text{für n gerade.} \end{cases}$$

Beispiel A-I-4

Für die Realisation der einfachen Stichprobe

$$7{,}5;\ 2{,}5;\ 3;\ 8;\ 3;\ 4;\ 7;\ 4;\ 4;\ 5,$$

ist der Stichprobenzentralwert

$$\begin{aligned} \tilde{x} &= (x_{[n/2]} + x_{[(n+2)/2]})/2 = \\ &= (x_{[5]} + x_{[6]})/2 = (4+4)/2 = 4. \end{aligned}$$

3. Suffizienz[1])

a) Definition der Suffizienz

Die Berechnung einer Stichprobenfunktion bewirkt eine Reduktion der beobachteten Stichprobendaten. Man wird daher anstelle der Stichprobe nur dann eine Stichprobenfunktion verwenden, wenn durch diese Reduktion keine wesentlichen Informationen über den unbekannten Parameter verloren gehen. Eine solche Stichprobenfunktion, die alle relevanten Informationen einer Stichprobe über den unbekannten Parameter ϑ ausnützt, bezeichnet man als suffizient.

Mit Hilfe des Begriffes der bedingten Verteilung kann die Suffizienz wie folgt ausgedrückt werden: $X = (X_1, \ldots, X_n)$ sei eine Stichprobe aus $\{F(x|\vartheta) | \vartheta \in \Theta\}$. Eine Stichprobenfunktion $T = T(X)$ ist für $\vartheta \in \Theta$ genau dann suffizient, wenn die bedingte Verteilung von X, gegeben $T = t$, nicht von ϑ abhängt.

Beispiel A-I-5

$X_1, \ldots, X_n$ *sei eine einfache Stichprobe mit* $X_i \sim B(1, \pi)$. *Ist* $T(X_1, \ldots, X_n) = \sum_{i=1}^{n} X_i$ *suffizient für* π? *Die bedingte Wahrscheinlichkeitsfunktion von* X, *gegeben* $T = t$, *ist*

$$f(x|t) = f(x, t)/f_T(t).$$

Für $\sum_{i=1}^{n} x_i = t$ *ist die gemeinsame Wahrscheinlichkeitsfunktion von* X *und* T

1) Während das Konzept der Suffizienz Eigenschaften von Stichprobenstatistiken betrifft, bezieht sich das Konzept der Vollständigkeit auf Eigenschaften von Verteilungsfamilien. Näheres dazu siehe z. B. Schmetterer (1966).

$$f(x, t) = \begin{cases} \pi^t \cdot (1-\pi)^{n-t} & \text{falls} \quad \Sigma x_i = t \\ 0 & \text{sonst.} \end{cases}$$

Da die Summe unabhängiger bernoulliverteilter Zufallsvariablen binomialverteilt ist, erhält man als Randwahrscheinlichkeitsfunktion von T

$$f_T(t) = \binom{n}{t} \cdot \pi^t \cdot (1-\pi)^{n-t}.$$

Die bedingte Wahrscheinlichkeitsfunktion von X, *gegeben* T = t, *ist daher*

$$f(x|t) = \frac{\pi^t(1-\pi)^{n-t}}{\binom{n}{t}\pi^t(1-\pi)^{n-t}} = \frac{1}{\binom{n}{t}}.$$

Da diese Wahrscheinlichkeitsfunktion unabhängig von π *ist, ist* $T = \Sigma X_i$ *eine suffiziente Stichprobenstatistik für* π.

b) Faktorisationskriterium

Mit Hilfe des Faktorisationskriteriums von Fisher-Neyman kann man die Suffizienz von Stichprobenfunktionen einfach feststellen. Nach diesem Kriterium ist T genau dann suffizient für $\vartheta \in \Theta$, wenn sich die gemeinsame Dichte- bzw. Wahrscheinlichkeitsfunktion der einfachen Stichprobe $f(x|\vartheta) = \prod_{i=1}^{n} f(x_i|\vartheta)$ in folgende Faktoren zerlegen läßt:

$$f(x|\vartheta) = g(t|\vartheta) \cdot h(x).$$

$g(t|\vartheta)$ ist die Dichte- bzw. Wahrscheinlichkeitsfunktion von T, die von ϑ abhängig ist und h(x) ist eine Stichprobenfunktion, die unabhängig von ϑ ist (s. S. 173).

Beispiel A-I-6

$X_1, \ldots, X_n$ *sei eine einfache Stichprobe mit* $X_i \sim N(\mu, \sigma^2)$, σ^2 *bekannt. Die gemeinsame Dichtefunktion der einfachen Stichprobe ist*

$$\begin{aligned} f(x|\vartheta) &= \prod_{i=1}^{n} f(x_i|\mu) = \\ &= (2\pi\sigma^2)^{-n/2} \cdot \exp[-\Sigma(x_i-\mu)^2/2\sigma^2] = \\ &= (2\pi\sigma^2)^{-n/2} \cdot \exp[(\mu\Sigma x_i - n\mu^2/2)/\sigma^2] \cdot \exp[-\Sigma x_i^2/2\sigma^2]. \end{aligned}$$

Der erste Faktor

$$g(t|\vartheta) = (2\pi\sigma^2)^{-n/2} \cdot \exp[(\mu\Sigma x_i - n\mu^2/2)/\sigma^2]$$

ist eine Funktion von μ *und über* $t = \Sigma x_i$ *von* x *abhängig. Der zweite Faktor*

$$h(x) = \exp[-\Sigma x_i^2/2\sigma^2]$$

ist nur abhängig von x, *nicht aber von* $\vartheta = \mu$. $T = \Sigma X_i$ *ist daher eine suffiziente Stichprobenstatistik für* μ.

c) Minimal suffizient

Wenn T(X) suffizient ist, dann ist auch eine eineindeutige Funktion von T(X) suffizient. Ist z. B. $T(X) = \Sigma X_i$ eine suffiziente Stichprobenstatistik für ϑ, dann ist auch $T(X) = n^{-1} \cdot \Sigma X_i$ suffizient für ϑ.

Da ein suffizientes T(X) alle relevanten Informationen der Stichprobe über ϑ enthält, braucht man sich nur auf T(X) zu konzentrieren. Selbstverständlich ist die Stichprobe selbst suffizient. In der Praxis sucht man jedoch eine suffiziente Stichprobenfunktion, die eine geringere Dimension als die Stichprobe hat. Wenn T(X) suffizient und von geringst möglicher Dimension ist, dann nennt man die Funktion minimal suffizient[2]).

Beispiel A-I-7

$X_1, \ldots, X_n$ *sei eine einfache Stichprobe. Der Stichprobenraum* $\mathfrak{X}$ *ist daher* n*-dimensional. Ist z. B.* $X_i \sim B(1, \pi)$*, dann ist* $T(X_1, \ldots, X_n) = \sum_i X_i$ *eine suffiziente Stichprobenstatistik für* π *und der entsprechende Stichprobenraum hat die Dimension* 1.

Minimal suffiziente Stichprobenstatistiken existieren für Verteilungen der sogenannten Exponentialfamilie[3]).

4. Exponentialfamilie

a) Einparametrige Exponentialfamilie

Eine Verteilung gehört zur einparametrigen Exponentialfamilie, wenn ihre Dichte- oder Wahrscheinlichkeitsfunktion die Form

$$\begin{aligned} f(x \mid \vartheta) &= \exp[a(\vartheta) + b(x) + c(\vartheta) \cdot d(x)] = \\ &= \exp[a(\vartheta)] \cdot \exp[b(x)] \cdot \exp[c(\vartheta) \cdot d(x)] = \\ &= g(\vartheta) \cdot h(x) \cdot \exp[c(\vartheta) \cdot d(x)] \end{aligned}$$

besitzt, wobei a, c bzw. g Funktionen von ϑ und b, d bzw. h solche von x sind.

Beispiel A-I-8

Die Binomialverteilung gehört zur einparametrigen Exponentialfamilie, da ihre Wahrscheinlichkeitsfunktion wie folgt geschrieben werden kann:

$$\begin{aligned} f(x \mid \vartheta) &= \binom{n}{x} \cdot \vartheta^x \cdot (1-\vartheta)^{n-x} = \\ &= \exp\left[\ln\binom{n}{x} + x \cdot \ln\vartheta + (n-x) \cdot \ln(1-\vartheta)\right] = \\ &= \exp\left[n \cdot \ln(1-\vartheta) + \ln\binom{n}{x} + x \cdot \ln\{\vartheta/(1-\vartheta)\}\right]. \end{aligned}$$

2) Explizite Verfahren zur Ermittlung von minimal suffizienten Statistiken findet man in Lehmann, Scheffé (1950) und Bahadur (1954).

3) Der Begriff der Exponentialfamilie wurde von Darmois (1935), Koopman (1936) und Pitman (1936) eingeführt.

Der letzte Ausdruck entspricht der Wahrscheinlichkeitsfunktion der Exponentialfamilie mit $a(\vartheta) = n \cdot \ln(1 - \vartheta)$, $b(x) = \ln\binom{n}{x}$, $c(\vartheta) = \ln[\vartheta/(1 - \vartheta)]$ *und* $d(x) = x$.

Einparametrige Exponentialfamilien sind neben den diskreten Binomialverteilungen auch die Poissonverteilungen. Normalverteilungen mit bekannter Varianz und Exponentialverteilungen sind stetige Verteilungen, die zu dieser Familie gehören.

b) Suffiziente Stichprobenfunktion einer einfachen Stichprobe aus einer Verteilung der einparametrigen Exponentialfamilie

Eine einfache Stichprobe $X_1, \ldots, X_n$ aus einer Verteilung einer einparametrigen Exponentialfamilie hat die gemeinsame Dichte- bzw. Wahrscheinlichkeitsfunktion

$$\prod_{i=1}^{n} f(x_i | \vartheta) = \prod_{i=1}^{n} \{\exp[a(\vartheta) + b(x_i) + c(\vartheta) \cdot d(x_i)]\} =$$
$$= \exp[n \cdot a(\vartheta)] \cdot \exp[\sum_{i=1}^{n} b(x_i)] \cdot \exp[c(\vartheta) \cdot \sum_{i=1}^{n} d(x_i)].$$

Für jedes Mitglied dieser Familie ist (wegen des Faktorisationskriteriums)

$$T(X) = \sum_{i=1}^{n} d(X_i)$$

eine suffiziente Stichprobenstatistik.

Beispiel A-I-9

Für eine Normalverteilung mit dem Erwartungswert $\mu = 0$ *und unbekannter Varianz* $\sigma^2 = \vartheta$, *ist*

$$f(x | \vartheta) = (2\pi\vartheta^2)^{-1/2} \cdot \exp[-x^2/2\vartheta^2] =$$
$$= \exp[-x^2/2\vartheta^2 - \ln(2\pi\vartheta^2)^{1/2}]$$

die Dichtefunktion. Diese entspricht der Form der Exponentialfamilie mit $a(\vartheta) = \ln(2\pi\vartheta^2)^{1/2}$, $b(x) = 0$, $c(\vartheta) = -1/2\vartheta^2$ *und* $d(x) = x^2$. *Mit dieser Darstellung weiß man auch, daß*

$$T(X) = \sum_{i=1}^{n} d(X_i) = \sum_{i=1}^{n} X_i^2$$

eine suffiziente Stichprobenstatistik für den unbekannten Parameter σ^2 *ist.*

Man kann zeigen, daß die Dichtefunktion der suffizienten Stichprobenstatistik ebenfalls zu einer Exponentialfamilie gehört (vgl. Beaumont (1980) S. 209).

c) k-parametrige Exponentialfamilie

Die Familie heißt k-parametrige Exponentialfamilie, wenn $f(x | \vartheta)$ folgende Form hat:

$$f(x|\vartheta) = \exp[a(\vartheta) + b(x) + \sum_{j=1}^{k} c_j(\vartheta) \cdot d_j(x)] =$$
$$= g(\vartheta) \cdot h(x) \cdot \exp[\sum_{j=1}^{k} c_j(\vartheta) \cdot d_j(x)]$$

mit $\vartheta = (\vartheta_1, \ldots, \vartheta_m)$.

Die Stichprobenstatistiken

$$T_j(X) = \sum_{i=1}^{n} d_j(X_i)$$

sind gemeinsam suffizient für den unbekannten Parametervektor ϑ.

Beispiel A-I-10

Die Normalverteilung $N(\mu, \sigma^2)$ *mit* $\vartheta = (\mu, \sigma^2)$, *gehört zur zweiparametrigen Exponentialfamilie, da ihre Dichtefunktion wie folgt geschrieben werden kann:*

$$f(x|\vartheta) = (2\pi\vartheta_2)^{-1/2} \cdot \exp[-(x-\vartheta_1)^2/2\vartheta_2] =$$
$$= [(2\pi\vartheta_2)^{-1/2} \cdot \exp\{-\vartheta_1^2/2\vartheta_2\}] \cdot \exp\{x\vartheta_1/\vartheta_2 - x^2/2\vartheta_2\}.$$

Mit $g(\vartheta) = [(2\pi\vartheta_2)^{-1/2} \cdot \exp\{-\vartheta_1^2/2\vartheta_2\}]$, $h(x) = 1$, $c_1(\vartheta) = \vartheta_1/\vartheta_2$, $c_2(\vartheta) = -1/2\vartheta_2$, $d_1(x) = x$, $d_2(x) = x^2$ *kann* $f(x|\vartheta)$ *wie folgt in Exponentialform dargestellt werden:*

$$f(x|\vartheta) = g(\vartheta) \cdot h(x) \cdot \exp[\sum_{j=1}^{2} c_j(\vartheta) \cdot d_j(x)].$$

Die Statistiken

$$\sum_{i=1}^{n} d_1(X_i) = \sum_{i=1}^{n} X_i, \quad \sum_{i=1}^{n} d_2(X_i) = \sum_{i=1}^{n} X_i^2$$

sind gemeinsam suffizient für den Parametervektor $\vartheta = (\mu, \sigma^2)$.

Aufgaben und weitere Ergebnisse

1) X sei bernoulliverteilt mit B(1; 1/2). Bestimmen Sie alle möglichen Stichproben dieser Zufallsvariablen im Umfang $n = 3$ und berechnen Sie für jede der 8 möglichen Stichproben $\bar{x}$ und s^2 sowie die Wahrscheinlichkeitsfunktionen für $\bar{X}$ und S^2.

2) Bestimmen Sie die Likelihoodfunktion für eine einfache Stichprobe im Umfang n, wobei die X_i poissonverteilt sind mit der Wahrscheinlichkeitsfunktion

$$f(x|\lambda) = \lambda^x \cdot \exp(-\lambda)/x!; \quad x = 0,1,\ldots$$

3) $X_1, \ldots, X_n$ haben eine gemeinsame Verteilung mit der Varianz $V(X_i) = \sigma^2$ und der Kovarianz $C(X_i, X_j) = \varrho \cdot \sigma^2$, $i \neq j$. Zeigen Sie, daß

$$V(\bar{X}) = (\sigma^2/n) \cdot [1 + (n-1)\varrho] \quad \text{ist.}$$

4) $X_1, \ldots, X_n$ sei eine einfache Stichprobe mit $X_i \sim N(\mu, \sigma^2)$, σ^2 bekannt. Zeigen Sie ohne und mit Hilfe des Fisher-Neyman Theorems, daß ΣX_i eine suffiziente Statistik für μ ist.

5) Zeigen Sie, daß

$$T(X) = (\min\{X_1, \ldots, X_n\}, \max\{X_1, \ldots, X_n\})$$

eine suffiziente Stichprobenstatistik für die Parameter α und β der Gleichverteilung im Intervall (α, β) ist (s. Bamberg (1972) S. 96).

6) $X_1, \ldots, X_n$ sei eine einfache Stichprobe mit der Dichtefunktion der Cauchyverteilung

$$f(x|\vartheta) = (1/\pi) \cdot [1 + (x - \vartheta)^2]^{-1} \quad \text{mit} \quad \pi = 3{,}1416\ldots$$

Zeigen Sie, daß es für ϑ keine suffiziente Statistik mit einer Dimension kleiner n gibt.

7) Zeigen Sie mit Hilfe des Faktorisationskriteriums, daß ΣX_i für die Exponentialverteilung eine suffiziente Statistik für λ ist. Die Dichte der Exponentialverteilung ist

$$f(x|\lambda) = \lambda \cdot \exp(-\lambda x), \quad \lambda > 0, \quad x \geq 0.$$

8) $X_1, \ldots, X_n$ sei eine einfache Stichprobe mit der Wahrscheinlichkeitsfunktion

$$f(x|\pi) = (1 - \pi)^x \cdot \pi, \quad \text{für jedes } X_i.$$

Zeigen Sie, daß ΣX_i für diese geometrische Verteilung eine suffiziente Statistik für π ist. Gehört die geometrische Verteilung zur Exponentialfamilie?

9) Zeigen Sie, daß die Poissonverteilungen zur einparametrigen Exponentialfamilie gehören.

10) Zeigen Sie, daß die Betaverteilungen mit der Dichtefunktion

$$f(x|\alpha, \beta) = [B(\alpha, \beta)]^{-1} \cdot x^{\alpha - 1} \cdot (1 - x)^{\beta - 1}, \quad 0 < x < 1,$$

zur zweiparametrigen Exponentialfamilie gehören.

II. Testverfahren[1])

1. Terminologie der klassischen Testtheorie

a) Null- und Alternativhypothese

Man muß entscheiden, ob der unbekannte Parameter ϑ zu einer vorgegebenen Teilmenge Θ_0 des Parameterraumes Θ gehört. Der Parameterraum wird daher in die zwei disjunkten Teilmengen Θ_0 und Θ_1 zerlegt. Die Behauptung, daß der unbekannte Parameter ϑ ein Element von Θ_0 sei, bezeichnet man als Nullhypothese und daß ϑ ein Element von Θ_1 sei, als Alternativhypothese. Symbolisch drückt man dies wie folgt aus:

$$H_0: \ \vartheta \in \Theta_0, \qquad H_1: \ \vartheta \in \Theta_1 .$$

Die möglichen Aktionen des Testproblems bestehen daher in der Annahme von H_0 $(= a_0)$ oder der Annahme von $H_1 (= a_1)$[2]).

$$\mathfrak{A} = \{a_0, a_1\}$$

ist der entsprechende Aktionsraum.

Beispiel A-II-1

$X_1, \ldots, X_n$ *sei eine einfache Stichprobe mit* $X_i \sim N(\mu, \sigma^2)$, σ^2 *bekannt. Der Parameterraum für* μ *ist* $\Theta = (-\infty, \infty)$. *Nimmt man z. B. an, daß der unbekannte Parameter* μ *höchstens gleich* 4 *ist, dann ist* $\Theta_0 = (-\infty, 4]$ *und* $\Theta_1 = \Theta_0^c = (4, \infty)$. *Die Nullhypothese* H_0: $\vartheta \in \Theta_0$ *und die Alternativhypothese* H_1: $\vartheta \in \Theta_1$ *können auch folgendermaßen geschrieben werden:*

$$H_0: \ \mu \leq 4, \qquad H_1: \ \mu > 4 .$$

Ist $X_i \sim B(n, \pi)$ *und nimmt man an, daß der unbekannte Parameter* π *genau* 0,15 *ist, dann gehört zur Teilmenge* Θ_0 *des Parameterraumes genau ein Element, nämlich* 0,15 *und zu* Θ_1 *das Komplement dazu. Null- und Alternativhypothese schreibt man in diesem Fall*

$$H_0: \ \pi = 0{,}15, \qquad H_1: \ \pi \neq 0{,}15 .$$

b) Testfunktion

Als Testfunktion $\delta(x)$ bezeichnet man das statistische Verfahren das angibt, ob auf Grund einer Stichprobenrealisation $x = (x_1, \ldots, x_n)$ die Nullhypothese anzuneh-

---

1) Eine gründliche Darstellung der Testtheorie findet man bei Lehmann (1959). Von den deutschsprachigen Büchern sind besonders Fisz (1978) und Schmetterer (1966) zu empfehlen.

2) Die Alternativhypothese wird beim reinen Signifikanztest des klassischen Modells nicht spezifiziert, sondern nur die Nullhypothese. Die beiden Aktionen des Testproblems bestehen in diesem Fall in der Nichtablehnung der Nullhypothese $(= a_0)$ und der Ablehnung der Nullhypothese $(= a_1)$. Vgl. dazu Cox, Hinkley (1974) S. 64.

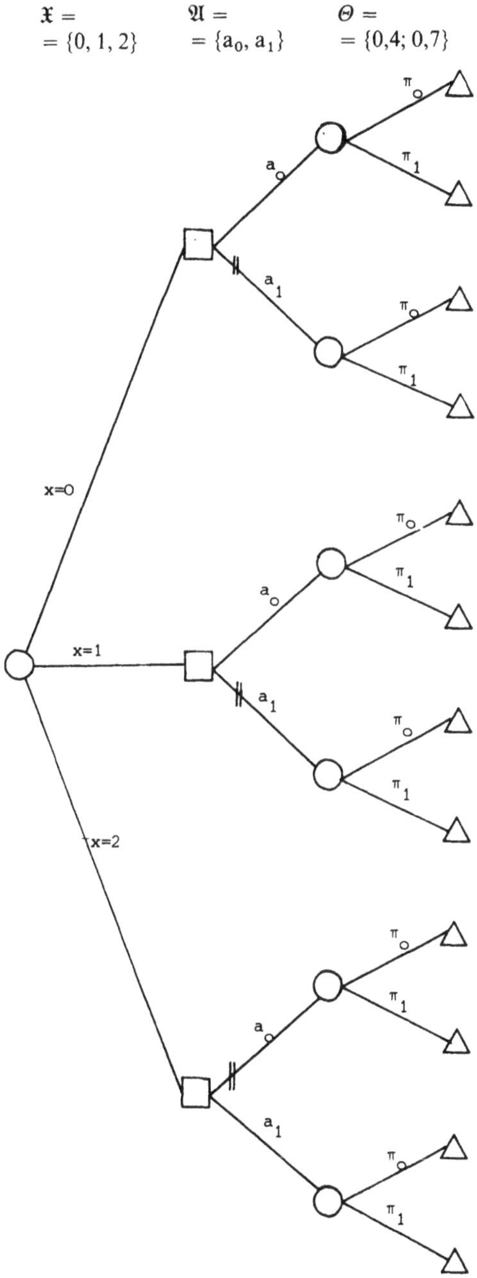

Figur 8: Darstellung eines Testproblems in Form eines Entscheidungsbaumes

men oder abzulehnen ist. Man schreibt:

$$\delta(x) = \begin{cases} 0 & \text{für } H_0 \text{ annehmen,} \\ 1 & \text{für } H_1 \text{ annehmen.} \end{cases}$$

Für diese Entscheidung unterteilt man den Stichprobenraum $\mathfrak{X}$ in einen kritischen Bereich C und in einen Annahmebereich A. Dann stellt man fest, ob die Stichprobenrealisation $x = (x_1, \ldots, x_n)$ Element des kritischen Bereiches ist oder nicht. Die Nullhypothese wird nur abgelehnt, wenn die Stichprobenrealisation Element des kritischen Bereiches ist. Die Testfunktion kann daher auch folgendermaßen geschrieben werden:

$$\delta(x) = \begin{cases} 0 & \text{für } x \notin C, \\ 1 & \text{für } x \in C. \end{cases}$$

Beispiel A-II-2

(X_1, X_2) *sei eine einfache Stichprobe mit* $X_i \sim B(1, \pi)$. *Es soll die Behauptung geprüft werden, ob der unbekannte Parameter* $\pi = 0{,}4$ *ist oder* 0,7. *Die beiden Hypothesen sind daher*

$$H_0\colon \quad \pi = 0{,}4, \qquad H_1\colon \quad \pi = 0{,}7.$$

Der Stichprobenraum $\mathfrak{X}$ *ist für* $n = 2$ *und* $x = \Sigma x_i$ *gleich* $\{0, 1, 2\}$. *Unterteilt man diesen Stichprobenraum* $\mathfrak{X}$ *z. B. wie folgt in Annahme- und kritischen Bereich*

$$A = \{0, 1\}, \qquad C = \{2\},$$

dann lautet die Testfunktion

$$\delta(x) = \begin{cases} 0 & \text{für } x \leq 1, \\ 1 & \text{für } x > 1. \end{cases}$$

Die Hypothese, daß der unbekannte Parameter $\pi = 0{,}4$ *ist, wird nur dann abgelehnt, wenn die Stichprobenrealisation* x *größer als* 1 *ist. Dieses Testproblem ist in Fig. 8 als Entscheidungsbaum dargestellt.* a_0 *steht für die Aktion* H_0 *annehmen und* a_1 *für* H_1 *annehmen.*

c) Fehlerarten

Wenn man Hypothesen nach dem aufgezeichneten Verfahren prüft, dann besteht eine zweifache Fehlergefahr: Man lehnt eine richtige Nullhypothese ab. Diesen Fehler nennt man Fehler 1. Art oder α-Fehler. Wenn man eine falsche Nullhypothese annimmt, dann ist dies ein Fehler 2. Art oder β-Fehler. Neben den zwei Möglichkeiten der Fehlentscheidung gibt es auch 2 korrekte Entscheidungsmöglichkeiten. In folgender Matrix sind die vier Möglichkeiten einschließlich der Symbole für die Wahrscheinlichkeit ihres Auftretens eingetragen:

Entscheidung	Tatsächlich ist wahr	
	H_0: $\vartheta \in \Theta_0$	H_1: $\vartheta \in \Theta_1$
$\delta(x) = 0$	$1 - \alpha$	β
$\delta(x) = 1$	α	$1 - \beta$

Beispiel A-II-3

Wenn im vorhergehenden Beispiel die Stichprobenrealisation $x = 2$ *auftritt, dann lehnt man* H_0: $\pi = 0{,}4$ *ab. Tatsächlich kann auch beim Auftreten von* $x = 2$ *der unbekannte Parameter* $\pi = 0{,}4$ *sein. Ist dies der Fall, verursacht die gewählte Testfunktion eine Fehlentscheidung und zwar einen Fehler 1. Art. Wenn* $x = 1$ *ist, dann lehnt man* H_0: $\pi = 0{,}4$ *nicht ab. Dies ist eine korrekte Entscheidung, wenn tatsächlich* $\pi \in \Theta_0$ *ist. Die Stichprobenrealisation* $x = 1$ *ist aber auch möglich, wenn* $\pi = 0{,}7$ *ist. In diesem*

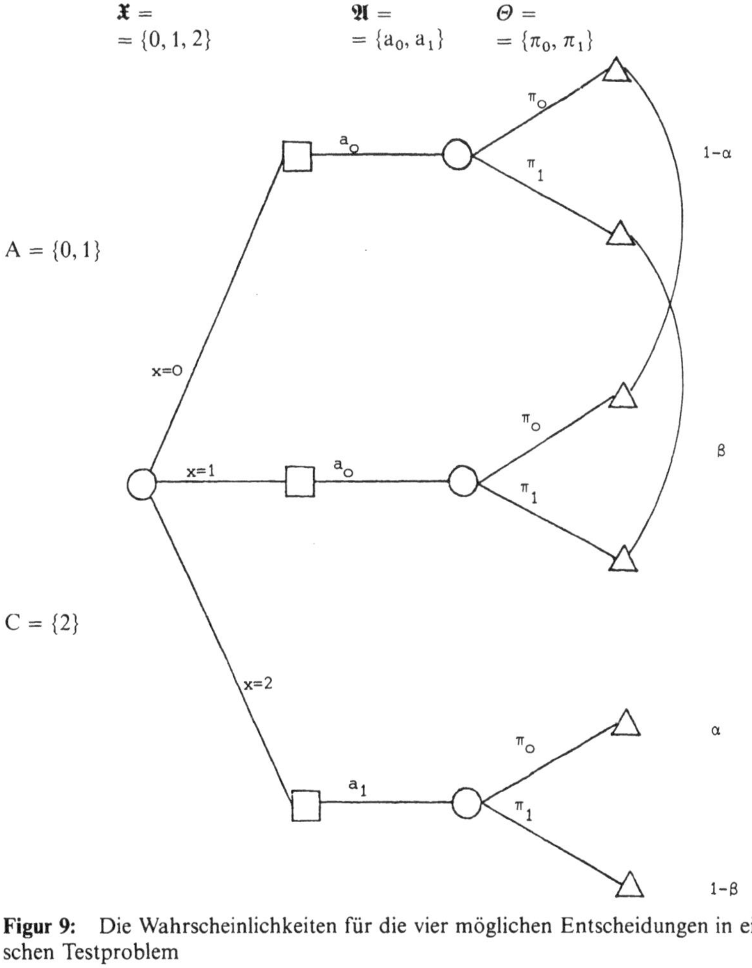

Figur 9: Die Wahrscheinlichkeiten für die vier möglichen Entscheidungen in einem klassischen Testproblem

Fall führt die gewählte Testfunktion zur Annahme einer falschen Nullhypothese. Dies ist ein Fehler 2. Art. Im Entscheidungsbaum Fig. 9 ist die Aufteilung des Stichprobenraumes $\mathfrak{X}$ *in Annahmebereich* A *und kritischen Bereich* C *dargestellt. Im oberen Teil des Baumes liegt der Annahmebereich der Nullhypothese, im unteren Teil der kritische Bereich. Neben den Endknoten sind die Symbole für die Wahrscheinlichkeiten der vier Entscheidungsmöglichkeiten eingetragen.*

d) Fehlerwahrscheinlichkeiten

Die Wahrscheinlichkeiten für die zwei korrekten und zwei falschen Entscheidungen sind formal folgendermaßen definiert:

$$\begin{aligned}1-\alpha &= W\{\text{Korrekte Entscheidung} \mid \vartheta \in \Theta_0\} = W\{x \in A \mid \vartheta \in \Theta_0\},\\ \alpha &= W\{\text{Fehler 1. Art}\} = W\{x \in C \mid \vartheta \in \Theta_0\},\\ \beta &= W\{\text{Fehler 2. Art}\} = W\{x \in A \mid \vartheta \in \Theta_1\},\\ 1-\beta &= W\{\text{Korrekte Entscheidung} \mid \vartheta \in \Theta_1\} = W\{x \in C \mid \vartheta \in \Theta_1\}.\end{aligned}$$

Beispiel A-II-4

Für die Testfunktion vom Beispiel A-II-2

$$\delta(x) = \begin{cases} 0 & \text{für} \quad x \le 1, \\ 1 & \text{für} \quad x > 1, \end{cases}$$

werden die Wahrscheinlichkeiten für die möglichen Entscheidungen folgendermaßen berechnet:

Da $A = \{0, 1\}$ *und* $C = \{2\}$ *ist, ist die Wahrscheinlichkeit für die Annahme der richtigen* H_0: $\pi = 0{,}4$

$$1-\alpha = \sum_{x=0}^{1} \binom{2}{x} \cdot 0{,}4^x \cdot (1-0{,}4)^{2-x} = 0{,}84$$

und die Wahrscheinlichkeit für den Fehler 1. Art

$$\alpha = \binom{2}{2} \cdot 0{,}4^2 \cdot (1-0{,}4)^{2-2} = 0{,}16\,.$$

Die Wahrscheinlichkeit für die Annahme der richtigen H_1: $\pi = 0{,}7$ *ist*

$$1-\beta = \binom{2}{2} \cdot 0{,}7^2 \cdot (1-0{,}7)^{2-2} = 0{,}49$$

und die Wahrscheinlichkeit für den Fehler 2. Art

$$\beta = \sum_{x=0}^{1} \binom{2}{x} \cdot 0{,}7^x \cdot (1-0{,}7)^{2-x} = 0{,}51\,.$$

Figur 10 zeigt die Berechnung der Wahrscheinlichkeiten in Form eines Wahrscheinlichkeitsbaumes. Ein Wahrscheinlichkeitsbaum hat keine Entscheidungsknoten, sondern nur Zufallsknoten und Äste, die die möglichen Parameter und Realisationen einer Zufallsvariablen symbolisieren. Auf der linken Seite der Äste sind die möglichen Parameter und Realisationen angeführt und rechts die entsprechenden Wahrscheinlichkeiten. An den Endknoten von Figur 10 sind die Wahrscheinlichkeiten für die vier möglichen Entscheidungen des klassischen Testproblems zusammengefaßt.

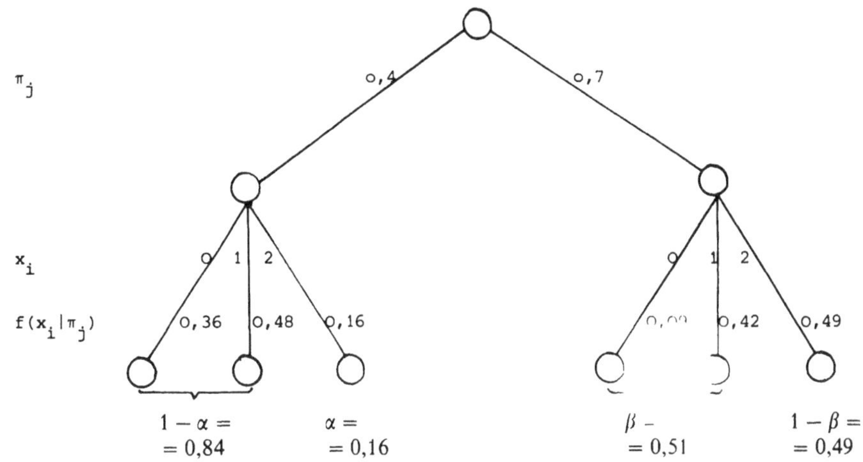

Figur 10: Wahrscheinlichkeitsbaum für die Berechnung der Wahrscheinlichkeiten für die vier möglichen Entscheidungen eines Testproblems

2. Beste Testfunktion

a) Schadenfunktion der klassischen Testtheorie

Der Aufteilung des Stichprobenraumes in Annahme- und kritischen Bereich entsprechend kann man die Risikofunktion eines Testverfahrens in folgende Summen zerlegen:

$$r(\delta, \vartheta) = E_{x|\vartheta}[s(\delta(X), \vartheta)] = \int_{\mathfrak{X}} s(\delta(x), \vartheta)\, dF(x|\vartheta) =$$

$$= \begin{cases} \int_C s(a_1, \vartheta)\, dF(x|\vartheta) & \text{für} \quad \vartheta \in \Theta_0 \\ \int_A s(a_0, \vartheta)\, dF(x|\vartheta) & \text{für} \quad \vartheta \in \Theta_1 . \end{cases}$$

$\int dF(x|\vartheta)$ ist das Lebesgue-Stieltjes-Integral und $F(x|\vartheta)$ die Verteilungsfunktion von X. Dieses Integral ermöglicht die einheitliche Darstellung von Wahrscheinlichkeiten und Erwartungswerten für diskrete und stetige Zufallsvariablen. Leser, die mit diesem Integral nicht vertraut sind, können es als Abkürzung für

$$\int_{\mathfrak{X}} g(x)\, dF(x|\vartheta) = \begin{cases} \sum_{x \in \mathfrak{X}} g(x) f(x|\vartheta) & \text{wenn X diskret} \\ \int_{\mathfrak{X}} g(x) f(x|\vartheta)\, dx & \text{wenn X stetig} \end{cases}$$

betrachten.

Der Schaden, der mit einer falschen Aussage über den unbekannten Parameter ϑ verknüpft ist, wird im klassischen Modell nicht explizit berücksichtigt. Da jedoch die Auswahl einer besten Testfunktion mit Hilfe der Fehlerwahrscheinlichkeiten erfolgt, wird implizit eine 0–1 Schadenfunktion vorausgesetzt: Null Schaden tritt auf, wenn eine Hypothese angenommen wird, die tatsächlich richtig ist und der Schaden von 1 tritt bei der Annahme einer falschen Hypothese auf. Die Risikofunktion reduziert sich deshalb für das klassische Testproblem auf die Wahrscheinlichkeiten für die beiden Fehlerarten:

$$r(\delta, \vartheta) = \begin{cases} \int_C dF(x|\vartheta) & \text{für} \quad \vartheta \in \Theta_0, \\ \int_A dF(x|\vartheta) & \text{für} \quad \vartheta \in \Theta_1. \end{cases}$$

In der ersten Zeile des Klammerausdruckes steht die Wahrscheinlichkeit für den Fehler 1. Art, die für eine 0–1 Schadenfunktion gleich dem Schadenerwartungswert für die Aktion a_1 (Annahme der Alternativhypothese) ist. Dieser Schadenerwartungswert wird mit α_s abgekürzt. In der zweiten Zeile findet man die Wahrscheinlichkeit für den Fehler 2. Art, die gleich dem Schadenerwartungswert für die Aktion a_0 (Annahme der Nullhypothese) ist. β_s ist die Abkürzung für diesen Schadenerwartungswert.

Beispiel A-II-5

Für die Testfunktion von Beispiel A-II-2

$$\delta(x) = \begin{cases} 0 & \text{für} \quad x \leq 1 \\ 1 & \text{für} \quad x > 1 \end{cases}$$

ist die Wahrscheinlichkeit für den Fehler 1. Art und damit der Schadenerwartungswert für die Aktion a_1 *gleich* 0,16, *da*

$$\alpha_s = \sum_{x \in C} f(x|\pi) = f(x = 2|\pi_0) = 0{,}16\,.$$

Die Wahrscheinlichkeit für den Fehler 2. Art ist

$$\beta_s = \sum_{x \in A} f(x|\pi) = f(x = 0|\pi_1) + f(x = 1|\pi_1) = 0{,}09 + 0{,}42 = 0{,}51\,.$$

Dies ist zugleich der Schadenerwartungswert für die Aktion a_0. *In Figur 11 ist die Berechnung der Schadenerwartungswerte dargestellt.*

b) Dilemma der klassischen Testtheorie

Eine Testfunktion, die minimale Wahrscheinlichkeiten für den Fehler 1. und 2. Art im Hinblick auf alle möglichen Testfunktionen aufweist, nennt man gleichmäßig beste Testfunktion. Abgesehen von trivialen Fällen existiert eine solche Testfunktion nicht, da es nicht möglich ist, gleichzeitig α und β zu minimieren. Eine Verringerung von α führt zu einer Erhöhung von β und umgekehrt.

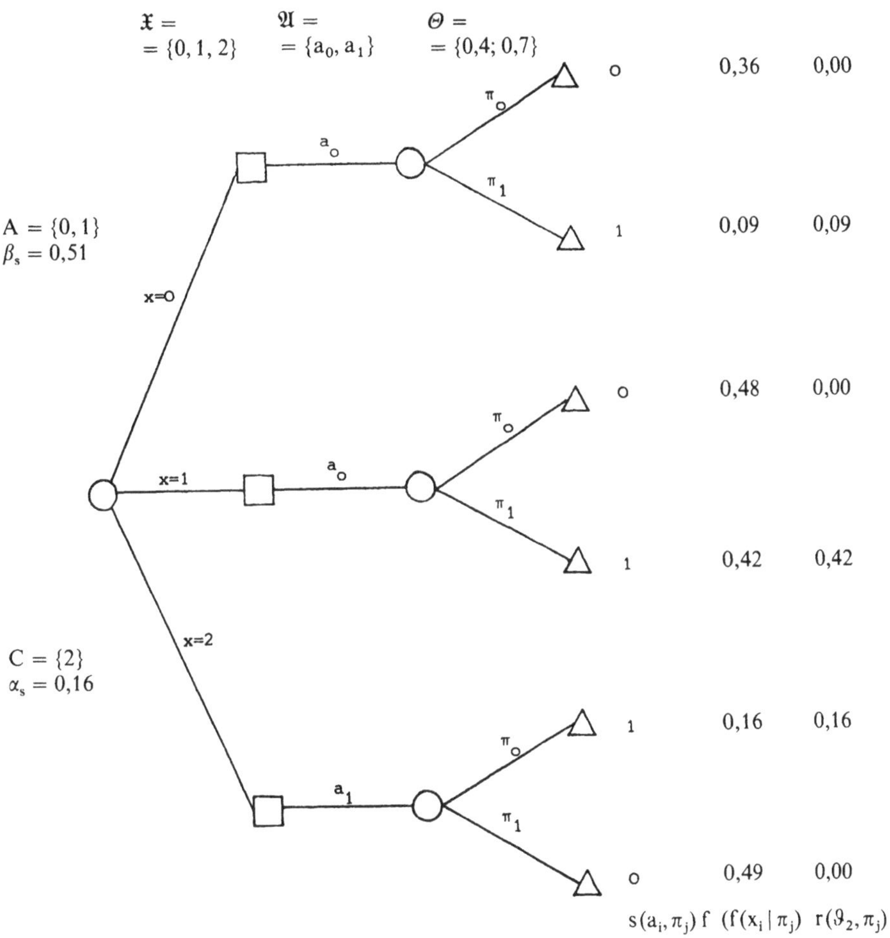

Figur 11: Berechnung der Schadenerwartungswerte für die Testfunktion δ_2.

Beispiel A-II-6

Verwendet man eine einfache Stichprobe im Umfang n = 2 *zur Prüfung der Hypothesen* H_0: $\pi = 0{,}4$ *gegen* H_1: $\pi = 0{,}7$, *so gibt es insgesamt folgende 8 Testfunktionen:*

	x_i	Δ: δ_1	δ_2	δ_3	δ_4	δ_5	δ_6	δ_7	δ_8
	0	0	0	0	1	0	1	1	1
$\mathfrak{X}$	1	0	0	1	0	1	0	1	1
	2	0	1	0	0	1	1	0	1

Die im Beispiel A-II-2 angeführte Testfunktion ist in dieser Aufstellung δ_2. *Die Risikowerte für die 8 Testfunktionen sind in folgender Tabelle zusammengestellt:*

	$r(\delta_i, \pi_j)$	Θ π_0	π_1
Δ	δ_1	0,00	1,00
	δ_2	0,16	0,51
	δ_3	0,48	0,58
	δ_4	0,36	0,91
	δ_5	0,64	0,09
	δ_6	0,52	0,42
	δ_7	0,84	0,49
	δ_8	1,00	0,00

Figur 12 zeigt den Entscheidungsbaum für diese Testfunktionen. Die Schadenerwartungswerte der in Beispiel A-II-5 berechneten Testfunktion δ_2 sind eingerahmt.

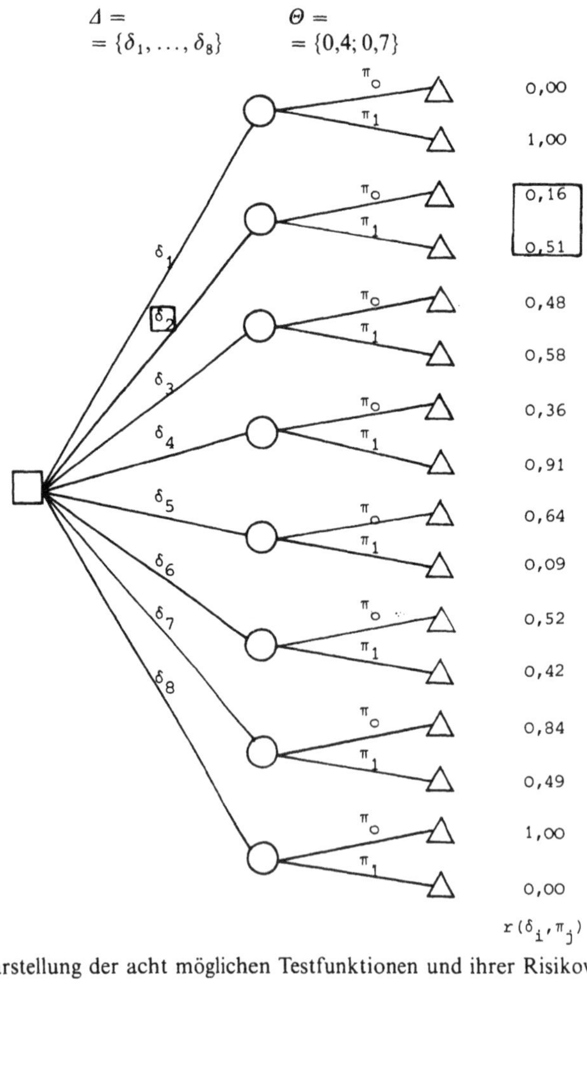

Figur 12: Darstellung der acht möglichen Testfunktionen und ihrer Risikowerte

Von den Testfunktionen kann sicherlich δ_3 und δ_4 ausgeschieden werden, da die Fehlerwahrscheinlichkeiten für den Fehler 1. und 2. Art bei beiden größer sind als die von δ_2. Das gleiche gilt für δ_7 im Hinblick auf δ_5 und δ_6. Ob jedoch z. B. δ_5 δ_2 vorgezogen wird oder umgekehrt, kann nicht entschieden werden, da δ_5 zwar eine größere Wahrscheinlichkeit für den Fehler 1. Art hat als δ_2, aber eine kleinere Wahrscheinlichkeit für den Fehler 2. Art.

c) Dominanz, Zulässigkeit und Vollständigkeit

Wenn gilt, daß

$$r(\delta_1, \vartheta) \geq r(\delta_2, \vartheta), \quad \forall \vartheta \in \Theta$$

und für mindestens ein $\vartheta \in \Theta$

$$r(\delta_1, \vartheta) > r(\delta_2, \vartheta),$$

dann wird δ_1 von δ_2 dominiert. Ein Verfahren $\delta \in \Delta$ nennt man zulässig bezüglich Δ, wenn es von keinem $\delta \in \Delta$ dominiert wird.

Eine Teilmenge $\Delta_V \subset \Delta$ heißt vollständig, wenn zu jedem Verfahren $\delta \in \Delta - \Delta_V$ ein $\delta' \in \Delta_V$ existiert, das δ dominiert.

Beispiel A-II-7

Da im vorhergehenden Beispiel gezeigt wurde, daß δ_3 und δ_4 von δ_2 dominiert werden und δ_7 von δ_5 und δ_6, zählen zur vollständigen Menge folgende zulässigen Testfunktionen:

$$\Delta_V = \{\delta_1, \delta_2, \delta_5, \delta_6, \delta_8\}.$$

Eine vollständige Menge Δ_V statistischer Verfahren kann auch noch unzulässige Verfahren enthalten. Wenn dies nicht der Fall ist, dann nennt man die Menge minimal vollständig. Es gilt also

$$\Delta_{MV} \subset \Delta_V \subset \Delta.$$

3. Neyman Pearson Theorie

a) Signifikanzniveau und Macht

Wenn der Parameterraum Θ unendlich ist, kann man die minimal vollständige Menge statistischer Verfahren nicht direkt bestimmen. Doch auch dann, wenn Δ_{MV} direkt ermittelbar ist wie im vorhergehenden Beispiel, ist damit das Problem der Auswahl einer gleichmäßig besten Testfunktion nicht gelöst. Von Neyman und Pearson stammt daher der Vorschlag, sich auf die Teilmenge jener Testfunktionen zu beschränken, deren Wahrscheinlichkeit für den Fehler 1. Art einem vorgewählten Niveau α entspricht. Aus dieser Teilmenge Δ_α ist jene Testfunktion auszuwählen, deren Wahrscheinlichkeit für die Ablehnung der falschen Nullhypothese maximal ist. Die Wahrscheinlichkeit für den Fehler 2. Art wird damit minimal.

Nach diesem Vorschlag wird also nicht versucht, α und β gleichzeitig zu minimieren, sondern die Wahrscheinlichkeit für den Fehler 1. Art wird als Nebenbedingung vorgegeben und $1-\beta$ unter dieser Nebenbedingung maximiert[3]). Bezeichnet man mit α das Signifikanzniveau und mit $1-\beta$ die Macht einer Testfunktion, so sucht man nach Neyman und Pearson unter der Menge der Testfunktionen, die einem vorgegebenen Signifikanzniveau entsprechen, eine mächtigste Testfunktion.

Beispiel A-II-8

Wählt man $\alpha = 0{,}52$ als Signifikanzniveau im vorhergehenden Beispiel, so kommen δ_1, δ_2 und δ_6 in die engere Auswahl:

$$\Delta_{\alpha=0,52} = \{\delta_1, \delta_2, \delta_6\}.$$

Da unter diesen Testfunktionen δ_6 mit $\beta = 0{,}42$ die minimale Wahrscheinlichkeit für den Fehler 2. Art aufweist, ist δ_6 die beste Testfunktion zum Niveau $\alpha = 0{,}52$.

b) Gütefunktion

Die für das Neyman Pearson'sche Testverfahren wesentliche Funktion, die die Wahrscheinlichkeit für den Fehler 1. Art und die Macht einer Testfunktion beinhaltet, heißt Gütefunktion. Diese Funktion, abgekürzt mit

$$g(\delta, \vartheta) = \begin{cases} \alpha(\vartheta) & \text{für } \vartheta \in \Theta_0, \\ 1-\beta(\vartheta) & \text{für } \vartheta \in \Theta_1, \end{cases}$$

gibt die Wahrscheinlichkeit für die Ablehnung von H_0 an, unabhängig davon, ob H_0 zutrifft oder nicht.

Trotz der Einschränkung auf die Menge der Δ_α-Testfunktionen sind beste Testverfahren nur für wenige Verteilungen bekannt. Für die einparametrigen Verteilungen der Exponentialfamilie existieren beste Testfunktionen, wie auch für einige k-parametrige Verteilungen dieser Familie. Die Existenz bester Testfunktionen hängt aber nicht nur von der Verteilungsfamilie ab, sondern auch von der Spezifizierung der Hypothesen.

4. Einfache Hypothesen

a) Neyman Pearson Lemma und Teststatistik

Wenn Θ_i einelementig ist, $\Theta_i = \{\vartheta_i\}$, dann bezeichnet man die Hypothese H_i als einfach, sonst als zusammengesetzt.

Beispiel A-II-9

$X_1, \ldots, X_n$ *sei eine einfache Stichprobe mit* $X_i \sim N(\mu, \sigma^2)$. *Wenn μ und σ^2 unbekannt sind, dann ist* $\{(\mu, \sigma^2) \mid -\infty < \mu < \infty;\ \sigma^2 > 0\}$ *der entsprechende Parameterraum.*

---

3) Die Arbeiten von Neyman und Pearson, die in den 30-iger Jahren in Fachzeitschriften publiziert wurden, findet man gesammelt in Neyman, Pearson (1967).

Die Hypothese H_0: $\mu \leq \mu_0$, $\sigma^2 > 0$ *(*μ_0 *ist eine bekannte Konstante) ist eine zusammengesetzte Hypothese. Die Alternativhypothese* H_1: $\mu > \mu_0$, $\sigma^2 > 0$ *ist ebenfalls zusammengesetzt. Wenn* $\sigma^2 = \sigma_0^2$ *bekannt ist, dann ist die Hypothese* H_0: $\mu = \mu_0$ *eine einfache Hypothese,* H_0: $\mu \leq \mu_0$ *eine zusammengesetzte.*

Neyman und Pearson zeigten, daß für die einfache Null- und Alternativhypothese H_0: $\vartheta = \vartheta_0$, H_1: $\vartheta = \vartheta_1$ unter allen Testfunktionen zum Niveau α immer eine beste Testfunktion existiert. Diese Testfunktion hat maximale Macht im Hinblick auf alle anderen Testfunktionen und für $\vartheta_0 < \vartheta_1$ folgende Form (s.S. 173):

$$\delta(x) = \begin{cases} 0 & \text{für} \quad \lambda(x) \leq k\,, \\ 1 & \text{für} \quad \lambda(x) > k\,. \end{cases}$$

$\lambda(x)$ ist der Quotient aus den Likelihoodfunktionen, die unter der Annahme berechnet werden, daß die einfachen Hypothesen ϑ_0 bzw. ϑ_1 zutreffen. Für die Realisation einer einfachen Stichprobe ist

$$\lambda(x) = \frac{l(x\,|\,\vartheta_1)}{l(x\,|\,\vartheta_0)} = \frac{\prod_{i=1}^{n} f(x_i\,|\,\vartheta_1)}{\prod_{i=1}^{n} f(x_i\,|\,\vartheta_0)}\,.$$

Die Konstante k wird so bestimmt, daß die Wahrscheinlichkeit für das Enthaltensein einer Stichprobenrealisation im kritischen Bereich gleich dem Signifikanzniveau ist, d.h.

$$W\{X \in C\,|\,\vartheta_0\} = \alpha\,.$$

Wenn $T(x)$ eine suffiziente Stichprobenstatistik für den zu testenden Parameter ist, dann kann anstelle von $x = (x_1, \ldots, x_n)$ $T(x)$ verwendet werden, da auf Grund des Faktorisationskriteriums der Likelihoodquotient auch wie folgt geschrieben werden kann:

$$\lambda(x) = \frac{l(x\,|\,\vartheta_1)}{l(x\,|\,\vartheta_0)} = \frac{g(t\,|\,\vartheta_1)\cdot h(x)}{g(t\,|\,\vartheta_0)\cdot h(x)} = \frac{g(t\,|\,\vartheta_1)}{g(t\,|\,\vartheta_0)}\,.$$

Der Likelihoodquotient hängt nur über die suffiziente Statistik $T(x)$ von der Stichprobe ab. $T(x)$ bezeichnet man in diesem Zusammenhang als Teststatistik.

Der Vorteil einer suffizienten Teststatistik ist offensichtlich: Durch sie wird der ursprüngliche n-dimensionale Stichprobenraum der einfachen Stichprobe ohne Informationsverlust auf einen (möglichst) eindimensionalen Stichprobenraum reduziert. Die Abgrenzung eines optimalen kritischen Bereiches C muß nicht im n-dimensionalen Stichprobenraum erfolgen, sondern kann auf dem eindimensionalen Stichprobenraum der Teststatistik vorgenommen werden.

Beispiel A-II-10

$X_1, \ldots, X_n$ *sei eine einfache Stichprobe mit* $X_i \sim N(\mu, \sigma^2)$, σ^2 *bekannt. Für die Prüfung der Hypothesen* H_0: $\mu = \mu_0$, H_1: $\mu = \mu_1$, $(\mu_1 > \mu_0)$ *und eine Realisation der einfachen Stichprobe ist der Likelihoodquotient*

$$\lambda(x) = \frac{l(x|\mu_1)}{l(x|\mu_0)} = \frac{(2\sigma^2\pi)^{-n/2} \cdot \exp[-\Sigma(x_i - \mu_1)^2/2\sigma^2]}{(2\sigma^2\pi)^{-n/2} \cdot \exp[-\Sigma(x_i - \mu_0)^2/2\sigma^2]} =$$
$$= \exp[\bar{x}(\mu_1 - \mu_0)/(\sigma^2/n)] \cdot \exp[-(\mu_1^2 - \mu_0^2)/(2\sigma^2/n)].$$

Der zweite Exponentialausdruck ist eine bekannte konstante Zahl c, *da* μ_1 *und* μ_0 *spezifiziert und* σ^2 *sowie n bekannt sind. Der erste Exponentialausdruck ist von der Form* $\exp[a \cdot \bar{x}]$ *wobei* $a = (\mu_1 - \mu_0)/(\sigma^2/n)$ *eine positive Konstante für* $\mu_1 > \mu_0$ *ist.* $\lambda(x)$ *hat daher die Form*

$$\lambda(x) = c \cdot \exp[a \cdot \bar{x}] \quad \text{mit} \quad a, c > 0.$$

$\lambda(x)$ *ist eine mit* $\bar{x}$ *wachsende Funktion und* $\lambda(x) > k$ *ist äquivalent zu* $\bar{x} > k$, *wobei* k *die untere Grenze des kritischen Bereiches ist.* k *ist so festzulegen, daß die Bedingung* $W\{\bar{X} > k|\mu_0\} = \alpha$ *erfüllt wird. Wenn* μ_0 *der wahre Parameter ist, dann ist* $\bar{X}$ *normalverteilt mit den Parametern* μ_0 *und* σ^2/n. *Damit* k *die Bedingung* $W\{\bar{X} > k|\mu_0\} = \alpha$ *erfüllt, muß man für* k *nur das* $(1-\alpha)$-te *Quantil dieser Normalverteilung einsetzen. Die beste Testfunktion zum Niveau* α *ist daher*

$$\delta(x) = \begin{cases} 0 & \text{für} \quad \bar{x} \leq k = \mu_0 + z_{1-\alpha} \cdot \sigma \cdot n^{-1/2}, \\ 1 & \text{für} \quad \bar{x} > k \end{cases}$$

mit $\bar{X}$ *als Teststatistik. Aus der Realisation einer einfachen Stichprobe mit dem Umfang* $n = 10$ *steht z. B. die Stichprobenstatistik* $\bar{x} = 4{,}8$ *als Information zur Prüfung der einfachen Hypothesen* H_0: $\mu = 4$ *und* H_1: $\mu = 5$ *zur Verfügung. Ist man bereit, auf lange Sicht in 5 von 100 Fällen eine richtige Nullhypothese abzulehnen, dann ist das Signifikanzniveau* $\alpha = 0{,}05$ *und* $z_{0,95} = 1{,}65$. *Wenn* $\sigma^2 = 1$ *bekannt ist, dann ist* $k = 4 + 1{,}65 \cdot 1 \cdot 10^{-1/2} = 4{,}52$. *Da der Stichprobendurchschnitt 4,8 größer ist als die untere Grenze des kritischen Bereiches, wird die Nullhypothese abgelehnt. Die Wahrscheinlichkeit einer Fehlentscheidung (hier 1. Art) ist maximal 5%.*

b) Randomisierte Testfunktion

Bei diskreten Wahrscheinlichkeitsverteilungen ist es meist nicht möglich, eine Testfunktion mit dem exakten Niveau α zu bestimmen. In diesem Fall verwendet man entweder eine sogenannte randomisierte Testfunktion, die die Einhaltung eines exakten Signifikanzniveaus erlaubt, oder man bestimmt k so, daß die Wahrscheinlichkeit für den Fehler 1. Art so nahe wie möglich das Niveau α erreicht. Die randomisierte Testfunktion zum Niveau α für die Prüfung der einfachen Hypothesen H_0: $\vartheta = \vartheta_0$ gegen H_1: $\vartheta = \vartheta_1 > \vartheta_0$ ist

$$\delta(x) = \begin{cases} 0 & \text{für} \quad T(x) < k, \\ \gamma & \text{für} \quad T(x) = k, \\ 1 & \text{für} \quad T(x) > k, \end{cases}$$

mit $\gamma \in (0,1)$ und $k > 0$. γ und k werden so bestimmt, daß

$$W\{T(X) > k|\vartheta_0\} + \gamma \cdot W\{T(X) = k|\vartheta_0\} = \alpha.$$

Wenn also T(x) genau k ist, wird die Nullhypothese mit der Wahrscheinlichkeit γ abgelehnt und mit der Wahrscheinlichkeit $1-\gamma$ angenommen.

Beispiel A-II-11

$X_1, \ldots, X_n$ *sei eine einfache Stichprobe mit* $X_i \sim B(1, \pi)$. *Für die Prüfung der Hypothesen* H_0: $\pi = \pi_0$, H_1: $\pi = \pi_1$, $\pi_1 > \pi_0$, *ist*

$$\delta(x) = \begin{cases} 0 & \text{für } \Sigma x_i < k, \\ \gamma & \text{für } \Sigma x_i = k, \\ 1 & \text{für } \Sigma x_i > k, \end{cases}$$

die beste randomisierte Testfunktion zum exakten Niveau α. k *und* γ *werden so bestimmt, daß*

$$\alpha = W\{\Sigma X_i > k \mid \pi_0\} + \gamma \cdot W\{\Sigma X_i = k \mid \pi_0\}$$

bzw.

$$1 - \alpha = W\{\Sigma X_i \leq k \mid \pi_0\} - \gamma \cdot W\{\Sigma X_i = k \mid \pi_0\}.$$

Für H_0: $\pi_0 = 0{,}5$, H_1: $\pi_1 = 0{,}75$, $n = 20$ *und* $\alpha = 0{,}05$ *ist*

$$0{,}95 = \sum_{x=0}^{k} \binom{20}{x} \cdot 0{,}5^x \cdot (1-0{,}5)^{20-x} - \gamma \cdot \binom{20}{k} \cdot 0{,}5^k \cdot (1-0{,}5)^{20-k}.$$

Für $k = 14$ *erhält man* $W\{\Sigma X_i \leq 14 \mid \pi_0 = 0{,}5\} = 0{,}9793$ *und* $W\{\Sigma X_i = 14 \mid \pi_0 = 0{,}5\} = 0{,}0370$. *Daher ist* γ *durch die Gleichung*

$$0{,}95 = 0{,}9793 - \gamma \cdot 0{,}0370$$
$$\gamma = 0{,}7919$$

bestimmt. Wenn $\Sigma X_i = 14$ *ist, dann wird die Nullhypothese in 79,19% aller Fälle abgelehnt und in 20,81% angenommen. In Figur 13 ist der Entscheidungsbaum für dieses Problem dargestellt.*

5. Einseitige Hypothesen

a) Monotoner Likelihoodquotient

Die Hypothese H_i ist eine einseitige zusammengesetzte Hypothese, wenn Θ_i die Gestalt $(-\infty, \vartheta_i)$, $(-\infty, \vartheta_i]$ oder (ϑ_i, ∞), $[\vartheta_i, \infty)$ besitzt. Für die einseitigen Hypothesen H_0: $\vartheta \leq \vartheta_0$, H_1: $\vartheta > \vartheta_0$ ist

$$\delta(x) = \begin{cases} 0 & \text{für } T(x) \leq k \\ 1 & \text{für } T(x) > k \end{cases}$$

eine gleichmäßig beste Testfunktion in der Menge aller Testfunktionen zum Niveau α, wenn die Verteilungsfamilie, deren Parameter getestet wird, einen monotonen Likelihoodquotienten besitzt (vgl. Rohatgi (1976) S. 420). Eine Verteilungsfamilie hat einen monotonen Likelihoodquotienten, wenn für je zwei Parameterwerte

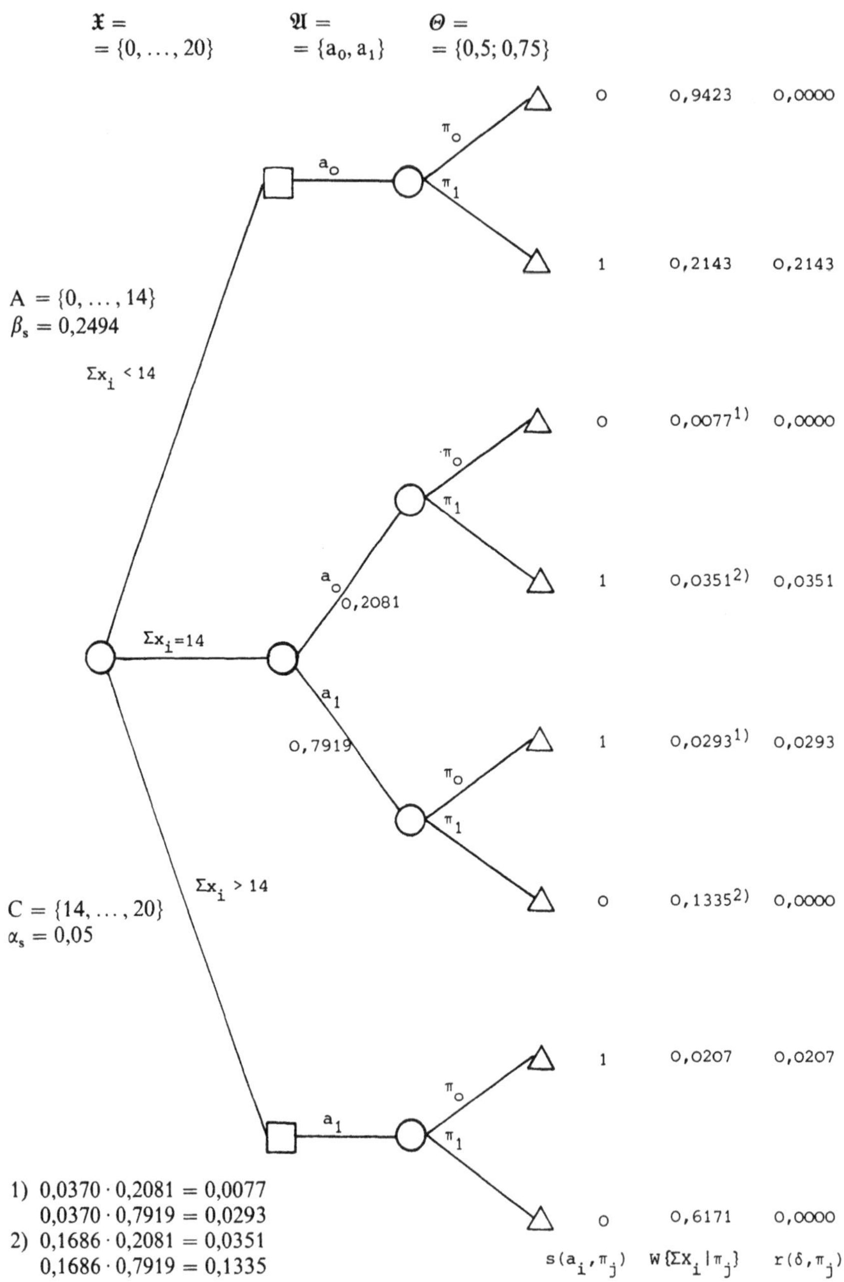

1) $0{,}0370 \cdot 0{,}2081 = 0{,}0077$
   $0{,}0370 \cdot 0{,}7919 = 0{,}0293$
2) $0{,}1686 \cdot 0{,}2081 = 0{,}0351$
   $0{,}1686 \cdot 0{,}7919 = 0{,}1335$

Figur 13: Randomisierte Testfunktion

$\vartheta_0, \vartheta_1 \in \Theta\,(\vartheta_0 < \vartheta_1)$ der Likelihoodquotient $\lambda(x)$ eine nicht fallende Funktion von x ist. Aus $x_i < x_j$ folgt also, daß $\lambda(x)$ für x_i kleiner ist als für x_j.

Die Teststatistik T(x) ist eine suffiziente Stichprobenstatistik für ϑ. k wird so bestimmt, daß die Bedingung $W\{T(X) > k \mid \vartheta_0\} = \alpha$ erfüllt ist. Für die Hypothesen H_0: $\vartheta \geq \vartheta_0$ und H_1: $\vartheta < \vartheta_0$ sind die Ungleichheitszeichen zu vertauschen. Der Verlauf der Gütefunktion einer gleichmäßig besten Testfunktion ist schematisch in Figur 14 dargestellt.

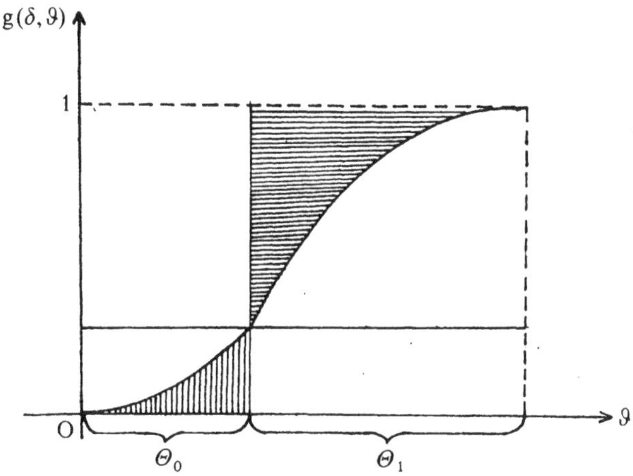

Figur 14: Gütefunktion einer gleichmäßig besten Testfunktion.

Beispiel A-II-12

$X_1, \ldots, X_n$ *sei eine einfache Stichprobe mit* $X_i \sim B(1, \pi)$. *Für die Prüfung der Hypothesen* H_0: $\pi \leq \pi_0$ *und* H_1: $\pi > \pi_0$ *ist der Likelihoodquotient*

$$\lambda(x) = \frac{l(x \mid \pi_1)}{l(x \mid \pi_0)} = \frac{\pi_1^{\Sigma x_i} \cdot (1-\pi_1)^{n-\Sigma x_i}}{\pi_0^{\Sigma x_i} \cdot (1-\pi_0)^{n-\Sigma x_i}} = \left(\frac{\pi_1}{\pi_0}\right)^{\Sigma x_i} \cdot \left(\frac{1-\pi_1}{1-\pi_0}\right)^{n-\Sigma x_i}$$

eine nicht fallende Funktion von Σx_i. *Daher ist*

$$\delta(x) = \begin{cases} 0 & \text{für} \quad \Sigma x_i \leq k, \\ 1 & \text{für} \quad \Sigma x_i > k \end{cases}$$

eine gleichmäßig beste Testfunktion mit der suffizienten Teststatistik ΣX_i. *Für die einseitigen Hypothesen* H_0: $\pi_0 \leq 0{,}15$ *und* H_1: $\pi_1 > 0{,}15$, *eine Stichprobenrealisation im Umfang* $n = 10$ *und ein Signifikanzniveau von* $\alpha = 0{,}05$ *ist* $k = 3$, *da*

$$\alpha = 0{,}05 = W\{\Sigma X_i > k \mid \pi_0 = 0{,}15\} = \sum_{x=k+1}^{n} \binom{n}{x} \cdot \pi_0^x \cdot (1-\pi_0)^{n-x} =$$

$$= \sum_{x=4}^{10} \binom{10}{x} 0{,}15^x \cdot (1-0{,}15)^{10-x}.$$

Erhält man z.B. als Realisation $\sum_{i=1}^{10} x_i = 1$, *dann kann die Nullhypothese nicht abgelehnt werden, da* $\Sigma x_i < 3$ *ist. Das Risiko einer Fehlentscheidung ist z.B. für* $\pi_1 = 0{,}20$

$$\sum_{x=0}^{3} \binom{10}{x} 0{,}2^x \cdot (1-0{,}2)^{10-x} = 0{,}8791$$

und für $\pi_1 = 0{,}30$

$$\sum_{x=0}^{3} \binom{10}{x} 0{,}3^x \cdot (1-0{,}3)^{10-x} = 0{,}6496\,.$$

b) Einparametrige Exponentialfamilie und gleichmäßig beste Testfunktion

Einen monotonen Likelihoodquotienten besitzen insbesondere die Verteilungen der einparametrigen Exponentialfamilie, da für $\vartheta_0 < \vartheta_1$ ihr Likelihoodquotient

$$\lambda(x) = \frac{l(x\,|\,\vartheta_1)}{l(x\,|\,\vartheta_0)} = \frac{g(\vartheta_1)}{g(\vartheta_0)} \cdot \exp\{[c(\vartheta_1) - c(\vartheta_0)] \textstyle\sum d(x_i)\}$$

immer als nichtfallende Funktion von x darstellbar ist. Als Teststatistik verwendet man

$$T(X) = \sum_{i=1}^{n} d(X_i)$$

oder eine Funktion davon.

Beispiel A-II-13

Da die Dichtefunktion der Normalverteilung (σ^2 *bekannt*)

$$\begin{aligned} f(x\,|\,\mu) &= (2\pi\sigma^2)^{-1/2} \cdot \exp[-(x-\mu)^2/2\sigma^2] = \\ &= \exp[-\mu^2/2\sigma^2 - \ln(2\pi\sigma^2)^{1/2} - x^2/2\sigma^2 + \mu x/\sigma^2] \end{aligned}$$

mit $g(\vartheta) = \exp[-\mu^2/2\sigma^2]$, $h(x) = \exp[-\ln(2\pi\sigma^2)^{1/2} - x^2/2\sigma^2]$, $c(\vartheta) = [\mu/\sigma^2]$ *und* $d(x) = x$ *der Form der Exponentialfamilie entspricht, ist*

$$\lambda(x) = \frac{\exp[-\mu_1^2/2\sigma^2]}{\exp[-\mu_0^2/2\sigma^2]} \cdot \exp\{[\mu_1/\sigma^2 - \mu_0/\sigma^2] \textstyle\sum x_i\}$$

der Likelihoodquotient einer einfachen Stichprobe für $\mu_0 < \mu_1$. $T(X) = \sum X_i$ *ist eine Teststatistik für die gleichmäßig beste Testfunktion.*

6. Zweiseitige Hypothesen

a) Unverzerrte Testfunktion

Zweiseitige Hypothesen haben die Form

$$H_0{:}\quad \vartheta_1 \le \vartheta \le \vartheta_2, \qquad H_1{:}\quad \vartheta \notin [\vartheta_1, \vartheta_2]$$

mit $\vartheta_1 < \vartheta_2$ oder

$$H_0: \ \vartheta = \vartheta_0, \qquad H_1: \ \vartheta \neq \vartheta_0$$

für den Spezialfall, daß $\vartheta_1 = \vartheta_2$ ist.

In der Menge der Testfunktionen zum Niveau α gibt es keine gleichmäßig beste Testfunktion für zweiseitige Hypothesen, sondern nur in der Teilmenge der unverzerrten (oder unverfälschten oder erwartungstreuen) Testfunktionen[4]) (s. S. 174). Eine Testfunktion zum Niveau α heißt unverzerrt, wenn die Gütefunktion für alle $\vartheta \in \Theta_1$ mindestens gleich dem Signifikanzniveau α ist, wenn also

$$g(\delta, \vartheta) \geq \alpha, \qquad \forall \vartheta \in \Theta_1 .$$

Diese zusätzliche Forderung bedeutet, daß die Wahrscheinlichkeit für die Ablehnung einer falschen Nullhypothese immer mindestens so groß ist, wie für die Ablehnung einer richtigen Nullhypothese. Die Figur 15 zeigt den schematischen Verlauf der Gütefunktion einer unverzerrten Testfunktion zum Niveau α[5]).

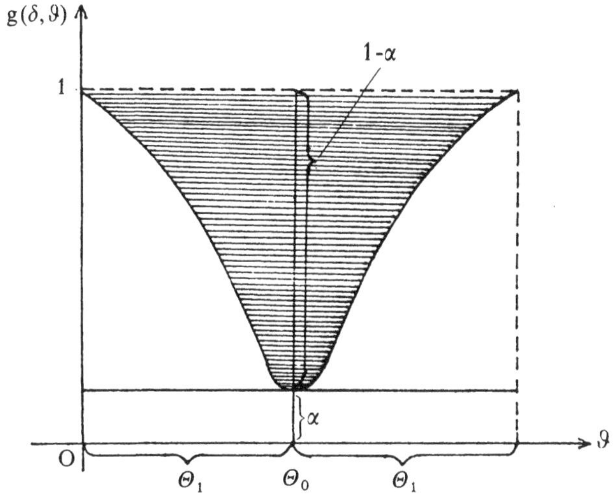

Figur 15: Gütefunktion einer unverzerrten gleichmäßig besten Testfunktion

4) Für die zweiseitigen Hypothesen H_0: $\vartheta < \vartheta_1$ oder $\vartheta > \vartheta_2$ und H_1: $\vartheta_1 \leq \vartheta \leq \vartheta_2$ existieren gleichmäßig beste Testfunktionen zum Niveau α für die Mitglieder der einparametrigen Exponentialfamilie. Siehe z. B. Rohatgi (1976) S. 422.

5) Die Neyman Pearson Testverfahren für einfache Hypothesen, die Testverfahren für einseitige Hypothesen mit einem monotonen Likelihoodquotienten, sowie die unverzerrten Testverfahren für zweiseitige Hypothesen, bilden jeweils eine vollständige Menge statistischer Verfahren. Die Menge der Neyman Pearson Testverfahren ist minimal vollständig (s. Berger (1980) S. 364).

b) Einparametrige Exponentialfamilie und unverzerrte gleichmäßig beste Testfunktion

Für Verteilungen die zur einparametrigen Exponentialfamilie gehören, existieren gleichmäßig beste Testfunktionen in der Menge der unverzerrten Testfunktionen[6]), die folgende Form haben (s. S. 175):

$$\delta(x) = \begin{cases} 0 & \text{für} \quad T(x) \in \{[k_1, k_2]\}, \\ 1 & \text{für} \quad T(x) \notin \{[k_1, k_2]\}. \end{cases}$$

k_1 und k_2 werden so gewählt, daß die Bedingung $W\{T(X) \in C \mid \vartheta_0\} = \alpha$ gilt. $T(X)$ ist eine suffiziente Teststatistik für ϑ.

Beispiel A-II-14

$X_1, \ldots, X_n$ *sei eine einfache Stichprobe mit* $X_i \sim N(\mu, \sigma^2)$. *Wenn* σ^2 *bekannt ist, dann zählt die Normalverteilung zur einparametrigen Exponentialfamilie, für die in der Menge der unverzerrten Testfunktionen eine gleichmäßig beste existiert. Mit der Teststatistik* $T(X) = [n^{1/2} \cdot (\bar{X} - \mu_0)/\sigma]$ *die unter* H_0 *standardnormalverteilt ist, kann die Testfunktion zur Prüfung der Hypothesen* H_0: $\mu = \mu_0$, H_1: $\mu \neq \mu_0$ *wie folgt geschrieben werden:*

$$\delta(x) = \begin{cases} 0 & \text{für} \quad z_1 \leq T(x) \leq z_2, \\ 1 & \text{für} \quad T(x) < z_1 \quad \textit{oder} \quad T(x) > z_2. \end{cases}$$

z_1 *und* z_2 *sind Quantile der Standardnormalverteilung, die so gewählt werden, daß die Bedingung* $W\{T(X) \in [z_1, z_2]\} = \alpha$ *erfüllt wird.*

Für H_0: $\mu = 4$, H_1: $\mu \neq 4$, $n = 10$, $\bar{x} = 4{,}8$ *und* $\sigma^2 = 1$ *ist die Teststatistik*

$$T(x) = 10^{1/2} \cdot (4{,}8 - 4)/1 = 2{,}53.$$

Wenn man z. B. α *mit* 0,05 *festsetzt und* $-z_1 = z_2$ *wählt, dann ist* $z_{1-\alpha/2} = 1{,}96$. *Da die Realisation der Teststatistik größer ist als dieser Wert, wird man die Nullhypothese ablehnen. Das Fehlerrisiko (1. Art) beträgt maximal 5 %.*

c) k-parametrige Exponentialfamilie

Gleichmäßig beste oder gleichmäßig beste unverzerrte Testfunktionen zum Niveau α existieren selten für mehrparametrige Verteilungen. Für einige zusammengesetzte Hypothesen über Parameter von Verteilungen, die zur k-parametrigen Exponentialfamilie zählen, gibt es gleichmäßig beste Testfunktionen unter der Menge der unverzerrten Testfunktionen. Dies gilt insbesondere für zusammengesetzte Hypothesen, die Parameter von Normalverteilungen betreffen (vgl. Lehmann (1959) S. 94 und S. 164).

---

6) Da auch in der eingeschränkten Teilmenge der unverzerrten Testfunktionen selten beste Testfunktionen existieren, sucht man durch die Definition anderer Eigenschaften wie z. B. der Invarianz zu Teilmengen zu gelangen, in denen es beste Testfunktionen gibt. Siehe dazu Lehmann (1959) S. 213.

7. Likelihoodquotienten Methode (LQ-Methode)

a) Technik

Ein Verfahren, das unabhängig von Optimalitätsüberlegungen zu Testfunktionen führt, ist die LQ-Methode. Diese kann als Erweiterung des Neyman-Pearson Theorems für einfache Hypothesen auf zusammengesetzte Hypothesen aufgefaßt werden. Anstelle der Likelihoodwerte der einfachen Hypothesen wird bei der LQ-Methode der maximale Likelihoodwert der zusammengesetzten Hypothesen eingesetzt. Für zusammengesetzte Hypothesen ist daher

$$\lambda(x) = \frac{\sup\{l(x|\vartheta)|\vartheta \in \Theta\}}{\sup\{l(x|\vartheta)|\vartheta \in \Theta_0\}}$$

der entsprechende Likelihoodquotient. (Den Likelihoodwert der einfachen Alternativhypothese $l(x|\vartheta_1)$ ersetzt man nicht durch den maximalen Likelihoodwert der Menge Θ_1, sondern durch jenen des gesamten Parameterbereiches $\Theta = \Theta_0 \cup \Theta_1$).

$$\delta(x) = \begin{cases} 0 & \text{für} \quad \lambda(x) \leq k, \\ 1 & \text{für} \quad \lambda(x) > k \end{cases}$$

ist die Testfunktion der LQ-Methode. k wird so bestimmt, daß die Bedingung $W\{\lambda(X) \in C|\vartheta_0\} = \alpha$ erfüllt ist. Wenn eine suffiziente Stichprobenstatistik T(X) mit bekannter Verteilung für den zu testenden Parameter existiert, dann verwendet man diese als Teststatistik.

Beispiel A-II-15

$X_1, \ldots, X_n$ *sei eine einfache Stichprobe mit* $X_i \sim N(\mu, \sigma^2)$. *Für die zusammengesetzten Hypothesen* H_0: $\mu = \mu_0$, $\sigma^2 > 0$ *und* H_1: $\mu \neq \mu_0$, $\sigma^2 > 0$ *ist*

$$l(x|\vartheta) = (2\pi\sigma^2)^{-n/2} \cdot \exp[-\Sigma(x_i - \mu)^2/2\sigma^2]$$

bzw.

$$\ln l(x|\vartheta) = (-n/2)\ln 2\pi - (n/2)\ln\sigma^2 - \Sigma(x_i - \mu)^2/2\sigma^2$$

die Likelihoodfunktion für eine Realisation der einfachen Stichprobe. Da der Zähler von $\lambda(x)$ *die Maximierung im Hinblick auf die beiden Parameter* μ *und* σ^2 *erfordert, bestimmt man die entsprechenden partiellen Ableitungen der Likelihoodfunktion mit*

$$\partial \ln l(x|\vartheta)/\partial\mu = \Sigma(x_i - \mu)/\sigma^2$$
$$\partial \ln l(x|\vartheta)/\partial\sigma^2 = -n/2\sigma^2 + \Sigma(x_i - \mu)^2/2\sigma^4.$$

Nullsetzen und Auflösen der ersten Gleichung nach μ *ergibt* $n^{-1} \cdot \Sigma x_i = \bar{x}$ *als Lösung. Wenn man für* μ *in der zweiten Gleichung* $\bar{x}$ *einsetzt und nach* σ^2 *auflöst, dann ist* $s^2 = n^{-1} \cdot \Sigma(x_i - \bar{x})$ *die Lösung. Da* $\bar{x}$ *und* s^2 *die maximalen Likelihoodwerte sind, ist*

$$\sup\{l(x|\vartheta)|\vartheta \in \Theta\} = \sup_{\mu,\sigma^2}\{(\sigma^2 2\pi)^{-n/2} \cdot \exp[-\Sigma(x_i - \mu)^2/2\sigma^2]\} =$$
$$= n[2\pi\Sigma(x_i - \bar{x})^2]^{-n/2} \cdot \exp[-n/2]$$

der Zähler von $\lambda(x)$. Für die Nullhypothese im Nenner von $\lambda(x)$ ist $\mu = \mu_0$ eine bekannte Konstante, σ^2 aber kann variieren. Da $s^2 = n^{-1} \cdot \Sigma(x_i - \mu_0)^2$ ein maximaler Likelihoodwert für σ^2 ist, ist

$$\sup\{l(x|\vartheta)|\vartheta \in \Theta_0\} = \sup_{\sigma^2}\{(\sigma^2 2\pi)^{-n/2} \cdot \exp[-\Sigma(x_i - \mu_0)^2/2\sigma^2]\} =$$
$$= n[2\pi\Sigma(x_i - \mu_0)^2]^{-n/2} \cdot \exp[-n/2]$$

der Nenner von $\lambda(x)$ und

$$\lambda(x) = \left[\frac{\Sigma(x_i - \mu_0)^2}{\Sigma(x_i - \bar{x})^2}\right]^{n/2} = \left[\frac{\Sigma(x_i - \bar{x})^2 + n(\bar{x} - \mu_0)^2}{\Sigma(x_i - \bar{x})^2}\right]^{n/2} =$$
$$= \left[1 + \frac{n(\bar{x} - \mu_0)^2}{\Sigma(x_i - \bar{x})^2}\right]^{n/2}$$

der Likelihoodquotient. Setzt man $T(x) = n^{1/2} \cdot (\bar{x} - \mu_0)/\hat{s}$, mit $\hat{s}^2 = \Sigma(x_i - \bar{x})^2/(n-1)$ so ist

$$\lambda(x) = [1 + T(x)^2/(n-1)]^{n/2}.$$

$T(x)$ ist eine Funktion von $\lambda(x)$. Da $T(X) = n^{1/2} \cdot (\bar{X} - \mu_0)/\hat{S}$ unter H_0 eine studentverteilte Zufallsvariable mit $n-1$ Freiheitsgraden ist, wird k so bestimmt, daß die Gleichung $W\{T(X) < k' \text{ und } T(X) > k''\} = \alpha$ gilt. Die Studentverteilung ist symmetrisch. Für $k' = -k''$ erhält man daher

$$\delta(x) = \begin{cases} 0 & \text{für } |T(x)| \leq t_{1-\alpha/2, \nu=n-1}, \\ 1 & \text{für } |T(x)| > t_{1-\alpha/2, \nu=n-1}, \end{cases}$$

als Testfunktion. $t_{1-\alpha/2;\nu=n-1}$ ist das $(1-\alpha/2)$-Quantil der Studentverteilung bei $n-1$ Freiheitsgraden. Diese Testfunktion ist in der Menge der unverzerrten Testfunktionen eine gleichmäßig beste. (vgl. Lehmann (1959) S. 164).

Für H_0: $\mu_0 = 4$, H_1: $\mu \neq 4$ und $n = 10$, $\bar{x} = 4{,}8$, $\hat{s}^2 = 4$ ist

$$T(x) = 10^{1/2} \cdot (4{,}8 - 4)/2 = 1{,}26$$

der Wert der Teststatistik. Nimmt man α mit 0,05 an, dann ist $t_{1-\alpha/2,\nu} = t_{0{,}975;9} = 2{,}262$. Da $|T(x)| = 1{,}26 < 2{,}262$ ist, kann die Nullhypothese nicht abgelehnt werden.

b) Eigenschaften

Die LQ-Methode liefert meistens, jedoch nicht zwingend, gleichmäßig beste oder unverzerrt gleichmäßig beste Testfunktionen, falls solche existieren. Sie liefert asymptotisch beste Testfunktionen[7]). Bei kleinen Stichproben kann über die LQ-Methode nichts Generelles gesagt werden. Hier kann sie auch zu schlechten Testfunktionen führen (vgl. Rohatgi (1976) S. 440).

---

7) Man kann zeigen, daß $\ln\lambda(X)$ asymptotisch χ^2-verteilt ist mit Freiheitsgraden, die gleich der Differenz zwischen der Zahl der Parameter in Θ und Θ_0 sind. Siehe dazu Wilks (1962) S. 408.

Aufgaben und weitere Ergebnisse

1) Bestimmen Sie zur Prüfung der Hypothesen H_0: $\pi = 0{,}3$ und H_1: $\pi = 0{,}6$ alle möglichen Testfunktionen für $n = 2$ und die beste Testfunktion nach Neyman, Pearson für ein Signifikanzniveau von $\alpha = 0{,}2$.

2) Auf Grund einer Stichprobe im Umfang $n = 1$ aus $X \sim N(\mu; 1)$ soll die Behauptung geprüft werden H_0: $\mu = 4$ gegen H_1: $\mu = 5$. Zeigen Sie, daß von den drei kritischen Bereichen

$$C_1 = (4{,}7; \infty), \qquad C_2 = (3{,}5; \infty), \qquad C_3 = (5; \infty)$$

C_2 ausgeschieden werden kann, da die Wahrscheinlichkeiten für den Fehler 1. und 2. Art größer sind als die von C_1 und C_3.

3) Um die beiden Hypothesen H_0: $\mu = 4$ und H_1: $\mu = 5$ auf einem Signifikanzniveau von 0,05 zu prüfen, wird eine Stichprobe mit $n = 1$ und $X \sim N(\mu; 1)$ verwendet. Zeigen Sie, daß die Gütefunktion folgende Werte aufweist:

$$g(\delta, \mu) = \begin{cases} 0{,}0500 & \text{für} \quad \mu = 4, \\ 0{,}2578 & \text{für} \quad \mu = 5. \end{cases}$$

4) Die Wahrscheinlichkeiten für die möglichen Realisationen einer Zufallsvariablen X unter H_0: $\vartheta = \vartheta_0$ und H_1: $\vartheta = \vartheta_1$ sind

x_i	$f(x \mid \vartheta_0)$	$f(x \mid \vartheta_1)$
x_1	0,2	0,6
x_2	0,3	0,3
x_3	0,5	0,1

Bestimmen Sie die möglichen Likelihoodquotienten-Testfunktionen und berechnen Sie die entsprechenden Fehlerwahrscheinlichkeiten (s. Lindgren (1971) S. 164).

5) In folgender Tabelle sind für das Auftreten der 6 möglichen Werte einer Teststatistik die Wahrscheinlichkeiten unter H_0 und H_1 sowie der Likelihoodquotient angegeben:

t_i	$f(t \mid \vartheta_0)$	$f(t \mid \vartheta_1)$	$\lambda(t)$
t_1	0,4	0,1	0,25
t_2	0,1	0,3	3,00
t_3	0,1	0,2	2,00
t_4	0,2	0,0	0,00
t_5	0,2	0,1	0,50
t_6	0,0	0,3	∞

Zeigen Sie, daß die Wahrscheinlichkeiten für den Fehler 1. und 2. Art gleich sind, wenn zum kritischen Bereich folgende Werte zählen $C = \{t_1, t_4, t_5\}$.

6) Zeigen Sie mit Hilfe des Neyman Pearson Theorems, daß für die Exponentialverteilung die beste Testfunktion zur Prüfung der einfachen Hypothesen $H_0{:}\,\lambda = \lambda_0$, $H_1{:}\,\lambda = \lambda_1 < \lambda_0$ wie folgt lautet:

$$\delta(x) = \begin{cases} 0 & \text{für} \quad \Sigma x_i \geq k, \\ 1 & \text{für} \quad \Sigma x_i < k. \end{cases}$$

k wird so bestimmt, daß die Bedingung $W\{\Sigma X_i < k \mid \lambda_0\} = \alpha$ gilt.

7) Zeigen Sie für die Poissonverteilung, daß die nichtrandomisierte beste Testfunktion zur Prüfung der einfachen Hypothesen H_0: $\lambda = \lambda_0$, H_1: $\lambda = \lambda_1 > \lambda_0$ auf Grund einer einfachen Stichprobe wie folgt bestimmt ist:

$$\delta(x) = \begin{cases} 0 & \text{für} \quad \Sigma x_i \leq k, \\ 1 & \text{für} \quad \Sigma x_i > k. \end{cases}$$

k wird so bestimmt, daß die Wahrscheinlichkeit $W\{\Sigma X_1 > k \mid \lambda_0\} = \sum_{r=k+1}^{\infty} (n\lambda_0)^r \cdot$ $\cdot \exp(-n\lambda_0)/r! = \alpha$ ist.

8) Zeigen Sie für die vorhergehende Aufgabe und $n = 10$, $\lambda_0 = 0{,}4$, daß die randomisierte Testfunktion zum Niveau 0,05 wie folgt lautet:

$$\delta(x) = \begin{cases} 0 & \text{für} \quad T(x) < 8, \\ 0{,}963 & \text{für} \quad T(x) = 8, \\ 1 & \text{für} \quad T(x) > 8, \end{cases}$$

mit $T(X) = \sum_{i=1}^{10} X_i$.

9) Zeigen Sie, daß die Macht der Testfunktion in der vorhergehenden Aufgabe für $\lambda_1 = 0{,}4$ gleich 0,0843 ist.

10) Zeigen Sie, daß die Poissonverteilung einen monotonen Likelihoodquotienten besitzt.

11) Zeigen Sie, daß die Gleichverteilung im Intervall $(0, \vartheta)$ einen monotonen Likelihoodquotienten in $\max_{1 \leq i \leq n} X_i$ besitzt.

12) Zeigen Sie, daß die Cauchy Verteilung mit der Dichtefunktion

$$f(x \mid \vartheta) = [\pi\{1 + (x - \vartheta)^2\}]^{-1}, \qquad \pi = 3{,}1416\ldots,$$

keinen monotonen Likelihoodquotienten besitzt.

13) $X_1, \ldots, X_{25}$ sei eine einfache Stichprobe mit $X_i \sim N(0; \sigma^2)$. Bestimmen Sie die gleichmäßig beste Testfunktion zum Niveau $\alpha = 0{,}05$ für die Hypothesen H_0: $\sigma^2 \leq 1$ und H_1: $\sigma^2 > 1$. Zeigen Sie, daß die Verteilung zur einparametrigen Exponentialfamilie gehört und die gleichmäßig beste Testfunktion daher aus der allgemeinen Formel für diese Familie abgeleitet werden kann.

14) $X_1, \ldots, X_n$ sei eine einfache Stichprobe mit $X_i \sim N(\mu; 1)$. Bestimmen Sie das Niveau der Testfunktion, wenn zur Prüfung der Hypothesen H_0: $\mu = 0$ der kritische Bereich

$$C = \{x \mid n^{1/2} \cdot |\bar{x}| > 2\}$$

verwendet wird.

15) $X_1, \ldots, X_5$ sei eine einfache Stichprobe mit $X_i \sim B(1, \pi)$. Zeigen Sie, daß die randomisierte Testfunktion für die Hypothesen H_0: $\pi = 0{,}5$ und H_1: $\pi \neq 0{,}5$ zum Niveau $\alpha = 0{,}10$ wie folgt lautet:

$$\delta(x) = \begin{cases} 0 & \text{für} \quad \Sigma x_i = 2 \quad \text{oder} \quad 3, \\ 0{,}114 & \text{für} \quad \Sigma x_i = 1 \quad \text{oder} \quad 4, \\ 1 & \text{für} \quad \Sigma x_i = 0 \quad \text{oder} \quad 5. \end{cases}$$

16) Für hinreichend großes n konvergiert die Binomialverteilung gegen die Normalverteilung. Zeigen Sie, daß in diesem Fall die beste Testfunktion für die Hypothesen H_0: $\pi = \pi_0$, H_1: $\pi \neq \pi_0$ und das Niveau α folgende Form besitzt:

$$\delta(x) = \begin{cases} 0 & \text{für} \quad |T(x)| \leq z_{1-\alpha/2}, \\ 1 & \text{für} \quad |T(x)| > z_{1-\alpha/2}, \end{cases}$$

mit $T(x) = (p - \pi_0)/[\pi_0(1 - \pi_0)/n]^{1/2}$ und $p = \Sigma x_i/n$.

17) $X_1, \ldots, X_n$ sei eine einfache Stichprobe aus einer Gleichverteilung im Intervall $(0, \vartheta)$. Zeigen Sie, daß eine gleichmäßig beste Testfunktion zum Niveau α für die Hypothesen H_0: $\vartheta = \vartheta_0$ und H_1: $\vartheta \neq \vartheta_0$ folgende Form hat:

$$\delta(x) = \begin{cases} 1 & \text{für} \quad \max x_i > \vartheta_0 \quad \text{oder} \quad \max x_i \leq \vartheta_0 \cdot \alpha^{1/n}, \\ 0 & \text{sonst} \end{cases}$$

(s. Rohatgi (1976) S. 424).

18) Aus einer Exponentialverteilung mit der Dichte $f(x|\lambda) = \lambda \exp(-\lambda x)$ wird ein $x > 0$ gezo-
gen. Berechnen Sie die beste Testfunktion zum Niveau 0,1 für die zweiseitigen Hypothesen H_0: $\lambda = 1$, H_1: $\lambda \neq 1$.
(Antwort: $C = \{x | x < 0{,}084 \text{ oder } x > 3{,}945\}$) (s. Beaumont (1980) S. 148).

III. Intervallschätzverfahren

1. Vokabular der Intervallschätzverfahren

a) Konfidenzintervall und -niveau

Auf Grund der Stichprobeninformation soll eine Teilmenge des Parameterraumes

$$\Theta_K \subset \Theta$$

konstruiert werden, von der man annehmen kann, daß sie den unbekannten Parameter ϑ enthält. Da die Teilmenge Θ_K auf Grund der Zufallsstichprobe X bestimmt werden soll, ist sie selbst eine Zufallsmenge. Bezeichnet man mit K(X) eine solche Zufallsmenge und mit K(x) die entsprechende Realisation, dann ist {K(X)} eine Familie von Konfidenzbereichen zum Niveau $1-\alpha$, wenn die Bedingung

$$W\{\vartheta \in K(X)\} \geq 1-\alpha; \qquad \forall \vartheta \in \Theta$$

erfüllt ist. Wenn man sich auf $\Theta \subset \mathbb{R}^1$ beschränkt, dann ist die Teilmenge Θ_K ein Konfidenzintervall. Mit T_u und T_0 als Unter- und Obergrenze ist

$$K(X) = (T_u, T_0)$$

ein Konfidenzintervall zum Konfidenzniveau $1-\alpha$ für den unbekannten Parameter ϑ und K(X) eine Intervallschätzfunktion[1]).

b) Zusammenhang zwischen Test- und Intervallschätzverfahren

Die Intervallschätzverfahren kann man als Spezialfall der Testverfahren betrachten, da nur die Fragestellung, nicht aber die formale Struktur verschieden ist. Dies erkennt man an folgendem Zusammenhang:[2])

Bezeichnet man mit $A(\vartheta_0)$ den Annahmebereich der Nullhypothese H_0: $\vartheta = \vartheta_0$ einer (nicht randomisierten) Testfunktion zum Niveau α, dann ist

$$\delta(x) = \begin{cases} 0 & \text{für} \quad x \in A(\vartheta_0), \\ 1 & \text{für} \quad x \notin A(\vartheta_0). \end{cases}$$

Der Annahmebereich wird so bestimmt, daß gilt

$$W\{X \in A \mid \vartheta_0\} = 1-\alpha.$$

Wenn man nicht nur für ϑ_0, sondern für jedes $\vartheta \in \Theta$ auf diese Art einen Annahmebereich $A(\vartheta)$ festlegt, dann erhält man für jede Teilmenge des Stichprobenraumes $\mathfrak{X}$

---

1) Die formale Theorie der Konfidenzintervalle und -bereiche stammt von Neyman (1937). In der deutschsprachigen Literatur findet man Konfidenzintervalle u. a. behandelt bei Schmetterer (1966), Witting (1974) und Bamberg (1972).

2) Den Zusammenhang zwischen Test- und Intervallschätzverfahren findet man bei Ferguson. Vgl. Ferguson (1967) S. 257.

eine Familie von Annahmebereichen mit der Eigenschaft, daß

$$W\{X \in A(\vartheta)\} = 1 - \alpha, \qquad \forall \vartheta \in \Theta.$$

Definiert man nun K(x) so, daß immer wenn ϑ in K(x) auch x in $A(\vartheta)$ ist und umgekehrt

$$K(x) = \{\vartheta \mid x \in A(\vartheta), \vartheta \in \Theta\},$$

dann gilt

$$W\{\vartheta \in K(X)\} = W\{X \in A(\vartheta)\} = 1 - \alpha.$$

Die so konstruierten K(X) sind eine Familie von Konfidenzbereichen zum Niveau $1 - \alpha$[3]).

Beispiel A-III-1

$X_1, \ldots, X_n$ *sei eine einfache Stichprobe mit* $X_i \sim N(\mu, \sigma^2)$, $\vartheta = (\mu, \sigma^2)$ *unbekannt. In der Menge der unverzerrten Testfunktionen ist bekanntlich*

$$\delta(x) = \begin{cases} 0 & \text{für} \quad |T(x)| \leq k, \\ 1 & \text{für} \quad |T(x)| > k \end{cases}$$

mit der Teststatistik $T(x) = n^{1/2} \cdot (\bar{x} - \mu_0)/\hat{s}$ *die gleichmäßig beste Testfunktion zum Niveau* α *für die Prüfung der Hypothesen* H_0: $\mu = \mu_0$ *gegen* H_1: $\mu \neq \mu_0$. *Wegen der Bedingung* $\alpha = W\{T(X) \in C \mid \mu_0\}$ *wählt man* k *so, daß* $k = t_{1-\alpha/2;\, v=n-1}$ *ist. Daher ist*

$$\begin{aligned} A(\mu_0) &= \{\bar{x} \mid T(x)| \leq t_{1-\alpha/2;\, v}\} = \\ &= \{\bar{x} \mid -t_{1-\alpha/2;\, v} \leq T(x) \leq t_{1-\alpha/2;\, v}\} = \\ &= \{\bar{x} \mid \mu_0 - t_{1-\alpha/2;\, v} \cdot \hat{s}/n^{1/2} \leq \bar{x} \leq \mu_0 + t_{1-\alpha/2;\, v} \cdot \hat{s}/n^{1/2}\} \end{aligned}$$

der Annahmebereich der gleichmäßig besten unverzerrten Testfunktion zum Niveau α. *Die entsprechende beste Intervallschätzfunktion zum Niveau* $1 - \alpha$ *für den unbekannten Parameter* μ *ist*

$$\begin{aligned} K(x) &= \{\mu \mid \bar{x} \in A(\mu)\} = \\ &= \{\mu \mid \bar{x} - t_{1-\alpha/2;\, v} \cdot \hat{s}/n^{1/2} \leq \mu \leq \bar{x} + t_{1-\alpha/2;\, v} \cdot \hat{s}/n^{1/2}\}. \end{aligned}$$

c) Überdeckungswahrscheinlichkeiten

Eine beste Intervallschätzfunktion soll mit möglichst großer Wahrscheinlichkeit zu einem Intervall führen, das den wahren Parameter enthält. Diese Wahrscheinlichkeit, die man auch als Überdeckungswahrscheinlichkeit der Intervallschätzfunktion bezeichnet, ist für die Intervallschätzfunktionen $K(X) = (-\infty, \infty)$ immer maximal, nämlich 1. Da aber für diese Intervallschätzfunktion auch die Überdeckungswahrscheinlichkeit für einen falschen Parameter maximal ist, beschränkt

3) Analog zu randomisierten Testfunktionen kann man randomisierte Intervallschätzfunktionen definieren, um für diskrete Verteilungen Intervallschätzfunktionen zum exakten Niveau $1 - \alpha$ zu erhalten. Näheres siehe Lehmann (1959).

man sich auf eine Teilmenge der möglichen Intervallschätzfunktionen mit vorgewählter Überdeckungswahrscheinlichkeit $1-\alpha$ für den wahren Parameter und sucht in dieser Teilmenge $\Delta_{1-\alpha} \subset \Delta$ die Intervallschätzfunktion mit minimaler Überdeckungswahrscheinlichkeit für einen falschen Parameter. Eine gleichmäßig beste Intervallschätzfunktion in der Menge $\Delta_{1-\alpha}$ ist also jene, die im Hinblick auf alle anderen Intervallschätzfunktionen zum Niveau $1-\alpha$ die minimale Überdeckungswahrscheinlichkeit für falsche Parameter aufweist.

2. Einseitige Konfidenzintervalle[4])

a) Gleichmäßig beste Intervallschätzfunktion

Gilt

$$W\{T_u \leq \vartheta\} \geq 1-\alpha, \qquad \forall \vartheta \in \Theta$$

oder

$$W\{\vartheta \leq T_0\} \geq 1-\alpha, \qquad \forall \vartheta \in \Theta,$$

dann nennt man die Intervalle $[T_u, \infty)$ und $(-\infty, T_0]$ einseitige Konfidenzintervalle zum Niveau $1-\alpha$. Das Intervall $[T_u, T_0]$ mit T_u und T_0 endlich, heißt in diesem Zusammenhang zweiseitiges Konfidenzintervall.

In der Menge aller Intervallschätzfunktionen zum Niveau $1-\alpha$ existiert eine einseitige Schätzfunktion, die im Sinne der Testverfahren eine beste ist, vorausgesetzt, daß die Verteilungsfamilie, für deren Parameter ein einseitiges Konfidenzintervall bestimmt werden soll, einen monotonen Likelihoodquotienten besitzt. Diese gleichmäßig beste Intervallschätzfunktion zum Niveau $1-\alpha$ weist im Hinblick auf alle Parameter $\vartheta \in \Theta$ die kleinste Überdeckungswahrscheinlichkeit für einen falschen Parameter auf.

Wenn X eine Verteilung mit einem monotonen Likelihoodquotienten besitzt, dann ist

$$A(\vartheta_0) = (-\infty; \tilde{T}(\vartheta_0)]$$

der Annahmebereich der gleichmäßig besten Testfunktion zum Niveau α für H_0: $\vartheta \leq \vartheta_0$ gegen H_1: $\vartheta > \vartheta_0$. Die Familie der entsprechenden Konfidenzintervalle $K(x) = \{\vartheta \mid x \in A(\vartheta)\}$ hat dann die Form

$$K(x) = [T_u; \infty)$$

mit

$$T_u = \inf_{\vartheta} \{\vartheta \mid \tilde{T}(\vartheta) \geq x\}.$$

Beispiel A-III-2

Für eine einfache Stichprobe mit $X_i \sim N(\mu, \sigma^2)$, σ^2 *bekannt, ist die gleichmäßig beste*

4) Neben dem Konzept der Konfidenzintervalle gibt es im klassischen Modell noch das Konzept der Fiduzialintervalle, entwickelt von Fisher (1935).

Testfunktion zum Niveau α *für die Hypothese* H_0: $\mu \leq \mu_0$ *und* H_1: $\mu > \mu_0$

$$\delta(x) = \begin{cases} 0 & \text{für} \quad T(x) \leq k, \\ 1 & \text{für} \quad T(x) > k \end{cases}$$

mit der Teststatistik $T(x) = n^{1/2} \cdot (x - \mu_0)/\sigma$. *Wählt man* k *so, daß die Bedingung*

$$W\{T(X) \in C \mid \mu_0\} = \alpha$$

erfüllt ist, dann ist $k = z_{1-\alpha}$. *Daraus folgt für den Annahmebereich*

$$A(\mu_0) = (-\infty; \tilde{T}(\mu_0)] = \\ = (-\infty; \mu_0 + z_{1-\alpha} \cdot \sigma/n^{1/2}].$$

Die entsprechende gleichmäßig beste Intervallschätzfunktion zum Niveau $1 - \alpha$ *für* μ *ist daher*

$$K(x) = [T_u; \infty) = \\ = [\bar{x} - z_{1-\alpha} \cdot \sigma/n^{1/2}; \infty),$$

da $\inf_{\mu} \{\mu \mid \tilde{T}(\mu) \geq \bar{x}\} = \bar{x} - z_{1-\alpha} \cdot \sigma/n^{1/2} = T_u$.

Für $\bar{x} = 4{,}8$, $n = 10$ *und* $\sigma = 1$ *ist* $[4{,}28; \infty)$ *eine Realisation der Intervallschätzfunktion zum Niveau* 0,95.

b) Interpretation des Konfidenzniveaus

Das Konfidenzniveau $1 - \alpha$ ist eine untere Schranke für die Wahrscheinlichkeit, daß das Zufallsintervall K(X) den unbekannten Parameter ϑ überdeckt. Eine Realisation dieses Intervalls K(x) enthält den unbekannten Parameter ϑ oder nicht. $1 - \alpha$ interpretiert man daher nach der Realisation einer Stichprobe und der Berechnung eines entsprechenden Intervalls als Konfidenz oder Vertrauen: Auf lange Sicht wird ein Anteil von $1 - \alpha$ der so berechneten Intervalle K(x) den wahren Parameter ϑ überdecken.

3. Zweiseitige Konfidenzintervalle

a) Unverzerrte Intervallschätzfunktion

Einer Intervallschätzfunktion mit endlicher Länge entspricht eine Testfunktion für zweiseitige Hypothesen. Da es in der Menge der Testfunktionen zum Niveau α keine gleichmäßig beste Testfunktion für zweiseitige Hypothesen gibt, existiert auch keine gleichmäßig beste Intervallschätzfunktion in der Menge $\Delta_{1-\alpha}$. Man schränkt daher, analog zu den Testverfahren, die Menge $\Delta_{1-\alpha}$ auf die Teilmenge der unverzerrten Intervallschätzfunktionen $\Delta_u \subset \Delta_{1-\alpha} \subset \Delta$ ein.

Eine Intervallschätzfunktion zum Niveau $1 - \alpha$ ist unverzerrt, wenn die Bedingungen

$$W\{\vartheta \in K(X)\} \geq 1 - \alpha \quad \text{und} \quad W\{\vartheta' \in K(X)\} \leq 1 - \alpha; \quad \forall \vartheta' \neq \vartheta$$

erfüllt sind. Die Überdeckungswahrscheinlichkeit für jeden falschen Parameter ϑ' ist also höchstens $1-\alpha$. Durch diese Beschränkung ist sichergestellt, daß zumindest für Verteilungen, die zur einparametrigen Exponentialfamilie gehören, gleichmäßig beste Intervallschätzfunktionen zum Niveau $1-\alpha$ existieren.

Wenn X eine Verteilung besitzt, die zur einparametrigen Exponentialfamilie zählt, dann ist

$$A(\vartheta_0) = [\tilde{T}_u(\vartheta_0); \tilde{T}_0(\vartheta_0)]$$

der Annahmebereich der gleichmäßig besten unverzerrten Testfunktion zum Niveau α für H_0: $\vartheta = \vartheta_0$. Die entsprechende gleichmäßig beste unverzerrte Intervallschätzfunktion zum Niveau $1-\alpha$ hat die Form

$$K(x) = [T_u, T_0]$$

mit

$$T_u = \inf_{\vartheta}\{\vartheta \mid \tilde{T}_0(\vartheta) \geq x\} \quad \text{und} \quad T_0 = \sup_{\vartheta}\{\vartheta \mid \tilde{T}_u(\vartheta) \leq x\}.$$

Beispiel A-III-3

Der Annahmebereich einer gleichmäßig besten (nicht randomisierten) Testfunktion zum Niveau α für H_0: $\pi = \pi_0$ ist

$$A(\pi_0) = [\tilde{T}_u(\pi_0); \tilde{T}_0(\pi_0)]$$

mit den Grenzen

$$\tilde{T}_u(\pi_0) = x_1, \textit{für das gilt} \sum_{i=0}^{x_1} \binom{n}{i} \cdot \pi_0^i \cdot (1-\pi_0)^{n-i} \leq \alpha_1 \textit{ und}$$

$$\tilde{T}_0(\pi_0) = x_2, \textit{für das gilt} \sum_{i=x_2}^{n} \binom{n}{i} \cdot \pi_0^i \cdot (1-\pi_0)^{n-i} \leq \alpha_2,\ \alpha_1 + \alpha_2 = \alpha.$$

Die gleichmäßig beste Intervallschätzfunktion zum Niveau $1-\alpha$ für π, die diesem Annahmebereich entspricht, ist

$$K(x) = [T_u, T_0]$$

mit $T_u = \inf_{\pi}\{\pi \mid \tilde{T}_0(\pi) \geq x\}$ *und* $T_0 = \sup_{\pi}\{\pi \mid \tilde{T}_u(\pi) \leq x\}$. T_u *ist daher genau das kleinste* π_1 *für das gilt*

$$\sum_{i=x}^{n} \binom{n}{i} \cdot \pi_1^i \cdot (1-\pi_1)^{n-i} \leq \alpha_u$$

und T_0 *genau das größte* π_2 *für das gilt*

$$\sum_{i=0}^{x} \binom{n}{i} \cdot \pi_2^i \cdot (1-\pi_2)^{n-i} \leq \alpha_0$$

für jede Realisation der Zufallsvariablen $X = \sum X_i$ *und* $\alpha_u + \alpha_0 = \alpha$.

Setzt man $\alpha_u = \alpha_0$, *so erhält man aus* $n = 10$ *und* $x = 2$ *die Realisation eines 95 %-igen Konfidenzintervalls für* π *wie folgt:*

$$T_u\colon \sum_{i=2}^{10} (10) \cdot \pi_1^i \cdot (1-\pi_1)^{10-i} = 0{,}0250\,.$$

Für $\pi_1 = 0{,}0252$ *ist diese Summe gleich* 0,0250. *Die Untergrenze ist daher* $T_u = 0{,}0252$. *Die Obergrenze bestimmt man analog:*

$$T_0\colon \sum_{i=0}^{2} \binom{10}{i} \cdot \pi_2^i \cdot (1-\pi_2)^{10-i} = 0{,}0250\,.$$

Für $\pi_2 = 0{,}5562$ *beträgt die Wahrscheinlichkeitssumme ebenfalls* 0,0250. T_0 *ist daher* 0,5562. *Dieses Konfidenzintervall mit einer Länge von* 0,5310 *ist jedoch nicht unverzerrt. Man erhält ein unverzerrtes Intervall, wenn man auf die Beschränkung* $\alpha_u = \alpha_0 = \alpha/2 = 0{,}025$ *verzichtet. Mit* $T_u = 0{,}0081$ *und* $T_0 = 0{,}5113$ *hat man ein unverzerrtes Konfidenzintervall, das mit* $\alpha_u = 0{,}0028$ *und* $\alpha_0 = 0{,}0472$ *ebenfalls ein Niveau von* 0,95 *besitzt. Die Länge dieses unverzerrten Intervalls ist aber mit* 0,5032 *um einiges kürzer als die des verzerrten*[5]).

b) Minimaler Erwartungswert der Intervallänge

Unverzerrte gleichmäßig beste Intervallschätzfunktionen besitzen nicht nur die Eigenschaft der minimalen Überdeckungswahrscheinlichkeit eines falschen Parameters, sondern für sie gilt auch, daß der Erwartungswert der Intervallänge

$$E(L) = E(T_0 - T_u)$$

minimal im Hinblick auf alle anderen Intervallschätzfunktionen des Niveaus $1-\alpha$ ist (vgl. Pratt (1961) S. 260).

Wenn die Verteilung symmetrisch ist, dann kann man unverzerrte Intervalle zum Niveau $1-\alpha$ einfach dadurch bestimmen, daß man das $(\alpha/2)$-te Quantil der Verteilung als Untergrenze und das $(1-\alpha/2)$-te Quantil als Obergrenze wählt.

Beispiel A-III-4

Die Konfidenzgrenzen einer unverzerrten Intervallschätzfunktion zum Niveau $1 - 0{,}05 = 0{,}95$ *für den unbekannten Parameter* μ *erhält man aus einer einfachen Stichprobe mit dem Umfang* $n = 10$ *und* $X_i \sim N(\mu, \sigma^2)$ *wie folgt:*

$$T_u = \bar{X} - 2{,}262 \cdot \hat{S}/10^{1/2}\,,$$
$$T_0 = \bar{X} + 2{,}262 \cdot \hat{S}/10^{1/2}\,.$$

2,262 *ist das 97,5-te Perzentil der Studentverteilung für* $v = 9$ *Freiheitsgrade und* $-2{,}262$ *ist das 2,5-te Perzentil dieser Verteilung. Die so bestimmten Konfidenzintervalle werden auf lange Sicht den richtigen Parameter* μ *mit einer Wahrscheinlichkeit von mindestens* 0,95 *und jeden falschen Parameter* μ' *mit einer Wahrscheinlichkeit von höchstens* 0,95 *überdecken. Für* $\bar{x} = 4{,}8$ *und* $\hat{s}^2 = 4$ *ist* [3,37; 6,23] *eine Realisation*

5) Eine Zufallsvariable $T(X, \vartheta)$, die eine Funktion von $X = (X_1, \ldots, X_n)$ und ϑ ist, deren Verteilung aber unabhängig von ϑ ist, nennt man Pivot. Mit seiner Hilfe kann man unverzerrte Intervallschätzfunktionen minimaler Länge konstruieren. Siehe dazu Guenther (1969).

dieser Intervallschätzfunktion. Die Intervallänge ist 2,86. *Da die Intervallänge von* $\hat{S}$ *abhängt, ist sie nicht konstant. Ihr Erwartungswert ist jedoch minimal.*

c) Konfidenzintervalle minimaler Länge bei nichtsymmetrischen Verteilungen

Für nichtsymmetrische Verteilungen kann man Konfidenzintervalle minimaler Länge zum Niveau $1-\alpha$ nicht dadurch bestimmen, daß man das $(\alpha/2)$-te Quantil der entsprechenden Verteilung als Untergrenze und das $(1-\alpha/2)$-te Quantil als Obergrenze verwendet, sondern die Grenzen sind so zu berechnen, daß stets die Überdeckungswahrscheinlichkeit für falsche Parameter höchstens $1-\alpha$ ist und für den richtigen mindestens $1-\alpha$[6]) (s. Beispiel A-III-3).

Aufgaben und weitere Ergebnisse

1) Berechnen Sie ein einseitig nach oben begrenztes Konfidenzintervall für den Parameter λ einer Poissonverteilung für $x = 2$ und $\alpha = 0{,}05$.
(Antwort: $W\{X \leq 2 | \lambda = 6{,}3\} = 0{,}0495$; $T_0 = 6{,}3$).

2) X mit der Dichtefunktion $f(x|\vartheta) = \vartheta^{-1} \cdot \exp(-x|\vartheta)$ gehört zur einparametrigen Exponentialfamilie. Zeigen Sie, daß

$$(-\infty; x/\ln[1/(1-\alpha)])$$

ein einseitiges Konfidenzintervall zum Niveau $1-\alpha$ für ϑ ist.

3) Für die Dichte $f(x|\vartheta) = g(\vartheta) \cdot h(x) \cdot \exp(\vartheta x)$ sei $A(\vartheta_0) = [\tilde{T}_u(\vartheta_0); \tilde{T}_0(\vartheta_0)]$ der Annahmebereich einer besten unverzerrten Testfunktion für H_0: $\vartheta = \vartheta_0$ und H_1: $\vartheta \neq \vartheta_0$. Zeigen Sie, daß $\tilde{T}_u(\vartheta)$ und $\tilde{T}_0(\vartheta)$ nichtfallende Funktionen von ϑ sind.

4) $\bar{X}$ sei der Durchschnitt einer einfachen Stichprobe im Umfang n aus $N(\mu; 16)$. Finden Sie die kleinstmögliche Stichprobe im Umfang n für die $(\bar{X}-1; \bar{X}+1)$ ein Konfidenzintervall zum Niveau 0,9 für μ ist.

5) Zeigen Sie, daß

$$(n \cdot S^2/\chi^2_{1-\alpha/2;\,\nu=n-1};\ n \cdot S^2/\chi^2_{\alpha/2;\,\nu=n-1})$$

ein Konfidenzintervall zum Niveau $1-\alpha$ für σ^2 ist, wenn $X_i \sim N(\mu, \sigma^2)$.

6) $X_1, \ldots, X_{10}$ sei eine einfache Stichprobe mit $X_i \sim B(1, \pi)$. Zeigen Sie, daß (0,15; 0,70) ein Konfidenzintervall zum Niveau 0,9 für π ist, wenn $\Sigma x_i = 4$.

7) Zwischen einer binomialverteilten Zufallsvariablen und der F-Verteilung gilt folgender Zusammenhang: (vgl. Raiffa, Schlaifer (1961)):

$$F_B(x|\pi, n) = 1 - F_F(f|\nu_1 = 2(x-1),\ \nu_2 = 2(n-x))$$

mit $f = \nu_2 \cdot \pi/\nu_1 \cdot (1-\pi)$. Zeigen Sie, daß die Konfidenzgrenzen für π zum Niveau $1-\alpha$ mit Hilfe der F-Verteilung wie folgt berechnet werden können:

$$T_u = \nu_2/(\nu_2 + \nu_1 \cdot F_{c_1}),\quad \nu_1 = 2(n-x+1),\quad \nu_2 = 2x,\quad F_{c_1} = F_{1-c_1,\nu_1,\nu_2}$$
$$T_0 = \nu_1 \cdot F_{c_2}/(\nu_2 + \nu_1 \cdot F_{c_2}),\quad \nu_1 = 2(x+1),\quad \nu_2 = 2(n-x),\quad F_{c_2} = F_{1-c_2,\nu_1,\nu_2}$$
$$c_1 + c_2 = \alpha.$$

---

6) Die Bestimmung von Konfidenzintervallen für π, dem Parameter der Binomialverteilung, wird unter verschiedenen Optimalitätskriterien von Blyth und Still (1983) behandelt.

8) Berechnen Sie mit Hilfe der F-Verteilung Konfidenzgrenzen für π, wenn $n = 10$, $x = 2$ und $\alpha = 0{,}05$. (Antwort: $T_u = 0{,}025$; $T_0 = 0{,}556$ für $c_1 = c_2 = \alpha/2$).

9) Die Grenzen eines Konfidenzintervalls zum Niveau $1 - \alpha$ für den Parameter λ einer Poissonverteilung werden so bestimmt, daß gilt

$$T_u\colon \sum_{i=x}^{\infty} (n\lambda)^i \cdot \exp(-n\lambda)/i! \leq c_1$$

$$T_0\colon \sum_{i=0}^{x} (n\lambda)^i \cdot \exp(-n\lambda)/i! \leq c_2$$

für jede Realisation der Zufallsvariablen $X = \Sigma X_i$ und $c_1 + c_2 = \alpha$.

Berechnen Sie für die Realisation einer einfachen Stichprobe 3,3,4,6,2,4,4,3,1,2,0,5,7,1,4 ein 95%-iges zweiseitiges Konfidenzintervall für λ. (Antwort: 2,42; 4,32 für $c_1 = c_2 = \alpha/2$).

10) Da Maximumlikelihoodschätzfunktionen asymptotisch normalverteilt sind (s. Kap. A-IV)

$$\lim_{n \to \infty} [(\hat\vartheta_n - \vartheta)/\sigma] \sim N(0; 1)$$

mit $\sigma^2 = [nE\{(\partial \ln f(x|\vartheta)/\partial\vartheta)^2\}]$, kann man die Konfidenzgrenzen eines Intervalls zum Niveau $1 - \alpha$ für den Parameter ϑ auch näherungsweise wie folgt bestimmen:

$$T_u = \hat\vartheta - \sigma \cdot z_{1-\alpha/2}; \qquad T_0 = \hat\vartheta + \sigma \cdot z_{1-\alpha/2}.$$

Berechnen Sie mit Hilfe der Normalverteilung ein zweiseitiges Konfidenzintervall zum Niveau 0,95 für λ auf Grund der Daten des vorhergehenden Beispiels mit $\hat\vartheta = 3.27$.
(Antwort: (2,36; 4,18)).

11) Ist X eine poissonverteilte Zufallsvariable, so gilt (vgl. Raiffa, Schlaifer (1961))

$$W\{X \leq x\} = \sum_{i=0}^{x} \lambda^i \cdot \exp(-\lambda)/i! = 1 - W\{X_\nu \leq 2\lambda\}.$$

X_ν ist eine χ^2-verteilte Zufallsvariable mit $\nu = 2(x + 1)$ Freiheitsgraden. Zeigen Sie, daß die Konfidenzgrenzen für λ zum Niveau $1 - \alpha$ mit Hilfe der χ^2-Verteilung wie folgt berechnet werden können:

$$T_u = \chi^2_{c_1;\nu}/2 \qquad \text{mit} \quad \nu = 2x$$
$$T_0 = \chi^2_{1-c_2,\nu}/2 \qquad \text{mit} \quad \nu = 2(x+1)$$
$$c_1 + c_2 = \alpha.$$

12) Berechnen Sie mit Hilfe der χ^2-Verteilung zweiseitige Konfidenzgrenzen für λ, wenn $x = 1$ und $\alpha = 0{,}01$.
(Antwort: (0,005; 7,45) für $c_1 = 0{,}005 = c_2$).

13) X hat die Dichtefunktion einer Exponentialverteilung. Zeigen Sie, daß

$$(\chi^2_{\alpha/2;\nu=2n}/2\Sigma X_i; \quad \chi^2_{1-\alpha/2;\nu=2n}/2\Sigma X_i)$$

ein zweiseitiges Konfidenzintervall zum Niveau $1 - \alpha$ für λ ist.

14) Für eine Gleichverteilung im Intervall $(0; \vartheta)$ ist

$$(X_{[n]}/(1 - \alpha/2)^{1/n}; \quad X_{[n]}/(\alpha/2)^{1/n})$$

ein zweiseitiges Konfidenzintervall zum Niveau $1 - \alpha$. $X_{[n]}$ ist der maximale Wert einer einfachen Stichprobe. Berechnen Sie ein 95%-iges Konfidenzintervall für ϑ wenn 36,9 der größte Wert einer Stichprobe im Umfang $n = 40$ ist.
(Antwort: (36,92; 40,46))

15) Berechnen Sie für $n = 10$ und $\bar{x} = 4{,}8$ ein 95%-iges zweiseitiges unverzerrtes Konfidenzintervall für μ, wenn $X_i \sim N(\mu; 1)$.
(Antwort: (4,18; 5,42)).

16) Für $c_1 = \alpha/5$, $c_2 = 4\alpha/5$ und die Informationen der vorhergehenden Aufgabe ist (4,06; 5,35) ebenfalls ein 95%-iges zweiseitiges Konfidenzintervall. Für $c_2 = 9\alpha/10$ und $c_2 = \alpha/10$ erhält man (4,26; 5,61) als 95%-iges Konfidenzintervall. Zeigen Sie, daß von diesen drei Intervallen das unverzerrte den beiden anderen Intervallen überlegen ist.

IV. Punktschätzverfahren

1. Beste Punktschätzfunktion

a) Schätzfunktion und Schätzwert

Um den unbekannten Parameter ϑ zu schätzen, verwendet man Stichprobenfunktionen, die in diesem Zusammenhang als Punktschätzfunktionen

$$\delta(X) = T(X) = T(X_1, \ldots, X_n)$$

bezeichnet werden. Eine Realisation $\delta(x) = T(x)$ heißt Punktschätzwert $\hat{\vartheta}$ für ϑ.

Beispiel A-IV-1

Ist $X_1, \ldots, X_n$ eine einfache Stichprobe mit $X_i \sim N(\mu, \sigma^2)$, so ist z.B. $T(X_1 \ldots X_n) = = n^{-1} \cdot \Sigma X_i = \bar{X}$ eine Punktschätzfunktion für den unbekannten Parameter μ und $\bar{x} = n^{-1} \cdot \Sigma x_i$ eine entsprechende Realisation. Die Realisation $\bar{x} = \hat{\mu}$ wird als Punktschätzwert für den unbekannten Parameter bezeichnet.

Für die Realisation der einfachen Stichprobe 7,5; 2,5; 3; 8; 3; 4; 7; 4; 4; 5, ist z.B. der Stichprobendurchschnitt $\bar{x} = 4{,}8$ ein Punktschätzwert für den unbekannten Parameter μ, aber auch der Stichprobenzentralwert $\tilde{x} = 4$ oder der Durchschnitt aus den Extremwerten $(x_{[10]} + x_{[1]})/2 = (8 + 2{,}5)/2 = 5{,}25$. Die entsprechenden Punktschätzfunktionen $\delta_1 = \bar{X}$, $\delta_2 = \tilde{X}$, $\delta_3 = (X_{max} + X_{min})/2$ sind drei Elemente aus der Menge der möglichen Punktschätzfunktionen $\Delta = \{\delta_1, \delta_2, \delta_3, \ldots\}$.

b) Mittleres Fehlerquadrat einer Schätzfunktion

Aus der Menge der Punktschätzfunktionen Δ wird man jene auswählen, die den unbekannten Parameter ϑ so genau wie möglich schätzt[1]). Die Schätzgenauigkeit einer Punktschätzfunktion wird im klassischen Modell durch das mittlere Fehlerquadrat ausgedrückt. Diesem Auswahlkriterium entspricht eine quadratische Schadenfunktion. Der Schaden ist gleich 0, wenn der Punktschätzwert $\delta(x)$ gleich dem unbekannten Parameter ϑ ist. Wenn dies nicht der Fall ist, dann ist der Schaden gleich dem Abweichungsquadrat des Punktschätzwertes vom Parameter. Die Risikofunktion des klassischen Punktschätzverfahrens hat daher folgendes Aussehen:

$$r(\delta, \vartheta) = E_{x|\vartheta}[s(\delta(X), \vartheta)] = \int_{\mathfrak{X}} (\delta(x) - \vartheta)^2 dF(x|\vartheta), \quad \forall \vartheta \in \Theta.$$

Eine gleichmäßig beste Punktschätzfunktion ist jene, die von allen möglichen Punktschätzfunktionen das kleinste Fehlerquadrat aufweist.

Beispiel A-IV-2

Der unbekannte Parameter π sei Element der Parametermenge $\Theta = \{0{,}1; 0{,}15; 0{,}2\}$. Auf Grund einer einfachen Stichprobe mit $X_i \sim B(1, \pi)$ und $n = 3$ soll ein Schätzwert

---

1) Eine ausführliche Diskussion von Gütekriterien zur Beurteilung von Punktschätzfunktionen findet man z.B. bei Mood, Graybill, Boes (1974), Schmetterer (1966), Fisz (1978).

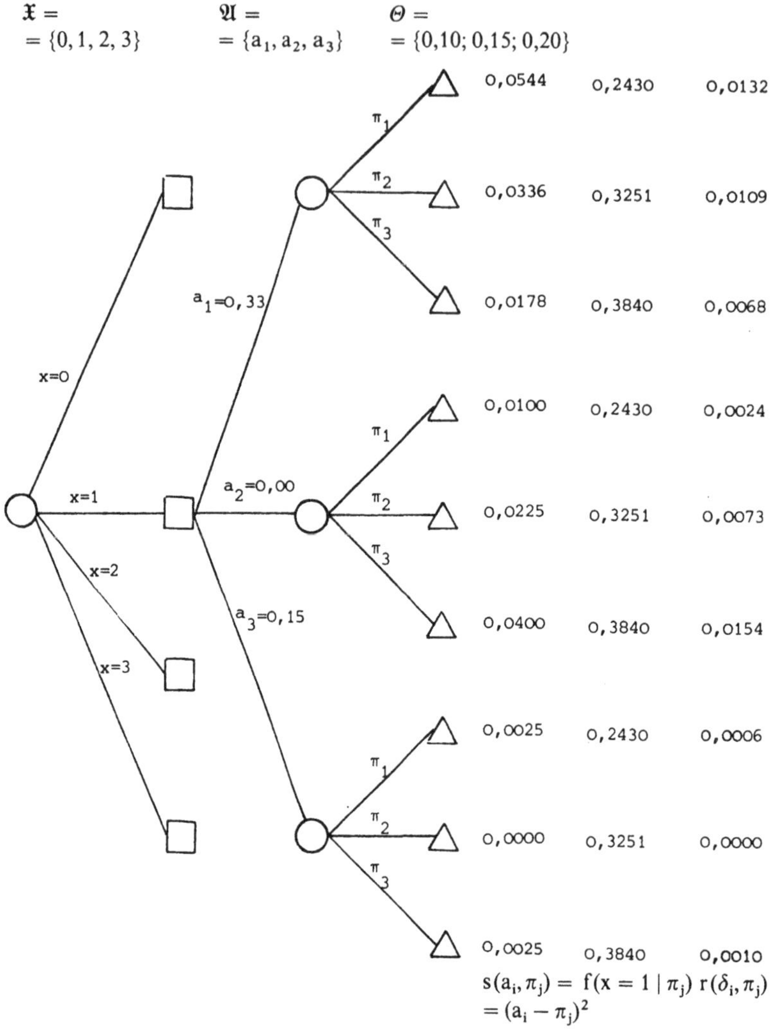

Figur 16: Berechnung der Risikowerte für die Stichprobenrealisation x = 1

für π bestimmt werden. Dazu werden nur drei Punktschätzfunktionen verwendet, die für die möglichen Stichprobenrealisationen $\mathfrak{X} = \{0, 1, 2, 3\}$ folgende Schätzwerte annehmen:

Schätzfunktion	Schätzwerte für x = 0	x = 1	x = 2	x = 3
$\delta_1 = n^{-1} \cdot \Sigma X_i$	0,00	0,33	0,67	1,00
$\delta_2 = n^{-1} \cdot X_{[(n+1)/2]}$	0,00	0,00	0,33	0,33
$\delta_3 = 0,15$	0,15	0,15	0,15	0,15

Für die Stichprobenrealisation x = 1 *zeigt die Figur 16 die Berechnung der entsprechenden Risikowerte. Wenn man z. B. die Punktschätzfunktion* δ_1 *verwendet, dann ist* 0,33 *der Punktschätzwert für den unbekannten Parameter. Das Abweichungsquadrat dieses Schätzwertes vom Parameter* $\pi_2 = 0{,}15$ *ist* 0,0336. *Wenn man voraussetzt, daß der unbekannte Parameter gleich* π_2 *ist, dann ist* 0,3251 *die Wahrscheinlichkeit für die Stichprobenrealisation* x = 1 *und* 0,0109 *der entsprechende Risikowert für die Punktschätzfunktion* δ_1.

Um festzustellen, welche der drei Schätzfunktionen $\delta_1, \delta_2, \delta_3$ *am besten ist, müssen die Risikowerte für jede mögliche Stichprobenrealisation und für die möglichen Parameter bestimmt werden. Der Risikowert für* δ_1 *und* $\pi_2 = 0{,}15$ *wird z. B. wie folgt berechnet:*

$$
\begin{aligned}
r(\delta_1, \pi_2) &= \sum_{x \in \mathfrak{X}} (\delta_1(x) - \pi_2)^2 \cdot f(x \mid \pi_2) = \\
&= [\delta_1(0) - 0{,}15]^2 \cdot f(x = 0 \mid 0{,}15) + [\delta_1(1) - 0{,}15]^2 \cdot f(x = 1 \mid 0{,}15) + \\
&\quad + [\delta_1(2) - 0{,}15]^2 \cdot f(x = 2 \mid 0{,}15) + [\delta(3) - 0{,}15]^2 \cdot f(x = 3 \mid 0{,}15) = \\
&= (0 - 0{,}15)^2 \cdot 0{,}6141 + (0{,}33 - 0{,}15)^2 \cdot 0{,}3251 + \\
&\quad + (0{,}67 - 0{,}15)^2 \cdot 0{,}0574 + (1{,}00 - 0{,}15)^2 \cdot 0{,}0034 = 0{,}0425.
\end{aligned}
$$

Für δ_2 *und* $\pi_2 = 0{,}15$ *erhält man auf die gleiche Art den Risikowert* 0,0232. *Der Risikowert von* δ_3 *ist* 0, *für* $\pi_2 = 0{,}15$. *Damit ist die Schätzfunktion, die unabhängig von der Stichprobenrealisation immer den konstanten Wert* 0,15 *annimmt, die beste von den 3 angeführten Schätzfunktionen, wenn* π *tatsächlich* 0,15 *ist. In Fig. 17 sind die Risikowerte nicht nur für* π_2 *sondern auch für* π_1 *und* π_3 *sowie für die drei Schätzfunktionen* $\delta_1, \delta_2, \delta_3$ *in einem Entscheidungsbaum zusammengestellt.*

2. Beschränkung auf Teilmengen von Punktschätzfunktionen

a) Unverzerrte Punktschätzfunktion

Im klassischen Modell gibt es in der Menge aller Punktschätzfunktionen Δ keine gleichmäßig beste, wenn man von trivialen Fällen absieht. Die Punktschätzfunktion

$$\delta(X_1, \ldots, X_n) = k, \quad \text{mit k konstant},$$

wählt z. B. als Schätzwert für den unbekannten Parameter ϑ stets die Zahl k, unabhängig vom Ergebnis der Stichprobenrealisation. Wenn tatsächlich der unbekannte Parameter ϑ gleich k ist, dann ist das mittlere Fehlerquadrat dieser Punktschätzfunktion sicherlich minimal, nämlich 0. Das mittlere Fehlerquadrat jeder anderen Punktschätzfunktion ist in diesem Fall größer oder gleich 0 (s. Bsp. A-IV-2). Um solche Punktschätzfunktionen auszuschließen, beschränkt man sich auf die Teilmenge der unverzerrten Punktschätzfunktionen $\Delta_u \subset \Delta$, obwohl manchmal verzerrte Punktschätzfunktionen ein kleineres mittleres Fehlerquadrat haben können.

Eine Punktschätzfunktion δ bezeichnet man als unverzerrt (oder erwartungstreu)

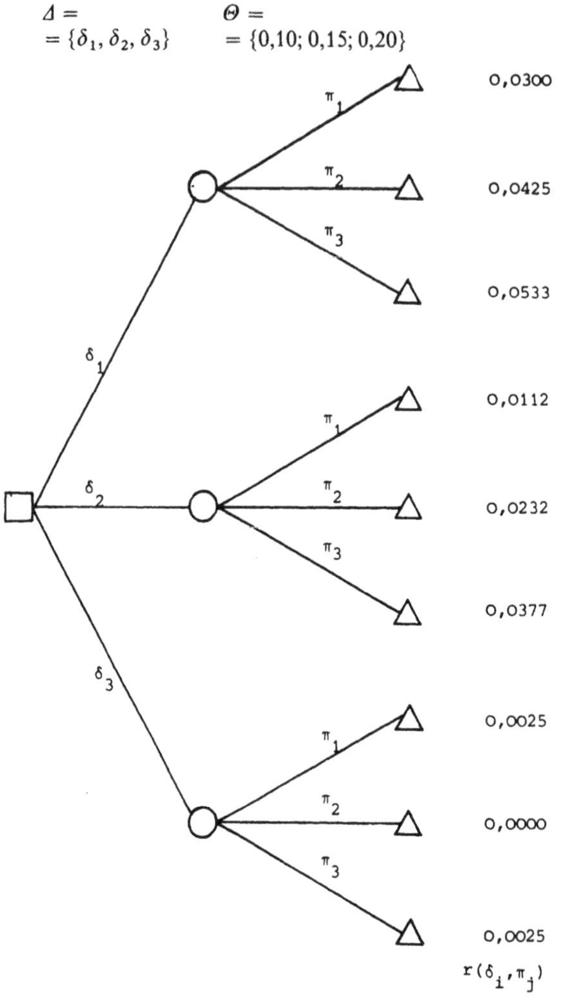

Figur 17: Darstellung der 3 Punktschätzfunktionen und ihrer Risikowerte

für den Parameter ϑ, wenn der Erwartungswert der Punktschätzfunktion gleich dem Parameter ist, und zwar für jedes $\vartheta \in \Theta$. Für eine unverzerrte Punktschätzfunktion ist also

$$E_{x|\vartheta}[\delta(X)] = \vartheta, \qquad \forall \vartheta \in \Theta .$$

Wenn diese Gleichung für mindestens ein $\vartheta \in \Theta$ nicht gilt, dann ist die Punktschätzfunktion verzerrt und

$$b(\vartheta) = E_{x|\vartheta}[\delta(X)] - \vartheta$$

ist die Verzerrung der Punktschätzfunktion.

Für eine unverzerrte Punktschätzfunktion ist das mittlere Fehlerquadrat gleich der Varianz von δ, da

$$r(\delta, \vartheta) = E(\delta - \vartheta)^2 = E[\delta - E(\delta)]^2 = V(\delta).$$

Beispiel A-IV-3

Da der Erwartungswert jeder Zufallsvariablen einer einfachen Stichprobe gleich μ ist, ist auch

$$E(\bar{X}) = E\left(\frac{1}{n}\Sigma X_i\right) = \frac{1}{n}\Sigma E(X_i) = \frac{1}{n}\cdot n\mu = \mu.$$

$\bar{X} = n^{-1}\cdot\Sigma X_i$ *ist daher eine unverzerrte Punktschätzfunktion für den unbekannten Parameter μ. Ihr mittleres Fehlerquadrat ist gleich der Varianz von $\bar{X}$*

$$r(\bar{X}, \mu) = E(\bar{X} - \mu)^2 = V(\bar{X}) = \sigma^2/n.$$

$S^2 = n^{-1}\cdot\Sigma(X_i - \bar{X})^2$ *ist eine verzerrte Punktschätzfunktion für den unbekannten Parameter σ^2, da*

$$\begin{aligned} E(S^2) &= E\left[\frac{1}{n}\Sigma(X_i - \bar{X})^2\right] = E\left[\frac{1}{n}\Sigma(X_i - \mu)^2 - (\bar{X} - \mu)^2\right] = \\ &= \frac{1}{n}\Sigma[E(X_i - \mu)^2] - E(\bar{X} - \mu)^2 = \frac{1}{n}\cdot n\sigma^2 - \frac{\sigma^2}{n} = \\ &= \frac{n-1}{n}\cdot\sigma^2. \end{aligned}$$

Eine unverzerrte Punktschätzfunktion für σ^2 ist $\hat{S}^2 = [n/(n-1)]\cdot S^2 = (n-1)^{-1}\cdot\Sigma(X_i - \bar{X})^2$, *da*

$$\sigma^2 = \frac{n}{n-1}\cdot E(S^2) = E\left(\frac{n}{n-1}\cdot S^2\right).$$

Für die Realisation der einfachen Stichprobe 7,5; 2,5; 3; 8; 3; 4; 7; 4; 4; 5, *ist* $s^2 = 3{,}61$ *ein verzerrter und* $\hat{s}^2 = 4{,}01$ *ein unverzerrter Punktschätzwert für den unbekannten Parameter σ^2.*

b) Cramer Rao Theorem

Unter den unverzerrten Punktschätzfunktionen $\Delta_u \subset \Delta$ muß nicht unbedingt eine existieren, die im Hinblick auf alle $\vartheta \in \Theta$ minimale Varianz besitzt. Mit Hilfe des Cramer Rao Theorems[2]) kann man die kleinstmögliche Varianz angeben, die eine

2) Korrekterweise muß das Theorem Cramer Rao Fréchèt Theorem heißen, da es nicht nur von Cramer (1946) und Rao (1945) sondern auch schon von Fréchèt (1943) entwickelt wurde. Die Anwendbarkeit ist an folgende Regularitätsbedingungen gebunden: Der Wertebereich der Zufallsvariablen muß unabhängig vom Parameter sein (z. B. verletzt bei Gleichverteilungen) und die Ableitung der Dichte- bzw. Wahrscheinlichkeitsfunktion nach dem Parameter muß eine stetig differenzierbare Funktion des Parameters sein.

unverzerrte Punktschätzfunktion erreichen kann, unabhängig davon, ob eine solche Punktschätzfunktion existiert. Nach diesem Theorem gilt für eine einfache Stichprobe mit der gemeinsamen Dichte- bzw. Wahrscheinlichkeitsfunktion $f(x \mid \vartheta)$ und der nicht notwendig unverzerrten Punktschätzfunktion δ für ϑ folgende Untergrenze für die kleinstmögliche Varianz (s. S. 176):

$$V(\delta) \geq [1 + \partial b(\vartheta)/\partial \vartheta]^2 / n \cdot I$$

mit

$$I = E\left[\left\{\frac{\partial \ln f(x \mid \vartheta)}{\partial \vartheta}\right\}^2\right] = -E\left[\frac{\partial^2 \ln f(x \mid \vartheta)}{\partial \vartheta^2}\right].$$

Da für unverzerrte Punktschätzfunktionen die Verzerrung $b(\vartheta)$ Null ist, ist in diesem Fall

$$V(\delta) \geq 1/n \cdot I$$

die Untergrenze für die minimale Varianz. I bezeichnet man nach Fisher als Informationsmaß.

Kann man für eine unverzerrte Punktschätzfunktion zeigen, daß ihre Varianz gleich der Cramer Rao Untergrenze ist, dann weiß man, daß die entsprechende Schätzfunktion die gleichmäßig beste unter allen unverzerrten Punktschätzfunktionen ist.

Beispiel A-IV-4

$X_1, \ldots, X_n$ sei eine einfache Stichprobe mit $X_i \sim N(\mu, \sigma^2)$, σ^2 bekannt. Die Dichtefunktion für X_i ist

$$f(x_i \mid \mu) = (2\pi\sigma^2)^{-1/2} \cdot \exp[-(x_i - \mu)^2/2\sigma^2]$$

bzw. logarithmiert

$$\ln f(x_i \mid \mu) = -(1/2) \cdot \ln 2\pi - (1/2)\ln \sigma^2 - (x_i - \mu)^2/2\sigma^2.$$

Um die kleinstmögliche Varianz einer unverzerrten Punktschätzfunktion für μ zu bestimmen, leitet man die logarithmische Dichtefunktion nach μ ab

$$\frac{\partial \ln f(x_i \mid \mu)}{\partial \mu} = (x_i - \mu)/\sigma^2,$$

quadriert das Ergebnis und bildet den Erwartungswert

$$I = E\left[\left\{\frac{(X_i - \mu)}{\sigma^2}\right\}^2\right] = \left[\frac{E(X_i - \mu)^2}{\sigma^4}\right] = \frac{\sigma^2}{\sigma^4} = \frac{1}{\sigma^2}.$$

Die Untergrenze für die Varianz einer unverzerrten Punktschätzfunktion ist daher

$$V(\delta) \geq 1/n \cdot I = \sigma^2/n.$$

Da die Varianz der unverzerrten Punktschätzfunktion $\bar{X}$ gleich dieser Untergrenze ist,

$$V(\bar{X}) = \sigma^2/n,$$

ist $\bar{X}$ *eine gleichmäßig beste Punktschätzfunktion für* μ.

Der Zentralwert $\tilde{X}$ *ist ebenfalls eine unverzerrte Punktschätzfunktion für* μ. *Die Varianz dieser Schätzfunktion ist jedoch mit* $\pi \cdot \sigma^2/2 \cdot n$ *um ca. das* 1,57*-fache größer als die von* $\bar{X}$.

Wenn für die Punktschätzung des unbekannten Parameters μ *einer Normalverteilung mit bekannter Varianz* $\sigma^2 = 1$

7,5; 2,5; 3; 8; 3; 4; 7; 4; 4; 5,

als Realisation einer einfachen Stichprobe zur Verfügung steht, dann ist $\bar{x} = 4{,}8$ *der beste Punktschätzwert für* μ. *Die Varianz dieser Punktschätzfunktion ist* $\sigma^2/n = 1/10 = 0{,}10$. *Der Zentralwert dieser Stichprobe ist mit* $\tilde{x} = 4$ *ebenfalls ein unverzerrter Punktschätzwert für* μ. *Seine Varianz ist aber mit* $\pi \cdot \sigma^2/2 \cdot n = \pi \cdot 1/2 \cdot 10 = 0{,}157$ *bedeutend größer als die von* $\bar{X}$.

c) Bedingung für Punktschätzfunktionen mit minimaler Varianz

Eine Punktschätzfunktion, deren Varianz gleich der Untergrenze des Cramer Rao Theorems ist, existiert genau dann, wenn die gemeinsame Dichte- bzw. Wahrscheinlichkeitsfunktion der einfachen Stichprobe $f(x|\vartheta)$ folgende Gleichung erfüllt (s.S. 177):

$$\frac{\partial \ln f(x|\vartheta)}{\partial \vartheta} = k \cdot [\delta - c(\vartheta)].$$

k hängt nicht von δ ab, aber eventuell von ϑ (vgl. Silvey (1970) S. 38). Für unverzerrte Punktschätzfunktionen ist $c(\vartheta)$ gleich ϑ und

$$V(\delta) = k^{-1} = I^{-1}.$$

Beispiel A-IV-5

$X_1, \ldots, X_n$ *sei eine einfache Stichprobe mit* $X_i \sim B(1, \pi)$. *Die gemeinsame Wahrscheinlichkeitsfunktion ist*

$$f(x|\pi) = \pi^{\Sigma x_i} \cdot (1-\pi)^{n - \Sigma x_i}$$

bzw. logarithmiert

$$\ln f(x|\pi) = \Sigma x_i \cdot \ln \pi + (n - \Sigma x_i) \cdot \ln(1-\pi).$$

Durch die Ableitung nach π *erhält man die Gleichung*

$$\frac{d \ln f(x|\pi)}{d\pi} = \frac{\Sigma x_i}{\pi} - \frac{n - \Sigma x_i}{1-\pi} = \frac{n}{\pi(1-\pi)}\left(\frac{\Sigma x_i}{n} - \pi\right).$$

Da $k = n/\pi(1-\pi)$ *nicht von* $\delta = n^{-1} \cdot \Sigma X_i$ *abhängt, ist* δ *eine gleichmäßig beste Punktschätzfunktion für* π *und*

$$V(\delta) = k^{-1} = I^{-1} = \frac{\pi(1-\pi)}{n}$$

die Varianz dieser Punktschätzfunktion.

d) Blackwell Rao Theorem

Für manche Parameter existiert keine Punktschätzfunktion, deren Varianz gleich der Untergrenze des Cramer Rao Theorems ist[3]). Man sucht daher in der Teilmenge der unverzerrten Punktschätzfunktionen eine Schätzfunktion δ^*, deren Varianz zumindest gleichmäßig geringer ist, als die irgendeiner anderen unverzerrten Punktschätzfunktion $\delta \in \Delta_u$.

Mit Hilfe des Blackwell Rao Theorems[4]) kann man zeigen, daß es unter folgenden Umständen eine entsprechende Punktschätzfunktion δ^* gibt: Wenn sowohl eine suffiziente Stichprobenfunktion $T(X)$ als auch eine unverzerrte Punktschätzfunktion $\delta(X)$ für ϑ existieren, dann können beide zu einer neuen Punktschätzfunktion δ^* kombiniert werden, die eine kleinere Varianz besitzt als die ursprüngliche unverzerrte Punktschätzfunktion (s. S. 177). Wenn $\delta^* = E(\delta|t)$ ist, dann gilt

$$V(\delta^*) \leq V(\delta), \qquad \forall \delta \in \Delta_u.$$

Beispiel A-IV-6

Für π^2 existiert keine Punktschätzfunktion, deren Varianz gleich der Cramer Rao Untergrenze ist. Es gibt aber eine Punktschätzfunktion, deren Varianz gleichmäßig geringer ist als irgendeine andere unverzerrte Punktschätzfunktion. Mit $X = \Sigma X_i$ ist

$$E(X) = n\pi$$

und

$$E(X^2) = n\pi(1-\pi) + n^2\pi^2 = \pi^2 \cdot n(n-1) + n\pi = \\ = \pi^2 \cdot n \cdot (n-1) + E(X).$$

Daher ist

$$E(X^2 - X) = E[X(X-1)] = n \cdot (n-1) \cdot \pi^2.$$

Dies impliziert, daß $X(X-1)/n(n-1)$ eine unverzerrte Punktschätzfunktion für π^2 ist. Da X außerdem eine suffiziente Stichprobenstatistik ist, ist

---

3) Für die Teilmenge der linearen unverzerrten Schätzfunktionen kann man mit Hilfe des Gauß Markov Theorems zeigen, daß es immer eine Schätzfunktion mit minimaler Varianz gibt. Man findet sie mit der Methode der kleinsten Quadrate. Siehe z. B. Rao (1973).

4) Das Blackwell Rao Theorem wurde zuerst von Rao (1945) und etwas später von Blackwell (1947) entwickelt. Mit Hilfe dieses Theorems kann man unverzerrte Minimum-Varianz-Schätzfunktionen konstruieren, wenn eine suffiziente Statistik als auch eine unverzerrte Punktschätzfunktion für ϑ existieren. Die von Gray, Watkins und Schucany (1973) entwickelte Jackknifing-Methode führt auch dann zu unverzerrten Minimum-Varianz-Schätzfunktionen, wenn keine unverzerrte Punktschätzfunktion zur Verfügung steht.

$$\delta = X(X-1)/n(n-1)$$

eine Punktschätzfunktion für π^2 mit der oben angeführten Eigenschaft.

3. Maximum-Likelihood-Methode (ML-Methode)

a) Likelihoodgleichungen

Die ML-Methode ist ein Konstruktionsverfahren für Punktschätzfunktionen[5]). Nach dieser Methode wird der unbekannte Parameter ϑ durch jenen Wert $\hat{\vartheta}$ geschätzt, für den die Likelihoodfunktion $l(x|\vartheta)$ maximal ist. Um das Maximum der Likelihoodfunktion zu bestimmen, setzt man die erste Ableitung nach ϑ gleich Null

$$\frac{\partial l(x|\vartheta)}{\partial \vartheta} = 0 .$$

Wenn die zweite Ableitung für die Lösung dieser Gleichung kleiner Null ist

$$\frac{\partial^2 l(x|\vartheta)}{\partial \vartheta^2} < 0,$$

dann besitzt die Likelihoodfunktion an der Lösungsstelle ein Maximum.

Wenn ϑ ein Vektor ist, dann setzt man die ersten partiellen Ableitungen gleich Null, löst die Gleichungen nach den unbekannten Parametern auf und prüft, ob für diese Lösungen die Hesse'sche Matrix negativ definit ist.

Beispiel A-IV-7

$X_1, \dots, X_n$ *sei eine einfache Stichprobe mit* $X_i \sim N(\mu, \sigma^2)$, σ^2 *bekannt. Nach der ML-Methode verwendet man das Maximum der Likelihoodfunktion als Schätzwert für den unbekannten Parameter* μ. *Für eine Realisation einer einfachen Stichprobe ist*

$$l(x|\vartheta) = (2\pi\sigma^2)^{-n/2} \cdot \exp[-\Sigma(x_i-\mu)^2/2\sigma^2]$$

die Likelihoodfunktion. Da $l(x|\vartheta)$ *und* $\ln l(x|\vartheta)$ *ihr Maximum an der gleichen Stelle haben, logarithmiert man die Likelihoodfunktion*

$$\ln l(x|\vartheta) = -\frac{n}{2}\ln\sigma^2 - \frac{n}{2}\ln 2\pi - \Sigma(x_i-\mu)^2/2\sigma^2$$

und bildet die erste Ableitung nach μ

$$\partial \ln l(x|\vartheta)/\partial\mu = \Sigma(x_i-\mu)/\sigma^2 .$$

Wenn man diese Ableitung gleich Null setzt und nach μ *auflöst, dann erhält man*

---

5) Eine der ältesten Methoden für Punktschätzungen ist die Methode der Momente: Die Stichprobenmomente werden als Punktschätzfunktionen für die unbekannten Momente der Verteilung der Grundgesamtheit verwendet. Die Schätzfunktionen der Momentenmethode sind häufig verzerrt und über ihre Effizienz kann wenig gesagt werden.

$n^{-1} \cdot \Sigma x_i = \bar{x}$ *als Lösung. Da die zweite Ableitung nach* μ *negativ ist, besitzt die Likelihoodfunktion an der Stelle* $\bar{x}$ *ein Maximum.* $\bar{X}$ *ist daher eine ML-Schätzfunktion für den Parameter* μ.

b) ML-Methode für Verteilungen der Exponentialfamilie

Likelihoodgleichungen haben nicht immer eine Lösung. Für die Verteilungen der Exponentialfamilie mit

$$f(x|\vartheta) = \exp\{a(\vartheta) + b(x) + c(\vartheta) \cdot d(x)\}$$

existiert genau eine Lösung, wenn die Gleichung

$$E[T(X)] = d(x)$$

für ϑ eine Lösung hat (vgl. Bickel, Doksum (1977) S. 103).

Beispiel A-IV-8

Für eine einfache Stichprobe mit $X_i \sim B(1, \pi)$ *ist* $X = \Sigma X_i$ *binomialverteilt mit der Wahrscheinlichkeitsfunktion in Exponentialform*

$$f(x|\pi) = \exp\{n \cdot \ln(1-\pi) + \ln\tbinom{n}{x} + x \cdot \ln[\pi/(1-\pi)]\}.$$

Da $d(x) = x = \Sigma x_i$ *ist, ist* $T(x) = \Sigma x_i$ *und* $E[T(X)] = n \cdot \pi$. *Daher ist*

$$n \cdot \pi = \Sigma x_i$$

mit der Lösung $\hat{\pi} = n^{-1} \cdot \Sigma x_i$.

c) Unverzerrtheit und ML-Schätzfunktionen

Wenn eine unverzerrte Punktschätzfunktion existiert, deren Varianz gleich der Cramer-Rao Untergrenze ist, dann stimmt diese mit der ML-Schätzfunktion überein. Außerdem ist die ML-Schätzfunktion eine Funktion einer suffizienten Stichprobenmaßzahl, falls eine solche existiert (vgl. Rohatgi (1976) S. 381).

Gibt es keine unverzerrte Punktschätzfunktion mit gleichmäßig minimaler Varianz, so kann über die Eigenschaften der ML-Schätzfunktion wenig gesagt werden, wenn die Stichprobe klein ist[6]).

d) Asymptotische Eigenschaften der ML-Schätzfunktionen

Die ML-Schätzfunktionen haben folgende asymptotische Eigenschaften:

– ML-Schätzfunktionen sind zumindest asymptotisch unverzerrt, in kleinen Stichproben aber oft verzerrt. Eine Punktschätzfunktion δ_n heißt asymptotisch unver-

6) Wenn Voraussetzungen über die Grundgesamtheit, unter denen bestimmte Güteeigenschaften von Schätzfunktionen nachweisbar sind, nur annähernd erfüllt oder gar verletzt sind, dann können sich dadurch die Güteeigenschaften einer Schätzfunktion eventuell verändern. Die Robustheit einer Punktschätzfunktion findet man ausführlich besprochen in Andrews et al. (1972) und Hampel (1978).

zerrt für ϑ, wenn

$$\lim_{n \to \infty} E(\delta_n) = \vartheta, \qquad \forall \vartheta \in \Theta.$$

– Die Varianz der ML-Schätzfunktionen ist zumindest asymptotisch minimal. Für unabhängig identisch verteilte Zufallsvariablen heißt das, daß

$$\lim_{n \to \infty} V(\delta_n) = I^{-1}.$$

– ML-Schätzfunktionen sind asymptotisch normalverteilt (vgl. Cramer (1946) S. 500).

Aufgaben und weitere Ergebnisse

1) Zeigen Sie, daß das mittlere Fehlerquadrat einer Punktschätzfunktion T aus folgenden zwei Teilen besteht:

$$E(T - \vartheta)^2 = V(T) + [b(\vartheta)]^2.$$

$b(\vartheta)$ ist die Verzerrung der Punktschätzfunktion.

2) $X_1, \ldots, X_6$ sei eine einfache Stichprobe mit $X_i \sim N(\mu, \sigma^2)$. Bestimmen Sie k so, daß

$$k[(X_1 - X_2)^2 + (X_3 - X_4)^2 + (X_5 - X_6)^2]$$

eine unverzerrte Punktschätzfunktion für σ^2 ist.
(Antwort: $k = 1/6$).

3) $X_1, \ldots, X_n$ sei eine einfache Stichprobe mit $X_i \sim N(\mu, 1)$ und $\mu \in (0; 0{,}1)$. Zeigen Sie, daß $\delta_1 = 0{,}05$ ein gleichmäßig kleineres mittleres Fehlerquadrat für $n < 400$ besitzt als $\delta_2 = \bar{X}$. (s. Krutchkoff (1970) S. 188).

4) X hat mit $f(x|\lambda) = \lambda \exp(-\lambda x)$ die Dichtefunktion einer Exponentialverteilung. Der Erwartungswert dieser Verteilung ist $1/\lambda$. Zeigen Sie, daß für eine einfache Stichprobe aus dieser Verteilung $\bar{X}$ eine unverzerrte Schätzfunktion für $1/\lambda$ ist.

5) Eine Punktschätzfunktion δ_n für ϑ aus einer Stichprobe im Umfang n heißt konsistent, wenn für jedes $\varepsilon > 0$

$$\lim_{n \to \infty} W\{|\delta_n - \vartheta| < \varepsilon\} = 1 \quad \text{ist.}$$

Zeigen Sie, daß der maximale Wert $X_{[n]}$ einer Stichprobe im Umfang n aus einer Gleichverteilung im Intervall $(0; \vartheta)$ eine konsistente aber verzerrte Schätzfunktion für ϑ ist, da

$$E(X_{[n]}) = n\vartheta/(n+1).$$

6) Für die Gleichverteilung im Intervall $(\vartheta - 1/2; \vartheta + 1/2)$ ist $\bar{X}$ und die mittlere Spannweite $(X_{[1]} + X_{[n]})/2$ eine unverzerrte Punktschätzfunktion für ϑ. Welche der beiden Schätzfunktionen bevorzugen Sie, wenn Sie wissen, daß die Varianz der mittleren Spannweite $[2(n+1)(n+2)]^{-1}$ ist und die von $\bar{X}$ gleich $1/12n$ ist?

7) $X_1, \ldots, X_n$ sei eine einfache Stichprobe mit

$$f(x_i|\lambda) = \lambda^{x_i} \cdot \exp(-\lambda)/x_i!.$$

Zeigen Sie mit Hilfe des Cramer-Rao Theorems, daß λ/n die minimale Varianz der unverzerrten Punktschätzfunktion $\delta = \hat{\lambda} = \bar{X}$ ist.

8) $X_1, \dots, X_n$ sei eine einfache Stichprobe mit $X_i \sim N(0; \sigma^2)$. Zeigen Sie, daß die Untergrenze für die Varianz unverzerrter Schätzfunktionen für σ^2 gleich $2\sigma^4/n$ ist und $\Sigma X_i^2/n$ jene Punktschätzfunktion ist, deren Varianz diese Untergrenze erreicht.

9) $X_1, \dots, X_n$ sei eine einfache Stichprobe mit der Dichtefunktion $f(x|\vartheta) = 1/\pi \cdot [1 + (x - \vartheta)^2]$. Zeigen Sie, daß die Untergrenze für die Varianz unverzerrter Punktschätzfunktionen gleich $2/n$ ist. Gibt es eine unverzerrte Schätzfunktion, deren Varianz diese Untergrenze erreicht?

10) Zeigen Sie, daß für eine einfache Stichprobe mit der Dichtefunktion

$$f(x|\vartheta) = \exp\{a(\vartheta) + b(x) + c(\vartheta) \cdot d(x)\}$$

$n^{-1} \cdot \Sigma d(X_i)$ eine Punktschätzfunktion ist, deren Varianz der Cramer-Rao Untergrenze entspricht.

11) Zeigen Sie, daß für das Informationsmaß von Fisher gilt

$$E[\partial \ln f(x|\vartheta)/\partial\vartheta]^2 = -E[\partial^2 \ln f(x|\vartheta)/\partial\vartheta^2].$$

12) $X_1, \dots, X_n$ sei eine einfache Stichprobe aus einer Gleichverteilung mit der Dichtefunktion $f(x|\vartheta) = 1/\vartheta$; $(0 \leq x \leq \vartheta)$. Zeigen Sie, daß die minimale Varianz unverzerrter Punktschätzfunktionen gleich ϑ^2/n ist.

13) Zeigen Sie, daß $\bar{X}$ die ML-Schätzfunktion für den Parameter λ einer Poissonverteilung ist.

14) Zeigen Sie, daß der maximale Wert einer einfachen Stichprobe $X_{[n]}$, die ML-Schätzfunktion für den Parameter ϑ einer Gleichverteilung im Intervall $(0; \vartheta)$ ist.

B) Bayes Modell

"If there be two subsequent events, the probability of the 2nd b/N and the probability of both together P/N, and it being first discovered that the 2nd event has happened, from hence I guess that the 1st event has also happened, the probability I am in the right is P/b." (Bayes (1763) S. 301).

I. Posterioriverteilung[1])

1. Bayes Theorem

a) Bayes Theorem für Ereignisse

Während im klassischen Modell die Stichprobe die einzige Informationsbasis für Aussagen über den unbekannten Parameter ist, werden im Bayes Modell auch Vorinformationen (auch Aprioriinformationen genannt) über den Parameter ϑ berücksichtigt. Diese Vorinformationen über ϑ müssen in der Form einer Prioriverteilung vorliegen[2]). ϑ ist also im Bayes Modell eine Zufallsvariable, definiert über den Parameterraum Θ, im klassischen Modell hingegen eine Konstante.

Im Bayes Modell werden Aussagen über den unbekannten Parameter ϑ auf der Grundlage der Posterioriverteilung gemacht, in der die Stichproben- und Apriori-informationen zusammengefaßt sind. Um die Aprioriinformation über ϑ mit der Stichprobeninformation zur Posterioriverteilung von ϑ zu verknüpfen, verwendet man das Bayes Theorem. Nach diesem Theorem der Wahrscheinlichkeitstheorie besteht zwischen den bedingten Wahrscheinlichkeiten $W(A_k|B)$ und $W(B|A_k)$ folgende Beziehung:

$$W(A_k|B) = \frac{W(B|A_k) \cdot W(A_k)}{\sum W(B|A_i) \cdot W(A_i)} .$$

b) Bayes Theorem für Zufallsvariable

Die Ereignisse A_i, die eine Zerlegung des Stichprobenraumes bilden, werden im Bayes Modell als mögliche Realissation einer Zufallsvariablen Y betrachtet und B als die eingetretene Realisation x einer zweiten Zufallsvariablen X.

Die Wahrscheinlichkeiten der bedingten Verteilung der Zufallsvariablen Y unter der Bedingung von $X = x$ sind dann gegeben durch

$$f(y_k|x) = \frac{f(x|y_k) \cdot f(y_k)}{\sum f(x|y_i) \cdot f(y_i)} .$$

1) Einfache statistische Verfahren des Bayes Modells findet man behandelt bei Raiffa, Schlaifer (1961), Lindley (1965) und Winkler (1972). Statistische Verfahren des Bayes Modells für Regressions- und Varianzanalysen sind bei Box, Tiao (1973) sowie Kleiter (1981) dargestellt. Zellner (1971) beschreibt Bayes-Verfahren in der Ökonometrie. Einen Überblick über neuere Entwicklungen der Bayes Verfahren findet man bei Lindley (1978).

2) Im Rahmen sogenannter empirischer Bayes Methoden wird versucht, aus begrenzten Stichprobendaten für ähnliche Situationen wie der vorliegenden, brauchbare Schätzungen für die Prioriverteilung oder die Parameter dieser Verteilung zu erhalten. Siehe dazu Robbins (1955), Maritz (1970) und Susarla (1979).

Die Zufallsvariable Y ist im Bayes Modell der Parameter ϑ und die Zufallsvariable X die Stichprobe. Die Posterioriwahrscheinlichkeit bzw. -dichte von ϑ ist daher

$$f(\vartheta \mid x) = \frac{f(x \mid \vartheta) \cdot f(\vartheta)}{\int\limits_{\Theta} f(x \mid \vartheta) dF(\vartheta)}.$$

Beispiel B-I-1

Die Prioriwahrscheinlichkeitsfunktion des Parameters π *sei*

$$f(\pi) = \begin{cases} 0{,}8 & \text{für} \quad \pi_1 = 0{,}15, \\ 0{,}2 & \text{für} \quad \pi_2 = 0{,}20. \end{cases}$$

Für die Realisation einer einfachen Stichprobe im Umfang $n = 10$ *und* $x = 1$ *sind die entsprechenden Likelihoodwerte*

$$l(x \mid \pi_1) = \binom{10}{1} \cdot 0{,}15^1 \cdot 0{,}85^9 = 0{,}3474,$$
$$l(x \mid \pi_2) = \binom{10}{1} \cdot 0{,}20^1 \cdot 0{,}80^9 = 0{,}2684.$$

Die Posterioriwahrscheinlichkeiten für $x = 1$ *errechnet man nun mit Hilfe des Bayes Theorems:*

$$f(\pi_1 \mid x) = \frac{f(\pi_1) \cdot l(x \mid \pi_1)}{\sum\limits_{i=1}^{2} f(\pi_i) \cdot l(x \mid \pi_i)} = \frac{0{,}8 \cdot 0{,}3474}{0{,}3316} = 0{,}8381,$$

$$f(\pi_2 \mid x) = \frac{0{,}2 \cdot 0{,}2684}{0{,}3316} = 0{,}1619.$$

Die Posterioriwahrscheinlichkeitsfunktion des Parameters π *ist daher für* $x = 1$

$$f(\pi \mid x) = \begin{cases} 0{,}8381 & \text{für} \quad \pi_1 = 0{,}15, \\ 0{,}1619 & \text{für} \quad \pi_2 = 0{,}20. \end{cases}$$

Die Berechnung der Posterioriwahrscheinlichkeiten kann man an Hand der Wahrscheinlichkeitsbäume in Figur 18 nachvollziehen. Die gemeinsamen Wahrscheinlichkeiten $f(x_i, \pi_j)$ *für das Auftreten einer bestimmten Stichprobenrealisation* x_i *und eines bestimmten Parameters* π_j *findet man zwischen den beiden Bäumen. Man erhält sie durch die Multiplikation der Prioriwahrscheinlichkeiten* $f(\pi_j)$ *mit den entsprechenden Likelihoodwerten* $f(x_i \mid \pi_j)$. *Prioriwahrscheinlichkeiten und Likelihoodwerte sind im oberen Baum angeführt. Im unteren Baum findet man die Randwahrscheinlichkeiten für die Stichprobenrealisationen* $f_X(x_i)$ *durch die Summation der entsprechenden gemeinsamen Wahrscheinlichkeiten. Die Posterioriwahrscheinlichkeiten* $f(\pi_j \mid x_i)$ *ergeben sich aus der Division der gemeinsamen Wahrscheinlichkeiten durch die Randwahrscheinlichkeiten.*

c) Alternative Formel

Die Posterioridichte bzw. -wahrscheinlichkeit von ϑ ist proportional dem Produkt

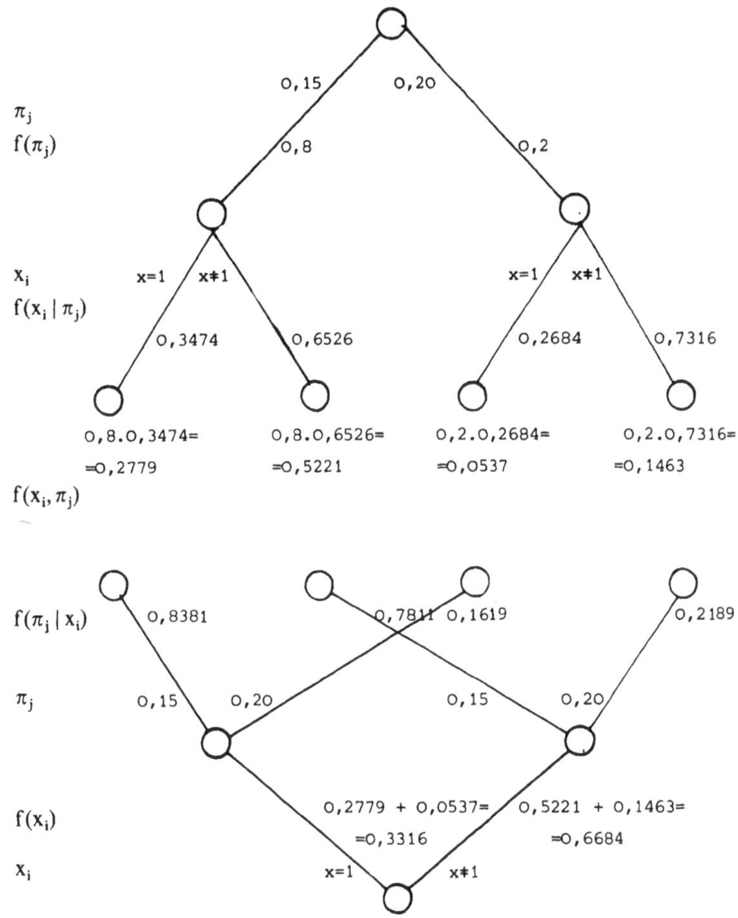

Figur 18: Wahrscheinlichkeitsbäume für die Berechnung von Posterioriwahrscheinlichkeiten

aus $f(\vartheta)$ und $f(x | \vartheta)$, d.h.

$$f(\vartheta | x) \propto f(x | \vartheta) \cdot f(\vartheta).$$

Hat man die rechte Seite bestimmt, so findet man daraus die Posterioridichte bzw. -wahrscheinlichkeit, indem man die rechte Seite durch das Integral

$$\int_{\Theta} f(x, \vartheta) dF(\vartheta) = f_X(x)$$

normiert. Der Normierungsausdruck ist die Randverteilung für X, berechnet aus der gemeinsamen Verteilungsfunktion von ϑ und X. Das Bayes Theorem kann daher auch folgendermaßen geschrieben werden:

$$f(\vartheta | x) = f(x, \vartheta) / f_X(x).$$

Die gemeinsame Dichte- bzw. Wahrscheinlichkeitsfunktion von X und ϑ ist das Produkt aus $f(x|\vartheta)$ und $f(\vartheta)$.

Beispiel B-I-2

$X_1, \ldots, X_n$ *sei eine einfache Stichprobe mit* $X_i \sim B(1, \pi)$. *Für eine Stichprobenrealisation ist*

$$l(x|\pi) = \binom{n}{x} \cdot \pi^x \cdot (1-\pi)^{n-x}$$

die entsprechende Likelihoodfunktion mit $x = \sum_{i=1}^{n} x_i$.

Nimmt man an, daß die Aprioriinformation über π *z.B. durch die Prioridichte*

$$f(\pi) = 2(1-\pi),$$

ausgedrückt werden kann, dann ist die gemeinsame Dichtefunktion

$$\begin{aligned} f(x, \pi) &= l(x|\pi) \cdot f(\pi) = \\ &= \binom{n}{x} \cdot \pi^x \cdot (1-\pi)^{n-x} \cdot 2(1-\pi) = \\ &= 2 \cdot \binom{n}{x} \cdot \pi^x \cdot (1-\pi)^{n-x+1}. \end{aligned}$$

Die Randdichte für X *ist*

$$\begin{aligned} f_X(x) &= \int_0^1 2 \cdot \binom{n}{x} \cdot \pi^x \cdot (1-\pi)^{n-x+1} d\pi = \\ &= 2 \cdot \binom{n}{x} \cdot \frac{x!(n-x+1)!}{(n+2)!}, \end{aligned}$$

da

$$\int_0^1 \pi^x \cdot (1-\pi)^{n-x+1} d\pi = \Gamma(x+1) \cdot \Gamma(n-x+2)/\Gamma(n+3).$$

Die Posterioridichte von π *ist*

$$\begin{aligned} f(\pi|x) &= f(x, \pi)/f_X(x) = \\ &= \frac{(n+2)!}{x!(n-x+1)!} \cdot \pi^x \cdot (1-\pi)^{n-x+1}. \end{aligned}$$

2. Konjugierte Verteilungsfamilien[3])

a) Konstruktion konjugierter Verteilungsfamilien

Die Berechnung der Posterioriverteilung von ϑ wird durch das Konzept der konjugierten Verteilungen erleichtert. Im Hinblick auf die Verteilungsfamilie

---

3) Eine ausführliche Darstellung konjugierter Verteilungsfamilien findet man in Raiffa, Schlaifer (1968).

$$\{F(x|\vartheta)|\vartheta \in \Theta\},$$

zu der die Verteilung der Grundgesamtheit gehört, spricht man von einer konjugierten Familie von Verteilungsfunktionen

$$\{F(\vartheta|\kappa)|\kappa \in K\},$$

wenn jedes Element dieser Familie als Prioriverteilung über die Bayes Formel zu einer Posterioriverteilung führt, die zur selben Familie gehört. Die Prioriverteilung, bestimmt durch den Parameter (ev. Parametervektor) $\kappa' \in K$, wird durch die Stichprobe in eine Posterioriverteilung transformiert, die sich von der Prioriverteilung nur durch den neuen Wert des Parameters $\kappa'' \in K$ unterscheidet. Konjugierte Familien von Verteilungsfunktionen für ϑ bestimmt man so, daß die Likelihoodfunktion proportional zu einer der Dichtefunktionen der konjugierten Familie ist (s. S. 17ɓ).

Beispiel B-I-3

$X_1, \ldots, X_n$ *sei eine einfache Stichprobe mit* $X_i \sim B(1, \pi)$. *Da die Summe* $X = \sum_{i=1}^{n} X_i$ *binomialverteilt ist, ist*

$$l(x|\pi) = \binom{n}{x} \cdot \pi^x \cdot (1-\pi)^{n-x}$$

die Likelihoodfunktion für eine Realisation der einfachen Stichprobe. Die Betaverteilungen sind eine konjugierte Familie von Verteilungen für die Binomialverteilung, da die Likelihoodfunktionen proportional zu den Dichtefunktionen der Betaverteilung sind. Die Dichtefunktion der Prioriverteilung für π *ist daher*

$$f(\pi) = \frac{\Gamma(n')}{\Gamma(x')\Gamma(n'-x')} \cdot \pi^{x'-1} \cdot (1-\pi)^{n'-x'-1} =$$
$$= \frac{(n'-1)!}{(x'-1)!(n'-x'-1)!} \cdot \pi^{x'-1} \cdot (1-\pi)^{n'-x'-1}.$$

Aus der Prioribetaverteilung für π *und der Likelihoodfunktion von* X *erhält man*

$$f(x, \pi) = l(x|\pi) \cdot f(\pi) =$$
$$= \binom{n}{x} \cdot \pi^x \cdot (1-\pi)^{n-x} \cdot \frac{(n'-1)!}{(x'-1)!(n'-x'-1)!} \cdot \pi^{x'-1} \cdot (1-\pi)^{n'-x'} =$$
$$= \binom{n}{x} \cdot \frac{(n'-1)!}{(x'-1)!(n'-x'-1)} \cdot \pi^{x+x'-1} \cdot (1-\pi)^{n-x+n'-x}$$

als gemeinsame Dichtefunktion von X *und* π. *Die Randdichte für* X *aus dieser gemeinsamen Dichtefunktion ist*

$$f_X(x) = \int_0^1 l(x|\pi) f(\pi) d\pi =$$
$$= \binom{n}{x} \cdot \frac{(n'-1)!}{(x'-1)!(n'-x'-1)!} \int_0^1 \pi^{x+x'-1} \cdot (1-\pi)^{n+n'-x-x'-1} d\pi.$$

Setzt man $x'' = x + x'$ *und* $n'' = n + n'$, *dann erhält man für die Randdichte*

$$f_X(x) = \binom{n}{x} \cdot \frac{(n'-1)!}{(x'-1)!(n'-x'-1)!} \cdot \frac{(x''-1)!(n''-x''-1)!}{(n''-1)!}$$

und für die Posterioriverteilung

$$f(\pi|x) = \frac{f(x,\pi)}{f(x)} =$$

$$= \frac{(n''-1)!}{(x''-1)!(n''-x''-1)!} \cdot \pi^{x''-1} \cdot (1-\pi)^{n''-x''-1}.$$

Dies ist wieder eine Betadichtefunktion.

b) Hypothetische Stichprobe

Neben dem Vorteil, daß bei einer konjugierten Prioriverteilung nur der Parameter $\kappa' \in K$ an Aprioriinformation bekannt sein muß, hat man bei diesem Konzept den zusätzlichen Vorteil, daß man den relativen Informationsbeitrag von Prioriverteilung und Stichprobe an der Posterioriverteilung messen kann. Schreibt man

$$\kappa'' = \kappa' + (\kappa'' - \kappa'),$$

so ist $(\kappa'' - \kappa')$ ein Maß für den Informationsbeitrag der Stichprobe und κ' für den der Prioriverteilung. Die Aprioriinformation κ' kann andererseits als Stichprobenäquivalent (oder hypothetische Stichprobe) betrachtet werden, die zu dem Ergebnis κ' führt (vgl. Barnett (1982) S. 213).

Beispiel B-I-4

Ist z. B. aus einer einfachen Stichprobe mit $X_i \sim B(1, \pi)$ *bekannt, daß* $x = \Sigma x_i = 1$ *und* $n = 10$ *ist, und entspricht die Betaverteilung mit* $n' = 5$ *und* $x' = 2$ *der Aprioriinformation über* π, *dann ist die Posterioriverteilung von* π *wieder eine Betaverteilung mit* $n'' = n' + n = 5 + 10 = 15$ *und* $x'' = x' + x = 2 + 1 = 3$.

Der Aprioriinformation entspricht in diesem Beispiel eine hypothetische Stichprobe im Umfang von $n' = 5$ *und* $x' = 2$. *Da* $n' : n = 1:2$ *ist, wird die Stichprobeninformation doppelt so stark in der Posterioriverteilung berücksichtigt wie die Aprioriinformation.*

c) Suffiziente Stichprobenstatistik

Auch im Bayes Modell bietet die Existenz einer suffizienten Stichprobenstatistik den Vorteil, daß sie eine Datenreduktion der Stichprobe ohne Informationsverlust erlaubt. Darüberhinaus garantiert eine suffiziente Statistik fixer Dimension, die unabhängig vom Stichprobenumfang n ist, daß konjugierte Prioriverteilungen existieren (vgl. Lindley (1965) S. 46). Da suffiziente Statistiken fixer Dimensionen für Verteilungen der Exponentialfamilie vorliegen, ist für Stichproben aus Grundgesamtheiten, deren Verteilung zur Exponentialfamilie zählen, die Existenz konjugierter Verteilungsfamilien sichergestellt[4]).

Beispiel B-I-5

$X_1, \ldots, X_n$ *sei eine einfache Stichprobe und* $X_i \sim N(\mu, \sigma^2)$ *mit* σ^2 *bekannt. Die entsprechende Likelihoodfunktion für eine Stichprobenrealisation ist*

$$l(x|\mu) = (2\pi\sigma^2)^{-n/2} \cdot \exp[-\Sigma(x_i - \mu)^2/2\sigma^2].$$

Eine konjugierte Prioriverteilung für μ *ist die Normalverteilung mit der Dichte*

$$f(\mu) = (2\pi\sigma'^2)^{-1/2} \cdot \exp[-(\mu - \mu')^2/2\sigma'^2].$$

μ' *und* σ'^2 *sind Erwartungswert und Varianz dieser Priorinormalverteilung. Die entsprechende Posteriorinormalverteilung hat die Dichte*

$$f(\mu|x) \propto l(x|\mu) \cdot f(\mu) = k \cdot \exp[-n(\bar{x} - \mu)^2/2\sigma^2 - (\mu - \mu')^2/2\sigma'^2].$$

Ausquadrieren und das Weglassen von Ausdrücken, die nicht μ *enthalten, führt zu*

$$f(\mu|x) \propto \exp[-(\mu - \mu'')^2/2\sigma''^2]$$

mit $\mu'' = (n' + n)^{-1} \cdot (n'\mu' + n \cdot \bar{x})$ *und* $\sigma''^2 = (n' + n)^{-1} \cdot \sigma^2$.

n' *ist ein hypothetischer Prioristichprobenumfang, der folgendermaßen definiert ist:*

$$n' = \sigma^2/\sigma'^2 \quad \textit{und} \quad n'' = n' + n.$$

Damit $f(\mu|x)$ *eine Dichte wird, muß die rechte Seite mit dem Faktor* $(2\pi\sigma''^2)^{-1/2}$ *multipliziert werden. Dies ergibt*

$$f(\mu|x) = (2\pi\sigma''^2)^{-1/2} \cdot \exp[-(\mu - \mu'')^2/2\sigma''^2].$$

Die Posterioriverteilung von μ *ist damit ebenfalls normalverteilt mit dem Erwartungswert* μ'' *und der Varianz* σ''^2.

Eine einfache Stichprobe mit $X_i \sim N(\mu; \sigma^2 = 1)$ *liefert die Informationen* $\bar{x} = 4{,}8$ *und* $n = 10$. *Wenn die Aprioriinformation über den unbekannten Parameter* μ *einer Normalverteilung mit* $\mu' = 2$ *und* $\sigma'^2 = 0{,}2$ *entspricht, dann ist die Posterioriverteilung von* μ *ebenfalls normalverteilt mit*

$$\begin{aligned} \mu'' &= 15^{-1} \cdot (5.2 + 10 \cdot 4{,}8) = 3{,}87, \\ \sigma''^2 &= 1/15 = 0{,}067, \\ n' &= 1/0{,}2 = 5, \\ n'' &= 5 + 10 = 15. \end{aligned}$$

Der Anteil der Aprioriinformation an der Posterioriverteilung ist in diesem Beispiel halb so groß wie der der Stichprobeninformation, da $n' : n = 1 : 2$ *ist.*

---

4) Wegen konjugierter Prioriverteilungen für Mitglieder der Exponentialfamilie siehe auch Diaconis, Ylvisaker (1979).

d) Prädiktive Verteilung

Da für die Posterioriverteilung gilt, daß

$$f(\vartheta|x) = f(x, \vartheta)/f_X(x),$$

kann man die Randverteilung von X,

$$f_X(x) = \int_{\Theta} f(x, \vartheta) \cdot dF(\vartheta),$$

auch über die Posterioriverteilung ermitteln. Die Randverteilung von X ist dann

$$\begin{aligned} f_X(x) &= f(x, \vartheta)/f(\vartheta|x) = \\ &= f(x|\vartheta) \cdot f(\vartheta)/f(\vartheta|x). \end{aligned}$$

Die Randverteilung wird auch als prädiktive Verteilung bezeichnet, da sie das erwartete Verhalten der Stichprobe beschreibt (vgl. Berger (1980) S. 98). Für konjugierte Verteilungen der Exponentialfamilie zählen auch die Randverteilungen zur Exponentialfamilie.

Beispiel B-I-6

$X_1, \ldots, X_n$ sei eine einfache Stichprobe mit $X_i \sim N(\mu, \sigma^2)$, σ^2 bekannt. $N(\mu', \sigma'^2)$ sei die konjugierte Prioriverteilung für μ und $N(\mu'', \sigma''^2)$ die entsprechende Posterioriverteilung. Die Randverteilung von $\bar{X}$ ist dann

$$\begin{aligned} f_{\bar{X}}(\bar{x}) &= f(\bar{x}, \mu)/f(\mu|\bar{x}) = \\ &= \frac{f_N(\bar{x}|\mu, \sigma^2/n) \cdot f_N(\mu|\mu', \sigma^2/n')}{f_N(\mu|\mu'', \sigma^2/(n+n'))} = \\ &= f_N(\bar{x}|\mu', \sigma^2(n^{-1} + n'^{-1})). \end{aligned}$$

$f_{\bar{X}}(\bar{x})$ ist wieder eine Normalverteilung mit den Parametern μ' und $\sigma^2 \cdot (n^{-1} + n'^{-1})$.

e) Konjugierte Verteilungen für mehrparametrige Exponentialfamilien

Auch für mehrparametrige Verteilungen der Exponentialfamilie gibt es konjugierte Verteilungsfamilien, die selbst wieder zur Exponentialfamilie zählen.

Beispiel B-I-7

Wenn nicht nur μ, sondern auch σ^2 einer einfachen Stichprobe mit $X_i \sim N(\mu, \sigma^2)$ unbekannt ist, dann sind die Gamma-Normalverteilungen eine konjugierte Verteilungsfamilie für den Parametervektor $\vartheta = (\mu, \sigma^2)$. Die Prioridichte von ϑ ist

$$f(\vartheta) \propto f(\mu) \cdot f(\sigma^2),$$

vorausgesetzt, daß die Verteilungen von μ und σ^2 (stochastisch) unabhängig sind. Für die Likelihoodfunktion einer Stichprobenrealisation gilt dasselbe, nämlich

$$l(x|\vartheta) \propto l(x|\mu) \cdot l(x|\sigma^2).$$

Die Posterioridichte des Parametervektors ϑ ist daher

$$f(\vartheta | x) \propto f(\vartheta) \cdot l(x | \vartheta).$$

Die entsprechenden Komponenten der gemeinsamen Dichten sind für μ folgende Dichten der Normalverteilung:

$$f(\mu) \propto \exp[-n'(\mu - \mu')^2/2\sigma^2],$$
$$l(x | \mu) \propto \exp[-n(\bar{x} - \mu)^2/2\sigma^2].$$

Für σ^2 sind die Prioridichte und die Likelihoodfunktion:

$$f(\sigma^2) \propto (\sigma^2)^{(\nu' + 2)/2} \cdot \exp[-\nu' \cdot \sigma'^2/2\sigma^2],$$
$$l(x | \sigma^2) \propto (\sigma^2)^{-n/2} \cdot \exp[-ns^2/2\sigma^2].$$

Wenn man diese Faktoren in $f(\vartheta)$ *und* $l(x | \vartheta)$ *einsetzt und die Normierungskonstante berücksichtigt, dann erhält man die Posteriorigammanormaldichte mit den vier Parametern* μ'', s''^2, n'' *und* ν''. *Diese sind folgendermaßen definiert:*

$$\mu'' = (n' + n)^{-1} \cdot (n'\mu' + n\bar{x}),$$
$$n'' = n' + n, \quad \nu'' = \nu' + n,$$
$$s''^2 = \nu''^{-1} \cdot [\nu' \cdot s'^2 + ns^2 + (n'^{-1} + n^{-1})^{-1} \cdot (\bar{x} - \mu')^2]$$

mit

$$s'^2 = (\nu' - 2)\sigma'^2/\nu'.$$

Interessiert man sich nicht für die gemeinsame Verteilung des Parametervektors ϑ, *sondern nur für* μ, *dann integriert man die gemeinsame Verteilung über* σ^2

$$f(\mu) = \int f(\vartheta) d\sigma^2 = \int f(\mu, \sigma^2) d\sigma^2$$

und erhält als Randverteilung für μ *die Priori- bzw. Posterioristudentverteilung mit den Dichten* $f_T(\mu | \mu', s'^2/n', \nu')$ *bzw.,* $f_T(\mu | \mu'', s''^2/n'', \nu'')$. *Die standardisierten Werte*

$$t = (\mu - \mu')/(s'^2/n')^{1/2}$$

bzw.

$$t = (\mu - \mu'')/(s''^2/n'')^{1/2}$$

sind (standard) studentverteilt mit ν' *bzw.* ν'' *Freiheitsgraden.*

Analog erhält man die Randverteilung für σ^2

$$f(\sigma^2) = \int f(\vartheta) d\mu = \int f(\mu, \sigma^2) d\mu.$$

Die Randpriori- und -posterioriverteilungen für σ^2 *sind die Gammaverteilungen mit den Dichten* $f_\Gamma(\sigma^2 | s'^2, \nu')$ *bzw.* $f_\Gamma(\sigma^2 | s''^2, \nu'')$. *Da der Quotient* $(\nu'' \cdot s''^2)/\sigma^2$ χ^2*-verteilt ist mit* ν'' *Freiheitsgraden, kann man Werte für die Gammaverteilungen über die* χ^2*-Verteilungen bestimmen.*

3. Vage Apriorinformationen

a) Uneigentliche Prioriverteilung

Wenn man keine Aprioriinformationen über die Verteilung des Parameters ϑ besitzt, dann nimmt man an, jeder mögliche Wert für den Parameter sei apriori gleichwahrscheinlich[5]). Man beschreibt dies durch eine Verteilung mit der konstanten Funktion

$$f(\vartheta) = k, \qquad \forall \vartheta \in \Theta .$$

Ist der Parameterraum eindimensional diskret und endlich, dann ist $k = 1/n$. n ist der Umfang des Parameterraumes. Betrachtet man aber einen stetigen Parameterraum, so existiert kein Wert für k, der zu einer Verteilung mit der Eigenschaft

$$\int_{-\infty}^{\infty} f(\vartheta)\,d\vartheta = 1$$

führt. Trotzdem verwendet man oft die konstante Dichtefunktion $f(\vartheta) = 1$, um die fehlende Aprioriinformation auszudrücken. Eine solche Prioridichte nennt man uneigentlich[6]). Über die Bayes Formel führt auch eine uneigentliche Prioridichte zu einer „eigentlichen" Posterioridichte, die in diesem Fall gleich der Likelihoodfunktion ist, da

$$f(\vartheta | x) \propto f(\vartheta) \cdot l(x | \vartheta) = 1 \cdot l(x | \vartheta) .$$

b) Priorigleichverteilung

Nach einem Vorschlag von Jeffreys (1961) soll die fehlende Aprioriinformation über einen unbekannten Parameter ϑ mit dem Parameterraum $(-\infty, \infty)$ durch eine (uneigentliche) Priorigleichverteilung ausgedrückt werden. Für einen Parameter ϑ mit dem Parameterraum $[0, \infty)$ hat $\ln\vartheta$ den neuen Parameterraum $(-\infty, \infty)$ und die fehlende Aprioriinformation ist wieder durch eine Gleichverteilung über $\mathbb{R}^1$ darstellbar[7]).

Beispiel B-I-8

Wenn bei einer Stichprobenrealisation aus einer normalverteilten Grundgesamtheit

---

5) Für eine einfache Stichprobe aus einer Verteilung mit der beliebigen Dichte $f(x|\vartheta)$ und der beliebigen Prioridichte $f(\vartheta)$ ist die Posterioridichte $f(\vartheta|x)$ für großes n annähernd normalverteilt mit dem Erwartungswert gleich dem ML-Schätzwert und der Varianz $[I(\vartheta)]^{-1}$. Siehe dazu Lindley (1965) S. 129.

6) Uneigentliche Prioriverteilungen zur Darstellung vager Vorinformationen findet man ausführlich dargestellt bei Jeffreys (1961), Lindley (1965), Box, Tiao (1973), Villegas (1975) und Berger (1980).

7) Den Tatbestand, daß die Posterioriverteilung – abgeleitet aus einer gleichverteilten Prioridichte – eine adäquate Approximation für die tatsächliche Posterioriverteilung ist, nannte Savage (1962) das Prinzip der stabilen Schätzung (principle of stable estimation oder precise measurement).

mit bekanntem σ^2 keine geeigneten Vorinformationen über μ existieren, dann nimmt man als Prioriverteilung die uneigentliche Gleichverteilung von μ für das Intervall $(-\infty, \infty)$ an. Die entsprechende Posteriorinormalverteilung ist proportional der Likelihoodfunktion. Die der Prioriverteilung entsprechende äquivalente hypothetische Stichprobe hat den Umfang $n' = 0$.

Ist auch σ^2 unbekannt und steht für beide Parameter keine Aprioriinformation zur Verfügung, dann nimmt man für μ und $\ln \sigma^2$ eine Gleichverteilung im Intervall $(-\infty, \infty)$ an. Die Randverteilung für μ aus der gemeinsamen Posterioriverteilung ist studentverteilt mit v'' Freiheitsgraden.

c) Weitere uneigentliche Prioriverteilungen

Nach einem anderen Vorschlag Jeffreys soll eine nichtinformative Prioriverteilung für ϑ proportional der Quadratwurzel des Informationsmaßes von Fisher sein, d. h.

$$f(\vartheta) \propto [I(\vartheta)]^{1/2}.$$

Beispiel B-I-9

Wenn man keine relevanten Aprioriinformationen über den Parameter einer Binomialverteilung π besitzt, dann soll nach Jeffreys eine nichtinformative Prioriverteilung für π proportional zu

$$f(\pi) \propto [I(\pi)]^{1/2}$$

sein. Da

$$I(\pi) = E\left[-\frac{\partial^2 \ln f(x|\pi)}{\partial \pi^2}\right] = \frac{1}{\pi(1-\pi)} \quad \textit{ist,}$$

ist die nichtinformative Prioriverteilung für π proportional zu

$$[I(\pi)]^{1/2} = \pi^{-1/2} \cdot (1-\pi)^{-1/2}.$$

Diese Verteilung entspricht einer Betaverteilung mit den Parametern $x' = \mathbf{n}' - x' = 1/2$.

Nach einem Vorschlag von Haldane (1946) soll die nichtinformative Prioriverteilung für π proportional zu

$$f(\pi) \propto \pi^{-1} \cdot (1-\pi)^{-1}$$

sein. Dies entspricht einer Betaverteilung mit $x' = n' - x' = 0$. *Diese Betaverteilung ist zwar uneigentlich, führt aber zu einer Posterioriverteilung, die der Likelihoodfunktion entspricht.*

Aufgaben und weitere Ergebnisse

1) In folgender Tabelle sind die Likelihoodwerte und Prioriwahrscheinlichkeiten für ϑ_1, ϑ_2 und ϑ_3 angegeben. Bestimmen Sie die Posterioriwahrscheinlichkeiten.

x_i	$l(x\|\vartheta_1)$	$l(x\|\vartheta_2)$	$l(x\|\vartheta_3)$
x_1	2/3	0	1/4
x_2	1/3	1	3/4
$f(\vartheta_i)$	3/10	3/10	4/10

(Antwort: 2/3; 0; 1/3)

2) $X_1, \ldots, X_n$ sei eine einfache Stichprobe mit $X_i \sim P(\lambda)$. Die Prioridichte von λ ist gammaverteilt

$$f(\lambda) = \exp(-n' \cdot \lambda) \cdot \lambda^{x'-1} \cdot n^{x'}/(x'-1)!$$

mit n′ und x′, die den Ergebnissen einer hypothetischen Stichprobe entsprechen. Zeigen Sie, daß die Posterioriverteilung von λ für die Stichprobenrealisation $x_1, \ldots, x_n$ ebenfalls gammaverteilt ist

$$f(\lambda|x) = \exp(-n'' \cdot \lambda) \cdot \lambda^{x''-1} \cdot n^{x''}/(x''-1)!$$

mit $n'' = n' + n$ und $x'' = x' + \Sigma x_i$.

3) $X_1, \ldots, X_n$ sei eine einfache Stichprobe mit $f(x_i|\lambda) = \lambda \cdot \exp(-\lambda \cdot x_i)$. Die Prioriverteilung von λ ist gammaverteilt mit den Parametern $\alpha = n'$, $\beta = \lambda'$. Zeigen Sie, daß die Posterioriverteilung von λ für die Stichprobenrealisation $x_1, \ldots, x_n$ wieder gammaverteilt ist mit den Parametern $\alpha = n' + n$, $\beta = \lambda' + \lambda$ und $\lambda = n \cdot \bar{x}$.

4) $X_1, \ldots, X_n$ sei eine einfache Stichprobe mit $X_i \sim N(\mu, \sigma^2)$, μ bekannt. Die Prioridichte von σ^2 ist gammaverteilt mit den Parametern σ'^2 und ν'. Da $f(x|\sigma^2) \propto (\sigma^2)^{-n/2} \cdot \exp[-\Sigma(x_i - \mu)^2/2\sigma^2]$ und $f(\sigma^2) \propto (\sigma^2)^{(\nu'+2)/2} \cdot \exp[-\nu' \cdot \sigma'^2/2\sigma^2]$, ist die Posterioriverteilung von σ^2

$$f(\sigma^2|x) \propto (\sigma^2)^{(\nu''+2)/2} \cdot \exp[-\nu'' \cdot \sigma''^2/2\sigma^2]$$

mit $\nu'' = \nu' + n$ und $\sigma''^2 = \nu''^{-1} \cdot [\nu' \cdot \sigma'^2 + n \cdot \Sigma(x_i - \mu)^2]$. Berechnen Sie die Parameter der gammaverteilten Posterioriverteilung für $\sigma'^2 = 16$, $\nu' = 10$, $s^2 = 30$ und $n = 10$.
(Antwort: $\sigma''^2 = 23$, $\nu'' = 20$).

5) Für die Gleichverteilung im Intervall (0; ϑ) ist $T = \max(X_1, \ldots, X_n)$ eine suffiziente Statistik für ϑ. Die Dichtefunktion kann folgendermaßen faktorisiert werden:

$$f(x|\vartheta) = g(t|\vartheta) \cdot h(x) = (n \cdot t^{n-1}/\vartheta^n) \cdot (n \cdot t^{n-1})^{-1}, \; o < t < \vartheta.$$

Zeigen Sie, daß

$$f(\vartheta) = \alpha\vartheta'/\vartheta^{\alpha+1}, \qquad \vartheta > \vartheta'$$

eine konjugierte Familie von Prioriverteilungen ist.

6) Für $X_i \sim N(\mu, \sigma^2)$, σ^2 bekannt und $\mu \sim N(\mu'; \sigma'^2 = \sigma^2/n')$ ist die Posterioridichte von μ

$$f(\mu|x) \propto \exp\{-[n(\bar{x} - \mu)^2 + n'(\mu - \mu')^2]/2\sigma^2\}.$$

Zeigen Sie, daß gilt

$$n(\bar{x} - \mu)^2 + n'(\mu - \mu')^2 = n''(\mu - \mu'')^2 + y$$

mit

$$y = n' \cdot \mu'^2 + n\bar{x}^2 - (n' + n)\mu''^2.$$

7) Für $X_i \sim N(\mu, \sigma^2)$, σ^2 bekannt und $\mu \sim N(\mu', \sigma'^2)$ ist die Randverteilung von $\bar{X}$

$$f_{\bar{X}}(\bar{x}) \propto \exp[-y/2\sigma^2]$$

mit $y = n' \cdot \mu'^2 + n\bar{x}^2 - (n' + n) \cdot \mu''^2$. Zeigen Sie, daß man durch Umformen folgende Proportionalität erhält:

$$f_{\bar{X}}(\bar{x}) \propto \exp\{-[n \cdot n'/(n' + n)] \cdot (\bar{x} - \mu')^2/2\sigma^2\}.$$

8) Die gemeinsame Prioriverteilung von μ und σ^2 ist die Gamma-Normalverteilung (s. Guttman, Wilks, Hunter (1982), S. 205)

$$f(\mu, \sigma^2) = k_1 \cdot (\sigma^2)^{-[1+(\nu'+1)/2]} \cdot \exp\{-[\nu' \cdot s'^2 + n'(\mu - \mu'^2)]/2\sigma^2\}$$

mit $k_1 = n'^{1/2} \cdot (\nu' s'^2)^{\nu'/2} / \pi^{1/2} \cdot 2^{(\nu'+1)/2} \cdot \Gamma(\nu'/2)$.

Zeigen Sie, daß

$$f(\mu) = k_2 \cdot [1 + n'(\mu - \mu')^2/\nu' \cdot s'^2]^{-(\nu'+1)/2}$$

die Randprioridichtefunktion von μ ist, die mit $n'^{1/2}(\mu - \mu')/s' = t$ studentverteilt ist mit ν' Freiheitsgraden.

9) Zeigen Sie, daß

$$f(\sigma^2) = k_3 \cdot (\sigma^2)^{-(\nu'/2)-1} \cdot \exp[-\nu' s'^2/2\sigma^2]$$

die Randprioridichtfunktion von σ^2 für die gemeinsame Priori-Gamma-Normalverteilung von $\vartheta = (\mu, \sigma^2)$ ist.

10) Zeigen Sie, daß für $X \sim N(\mu, \sigma^2)$, σ^2 bekannt und eine (uneigentliche) Gleichverteilung von μ im Intervall $(-\infty, \infty)$ die Posterioriverteilung von μ die Dichtefunktion

$$f(\mu | x) = (2\pi\sigma^2)^{1/2} \cdot \exp[-(\mu - x)^2/2\sigma^2]$$

hat.

11) $X_1, \ldots, X_n$ sei eine einfache Stichprobe mit $X_i \sim N(\mu, \sigma^2)$. Die beiden Prioriverteilungen für μ und $\ln\sigma^2$ seien unabhängig und gleichverteilt im Intervall $(-\infty, \infty)$. Zeigen Sie, daß die Posterioriverteilung von μ für $n^{1/2} \cdot (\mu - \bar{x})/\hat{s}$ einer Studentverteilung folgt mit $\nu = n - 1$ Freiheitsgraden (s. Lindley (1965) S. 37).

12) Zeigen Sie für die gleichen Voraussetzungen wie in der vorhergehenden Aufgabe, daß die Posterioriverteilung von σ^2 für $\nu s^2/\sigma^2$ einer χ^2-Verteilung mit $\nu = n - 1$ Freiheitsgraden folgt.

13) Nach Jeffrey soll eine nichtinformative Prioriverteilung für ϑ proportional der Quadratwurzel des Informationsmaßes von Fisher sein. Zeigen Sie, daß die Prioriverteilung für den Parameter λ einer Poissonverteilung proportional zu

$$[I(\lambda)]^{1/2} = \lambda^{-1/2}$$

ist.

14) Die Wahrscheinlichkeitsfunktion für die Prioriverteilung von π sei

$$f(\pi) = \begin{cases} 0{,}6 & \text{für} \quad \pi = 0{,}3, \\ 0{,}4 & \text{für} \quad \pi = 0{,}7. \end{cases}$$

Zeigen Sie, daß

$$f(\pi | x) = \begin{cases} 0{,}05 & \text{für} \quad \pi = 0{,}3, \\ 0{,}95 & \text{für} \quad \pi = 0{,}7 \end{cases}$$

die Wahrscheinlichkeitsfunktion für die Posterioriverteilung von π ist, wenn $n = 12$ und $x = 8$ ist.

15) Die Dichtefunktion für die Prioriverteilung von π sei

$$f(\pi) = 6 \cdot \pi \cdot (1 - \pi).$$

Zeigen Sie, daß

$$f(\pi | x) = \pi^9 \cdot (1 - \pi)^5 / \int_0^1 \pi^9 \cdot (1 - \pi)^5 \, d\pi$$

die Posterioridichte von π ist, wenn $n = 12$ und $x = 8$ ist.

II. Testverfahren

1. Beste Testfunktion

a) Risikoerwartungswerte

Um zu prüfen, ob der unbekannte Parameter ϑ zu einer vorgegebenen Teilmenge des Parameterraumes Θ gehört, werden im Bayes Modell nicht nur die Stichprobeninformationen, sondern auch die Aprioriinformationen über den Parameter ϑ verwendet. Die Auswahl der besten Testfunktion hängt von beiden Informationsquellen ab.

Auch im Bayes Modell wird der Schaden einer falschen Aussage über den unbekannten Parameter ϑ nicht explizit berücksichtigt, sondern implizit über eine 0–1 Schadenfunktion: Der Schaden ist 1, wenn eine falsche Hypothese angenommen wird, sonst 0. Die Risikofunktion setzt sich daher aus den beiden Fehlerwahrscheinlichkeiten zusammen. Diese Fehlerwahrscheinlichkeiten werden aber noch mit den Prioriwahrscheinlichkeiten für H_0 und H_1 gewichtet. Man erhält dadurch für jede Entscheidung Risikoerwartungswerte. Die Summe dieser Erwartungswerte bezeichnet man als Bayes Risiko der Testfunktion. Es wird wie folgt bestimmt:

$$B(\delta) = E_\vartheta[r(\delta, \vartheta)] = \int_\Theta r(\delta, \vartheta)\,dF(\vartheta) =$$
$$= \begin{cases} \int_{\Theta_0} r(\delta, \vartheta)\,dF(\vartheta) = \int_{\Theta_0}\int_C dF(x|\vartheta)\,dF(\vartheta), \\ \int_{\Theta_1} r(\delta, \vartheta)\,dF(\vartheta) = \int_{\Theta_1}\int_A dF(x|\vartheta)\,dF(\vartheta). \end{cases}$$

In der ersten Zeile des Klammerausdruckes steht der Risikoerwartungswert für die Aktion a_1 (Annahme der Alternativhypothese). Dieser Wert ist gleich der gewichteten Wahrscheinlichkeit für den Fehler 1. Art, abgekürzt mit α_r. Den Risikoerwartungswert für die Aktion a_0 (Annahme der Nullhypothese) findet man in der zweiten Zeile. Da dieser Wert gleich der gewichteten Wahrscheinlichkeit für den Fehler 2. Art ist, wird er mit β_r abgekürzt.

Beispiel B-II-1

Um die Hypothesen H_0: $\pi = 0{,}4$ *und* H_1: $\pi = 0{,}7$ *zu prüfen, soll eine einfache Stichprobe im Umfang von* $n = 2$ *mit* $X_i \sim B(1, \pi)$ *verwendet werden. Die Prioriwahrscheinlichkeiten für die Hypothesen sind*

$$W(H_0\colon \pi = 0{,}4) = f(\pi_0) = 0{,}7,$$
$$W(H_1\colon \pi = 0{,}7) = f(\pi_1) = 0{,}3.$$

Für die Testfunktion

$$\delta_2(x) = \begin{cases} 0 & \text{für} \quad x \le 1, \\ 1 & \text{für} \quad x > 1, \end{cases}$$

berechnet man die beiden Risikoerwartungswerte wie folgt (s. Bsp. A-II-5):

$$\alpha_r = \sum_{\pi \in \Theta_0} \sum_{x \in C} f(x|\pi) \cdot f(\pi) = f(x = 2|\pi_0) \cdot f(\pi_0) = 0{,}16 \cdot 0{,}7 = 0{,}112,$$

$$\beta_r = \sum_{\pi \in \Theta_1} \sum_{x \in A} f(x|\pi) \cdot f(\pi) = f(x = 0|\pi_1) \cdot f(\pi_1) + f(x = 1|\pi_1) \cdot f(\pi_1) =$$
$$= 0{,}09 \cdot 0{,}3 + 0{,}42 \cdot 0{,}3 = 0{,}153.$$

Der Risikoerwartungswert für die Annahme der Alternativhypothese ist 0,112 *und für die Annahme der Nullhypothese* 0,153. *Das Bayes Risiko dieser Testfunktion ist gleich der Summe aus beiden Risikoerwartungswerten, nämlich*

$$B(\delta_2) = \alpha_r + \beta_r = 0{,}112 + 0{,}153 = 0{,}265.$$

In der Figur 19 ist die Berechnung des Bayes Risikos für diese Testfunktion dargestellt.

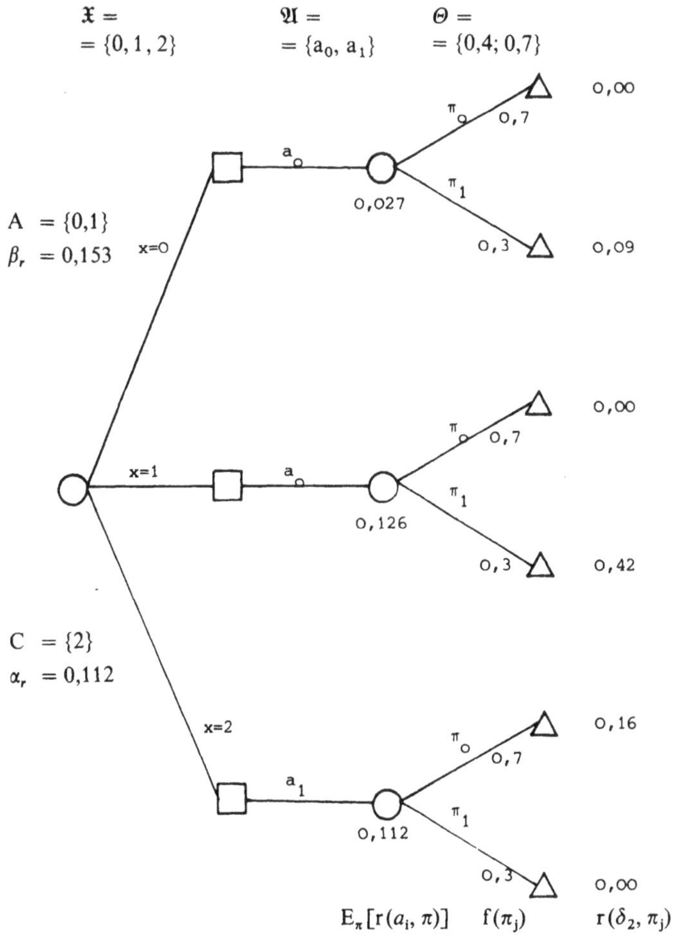

Figur 19: Berechnung der Risikoerwartungswerte für die Testfunktion δ_2.

b) Testfunktion mit minimalem Bayes Risiko

Die beste Testfunktion ist jene, für die das Bayes Risiko minimal ist. Wenn man die Prioriverteilung von ϑ berücksichtigt, existiert in der Menge der möglichen Testfunktionen immer eine, für die die Summe der Risikoerwartungswerte minimal ist (vgl. Melsa, Cohn (1978) S. 38).

Beispiel B-II-2

Für die Prüfung der Hypothesen H_0: $\mu = 0{,}4$ *gegen* H_1: $\pi = 0{,}7$ *auf Grund einer Stichprobe im Umfang von* $n = 2$, *gibt es insgesamt 8 mögliche Testfunktionen, wovon 3 dominiert und daher vorweg ausgeschieden werden können (s. Bsp. A-II-7). Die Risikoerwartungswerte für die verbleibenden 5 Testfunktionen sind in folgender Tabelle für die Posterioriwahrscheinlichkeiten* $f(\pi_0) = 0{,}7$ *und* $f(\pi_1) = 0{,}3$ *zusammengestellt:*

	Θ		
$r(\delta_i, \pi_j)$	π_0	π_1	$B(\delta_i)$
δ_1	0,00	1,00	0,300
δ_2	0,16	0,51	0,265
δ_5	0,64	0,09	0,475
δ_6	0,52	0,42	0,490
δ_8	1,00	0,00	0,700
$f(\pi_j)$	0,70	0,30	

δ_2 *hat mit* 0,265 *minimales Bayes Risiko. Sie ist daher für diese Prioriverteilung die beste Testfunktion. In Figur 20 ist die Ermittlung der besten Testfunktion mit Hilfe eines Entscheidungsbaumes dargestellt.*

c) Testfunktion mit minimalem Posteriorischadenerwartungswert

Da die Risikoerwartungswerte proportional zu den entsprechenden Posteriorischadenerwartungswerten sind

$$\alpha_r = \int_{\Theta_0} \int_C dF(x|\vartheta) dF(\vartheta) \propto \int_{\Theta_0} dF(\vartheta|x) = \alpha_p,$$
$$\beta_r = \int_{\Theta_1} \int_A dF(x|\vartheta) dF(\vartheta) \propto \int_{\Theta_1} dF(\vartheta|x) = \beta_p,$$

kann die beste Testfunktion auch über die Posterioriverteilung des Parameters ϑ ermittelt werden.

Beispiel B-II-3

Die Prioriwahrscheinlichkeitsfunktion des Parameters π *ist*

$$f(\pi) = \begin{cases} 0{,}7 & \text{für} \quad \pi_0 = 0{,}4 \\ 0{,}3 & \text{für} \quad \pi_1 = 0{,}7 \end{cases}.$$

Für die Realisation einer einfachen Stichprobe im Umfang $n = 2$ *und* $x = 0$ *sind die*

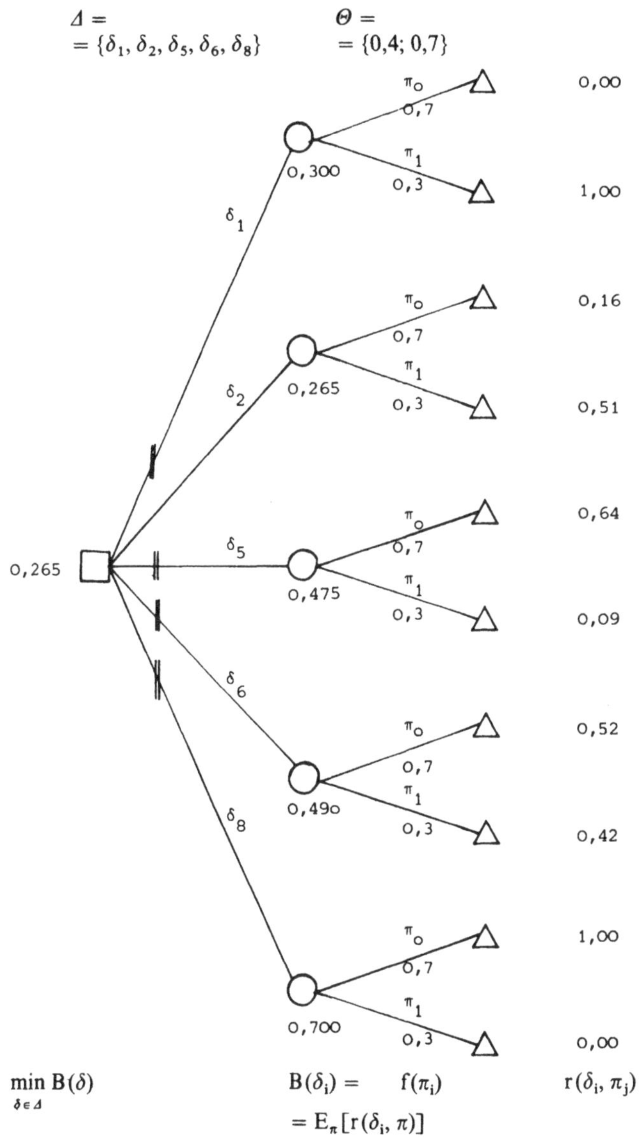

Figur 20: Ermittlung der besten Testfunktion mit Hilfe des Bayes Risikos.

entsprechenden Likelihoodwerte

$$l(x\,|\,\pi_0) = \binom{2}{0} \cdot 0{,}4^0 \cdot 0{,}6^2 = 0{,}36\,,$$
$$l(x\,|\,\pi_1) = \binom{2}{0} \cdot 0{,}7^0 \cdot 0{,}3^2 = 0{,}09\,.$$

Die Posterioriwahrscheinlichkeiten erhält man mit Hilfe des Bayes Theorems:

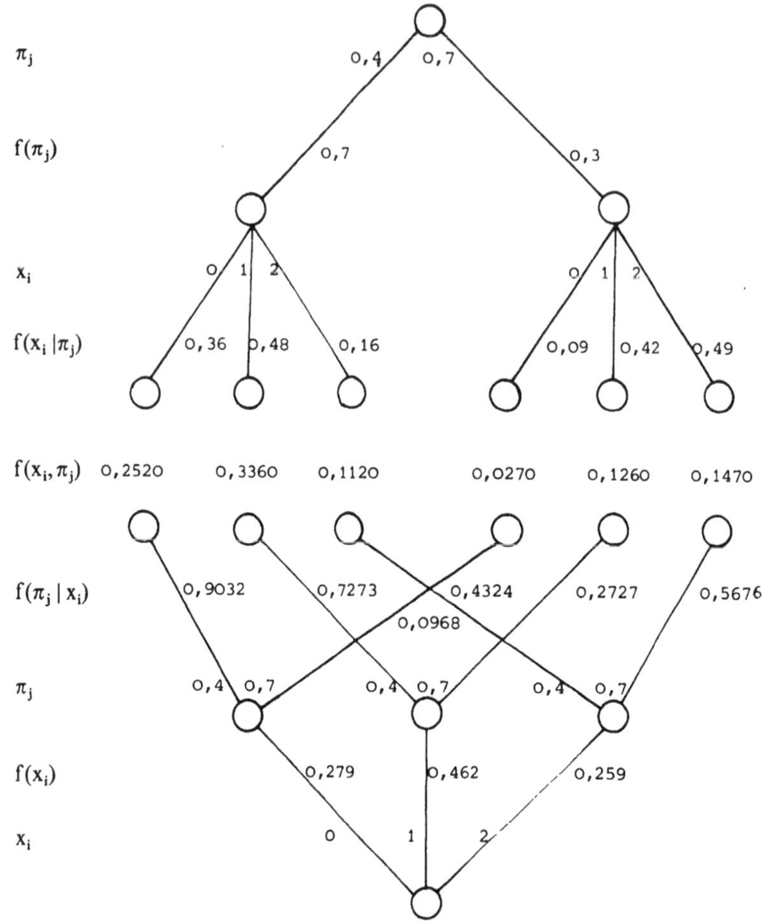

Figur 21: Wahrscheinlichkeitsbaum für die Ermittlung der Posterioriwahrscheinlichkeiten des Testproblems

$$f(\pi_0|x) = \frac{0,7 \cdot 0,36}{0,279} = 0,9032,$$

$$f(\pi_1|x) = \frac{0,3 \cdot 0,09}{0,279} = 0,0968.$$

Für die weiteren möglichen Stichprobenergebnisse x = 1 *und* x = 2 *kann man die Posterioriwahrscheinlichkeiten aus dem Wahrscheinlichkeitsbaum Figur 21 entnehmen.*

Die Berechnung der Posteriorischadenerwartungswerte wurde beispielhaft für die Testfunktion δ_2 *in Figur 22 dargestellt. Die* 0–1 *Schadenfunktion wird mit den entsprechenden Posterioriwahrscheinlichkeiten gewichtet, die jeweils unterhalb jener*

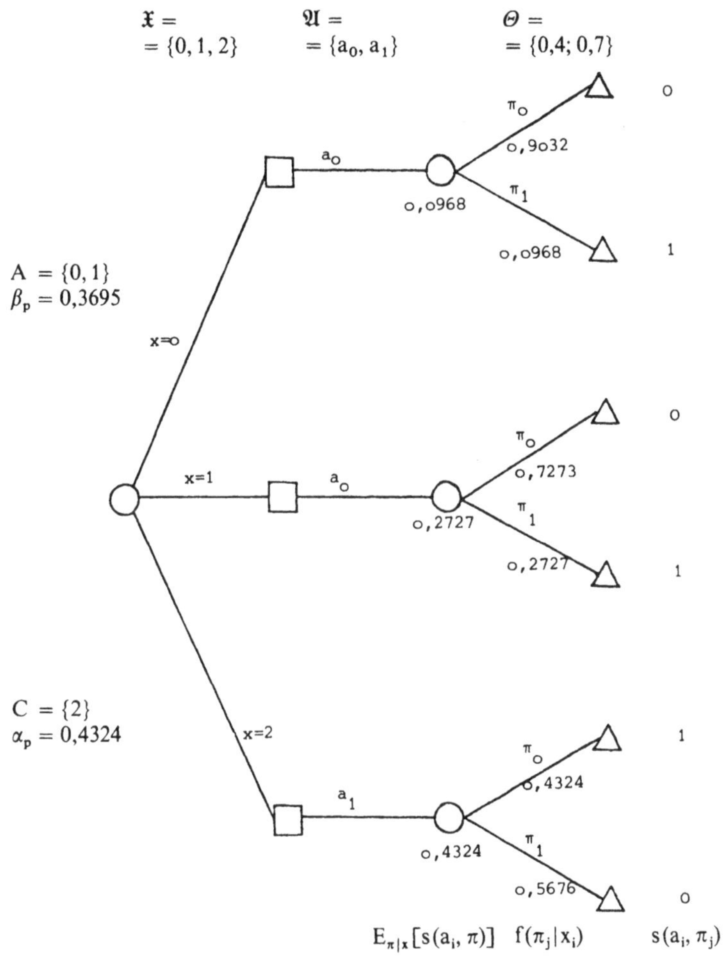

Figur 22: Posteriorischadenerwartungswerte für die Testfunktion δ_2

Äste angeführt sind, die von den letzten Zufallsknoten zu den Endknoten führen. Entsprechend der Aufteilung des Stichprobenraumes in Annahme- und kritischen Bereich werden die gewichteten Schäden, die unterhalb der Zufallsknoten stehen, zu den Schadenerwartungswerten für α_p *und* β_p *addiert. Der Posteriorischadenerwartungswert für die Aktion* a_1 *ist demnach* 0,4324 *und für die Aktion* a_0 0,3695.

Folgende Tabelle enthält die Posteriorischadenerwartungswerte für alle 5 zulässigen Testfunktionen.

δ_i	α_p	β_p	Σ
δ_1	0,0000	0,9371	0,9371
δ_2	0,4324	0,3695	0,8019
δ_5	1,1597	0,0968	1,2565
δ_6	1,3356	0,2727	1,6083
δ_8	2,1981	0,0000	2,1981

δ_2 ist von den 5 Testfunktionen die beste, da sie mit 0,8019 *den kleinsten Posteriorischadenerwartungswert für alle* $x \in \mathfrak{X}$ *besitzt.*

d) Roll Back Analyse

Für die Auswahl einer besten Testfunktion ist es nicht erforderlich, alle möglichen bzw. alle zulässigen Testfunktionen miteinander zu vergleichen. Bei einem endlichen Parameterraum findet man die beste Testfunktion direkt mit Hilfe der sogenannten Roll Back Analyse.

Beispiel B-II-4

In Figur 23 ist die Roll Back Analyse für das vorhergehende Beispiel dargestellt. Unterhalb der Äste, die den letzten Zufallsknoten mit den Endknoten verbinden, sind die Posterioriwahrscheinlichkeiten eingetragen. Die mit diesen Wahrscheinlichkeiten gewichteten Schäden stehen ebenfalls unterhalb der Zufallsknoten. Nun vergleicht man die jeweiligen Posteriorischadenerwartungswerte jener Äste, die von den Entscheidungsknoten zu den Zufallsknoten führen. Z.B. ist für $x = 0$ *der Posteriorischadenerwartungswert von* a_1 *mit* 0,9032 *höher als der von* a_0 *mit* 0,0968. a_1 *wird daher durchgestrichen. Wenn man auf diese Art mit allen Entscheidungsknoten verfährt, erhält man als beste Testfunktion*

$$\delta(x) = \begin{cases} 0 & \text{für} \quad x = 0, 1 \\ 1 & \text{für} \quad x = 2. \end{cases}$$

Dies ist die Testfunktion δ_2, die auch unter b) und c) als beste Testfunktion ermittelt wurde.

Das Bayes Risiko der mit Hilfe der Roll Back Analyse bestimmten besten Testfunktion kann auch aus dem Entscheidungsbaum berechnet werden. Dazu gewichtet man die Posteriorischadenerwartungswerte mit den Randwahrscheinlichkeiten der möglichen Stichprobenergebnisse:

$$\begin{aligned} B(\delta_2) &= \sum_{x \in \mathfrak{X}} \sum_{\pi \in \Theta} s(\delta(x), \pi) \cdot f(\pi|x) \cdot f_X(x) = \\ &= 0{,}0968 \cdot 0{,}279 + 0{,}2727 \cdot 0{,}462 + 0{,}4324 \cdot 0{,}259 = 0{,}265. \end{aligned}$$

e) Posterioriwahrscheinlichkeitsquotient

Wie man dem Entscheidungsbaum Figur 23 entnehmen kann, ist der Posteriorischadenerwartungswert für a_1 immer größer als der für a_0, solange a_0 gewählt bzw. H_0 angenommen wird. a_1 und damit H_1 wird gewählt, wenn der Posteriorischaden-

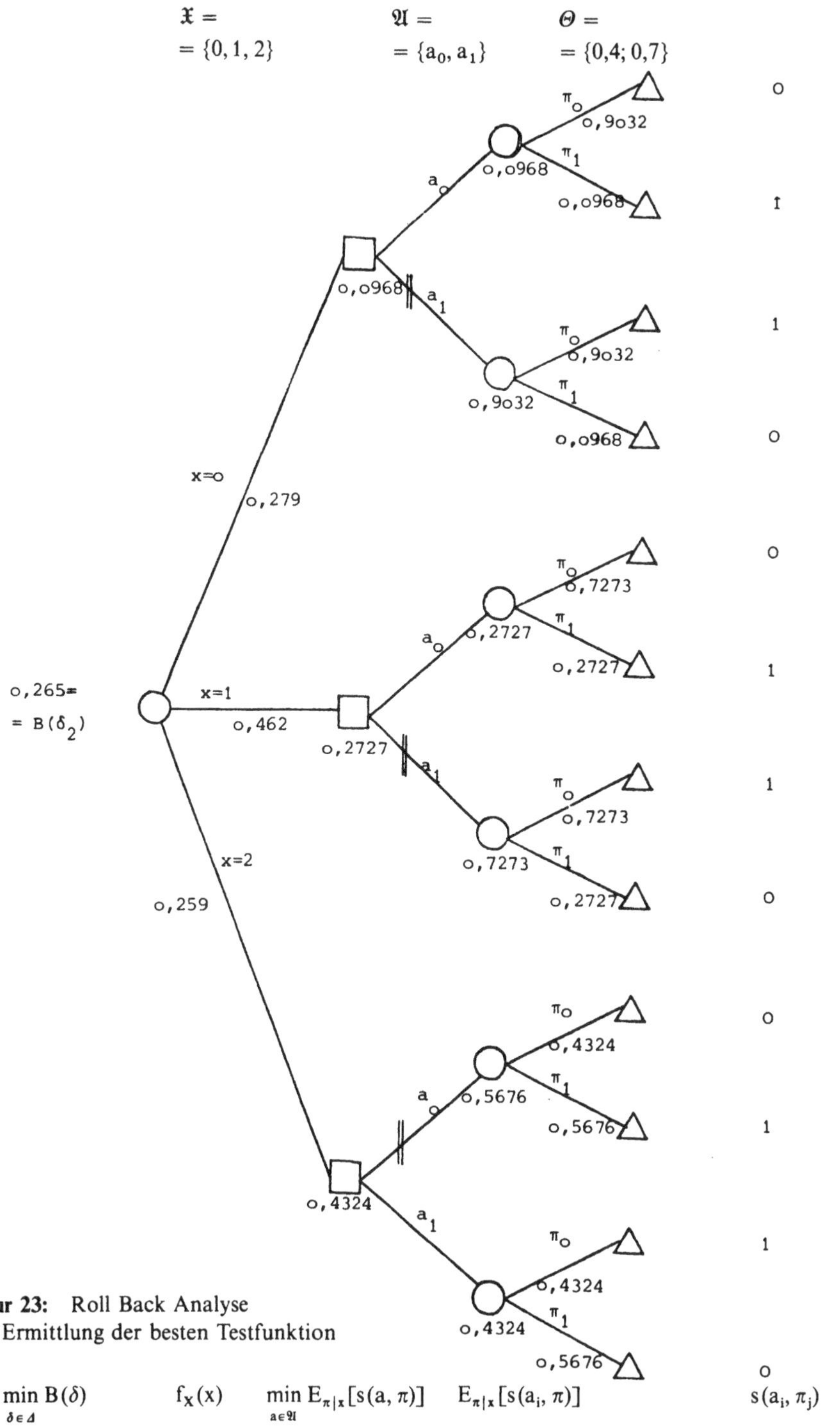

Figur 23: Roll Back Analyse zur Ermittlung der besten Testfunktion

erwartungswert für a_0 größer ist als der von a_1. Die beiden Posteriorischadenerwartungswerte kann man daher allgemein in Form eines Quotienten schreiben. Im Zähler steht der Posteriorischadenerwartungswert für die Aktion a_0 (= Annahme der Nullhypothese) und im Nenner der für die Aktion a_1 (= Annahme der Alternativhypothese). Da im Bayes Modell der Schaden für die Annahme einer falschen Hypothese gleich 1 ist, sind in diesem Fall die Posteriorischadenerwartungswerte gleich den entsprechenden Posterioriwahrscheinlichkeiten für die beiden Fehlerarten. Die Posterioriwahrscheinlichkeit für die Annahme einer falschen Nullhypothese steht im Zähler und die Posterioriwahrscheinlichkeit für die Annahme einer falschen Alternativhypothese im Nenner. Den entsprechenden Quotienten bezeichnet man als Posterioriwahrscheinlichkeitsquotienten $\lambda(\vartheta|x)$. Für einfache Hypothesen ist er

$$\lambda(\vartheta|x) = \frac{E_{\vartheta|x}[s(a_0, \vartheta)]}{E_{\vartheta|x}[s(a_1, \vartheta)]} = \frac{f(\vartheta_1|x)}{f(\vartheta_0|x)}.$$

Die beste Testfunktion drückt man mit Hilfe dieses Quotienten wie folgt aus:

$$\delta(x) = \begin{cases} 0 & \text{für} \quad \lambda(\vartheta|x) \leq 1, \\ 1 & \text{für} \quad \lambda(\vartheta|x) > 1. \end{cases}$$

Die Nullhypothese wird angenommen, solange die Posterioriwahrscheinlichkeit für den Fehler 2. Art kleiner oder gleich ist, als die für den Fehler 1. Art. In diesem Fall ist der Quotient kleiner oder gleich 1.

Die Darstellung der besten Testfunktion mit Hilfe dieses Quotienten nimmt nicht Bezug auf die Risikofunktion und auf die bestmögliche Unterteilung des Stichprobenraumes in einen kritischen und einen Annahmebereich. Von den möglichen Stichprobenrealisationen wird nur die konkret vorliegende für die Entscheidung, ob die Null- oder Alternativhypothese angenommen werden soll, verwendet.

Beispiel B-II-5

Für die möglichen Stichprobenrealisationen des vorhergehenden Beispiels zeigt die folgende Tabelle die Posterioriwahrscheinlichkeiten für die beiden Fehlerarten und die Posterioriwahrscheinlichkeitsquotienten:

x_i	$E_{\pi\|x}[s(a_0, \pi)]$	$E_{\pi\|x}[s(a_1, \pi)]$	$\lambda(\pi\|x)$
0	0,0968	0,9032	0,1072
1	0,2727	0,7273	0,3749
2	0,5676	0,4324	1,3127

Der Quotient aus den Posteriorifehlerwahrscheinlichkeiten ist für $x = 0$ *und* $x = 1$ *kleiner als* 1 *und für* $x = 2$ *größer als* 1. *Dies entspricht der in c) und d) gefundenen besten Testfunktion* δ_2.

2. Einfache Hypothesen

a) Prioriwahrscheinlichkeitsquotient und Likelihoodquotient

Für einfache Null- und Alternativhypothesen H_0: $\vartheta = \vartheta_0$, H_1: $\vartheta = \vartheta_1$ und die Realisation einer einfachen Stichprobe ist

$$\delta(x) = \begin{cases} 0 & \text{für} \quad \lambda(x) \leq 1/\lambda(\vartheta), \\ 1 & \text{für} \quad \lambda(x) > 1/\lambda(\vartheta) \end{cases}$$

die beste Testfunktion (s. S. 179).

$$\lambda(x) = \frac{l(x \mid \vartheta_1)}{l(x \mid \vartheta_0)}$$

ist der aus dem klassischen Modell bekannte Likelihoodquotient und

$$\lambda(\vartheta) = \frac{f(\vartheta_1)}{f(\vartheta_0)} = \frac{1 - f(\vartheta_0)}{f(\vartheta_0)}$$

ist der Prioriwahrscheinlichkeitsquotient.

Beispiel B-II-6

Wenn z. B. 0,8 *die Prioriwahrscheinlichkeit für die Hypothese* H_0: $\mu = 4$ *ist und* 0,2 *die für* H_1: $\mu = 5$, *dann ist*

$$\delta(x) = \begin{cases} 0 & \text{für} \quad \lambda(x) \leq 0{,}8/0{,}2 = 4, \\ 1 & \text{für} \quad \lambda(x) > 4 \end{cases}$$

die beste Testfunktion. Der Likelihoodquotient ist für eine einfache Stichprobe mit $n = 1$ *und* $X \sim N(\mu, \sigma^2 = 1)$

$$\lambda(x) = \frac{\exp[-(x-5)^2/2]}{\exp[-(x-4)^2/2]} = \exp[(2x-9)/2].$$

Für die Annahme von H_0 *muß*

$$\exp[(2x-9)/2] \leq 4$$

sein. Nimmt man den natürlichen Logarithmus auf beiden Seiten, dann erhält man

$$(2x-9)/2 \leq 1{,}3863,$$
$$x \leq 5{,}89.$$

Die beste Testfunktion für dieses Problem ist daher

$$\delta(x) = \begin{cases} 0 & \text{für} \quad x \leq 5{,}89, \\ 1 & \text{für} \quad x > 5{,}89. \end{cases}$$

Diese Testfunktion hat minimales Bayes Risiko in der Menge aller Testfunktionen mit

$$E_\mu[r(\delta, \mu)] = 0{,}0294 \cdot 0{,}8 + 0{,}8133 \cdot 0{,}2 = 0{,}1862.$$

Nach dem klassischen Modell ist die beste Testfunktion für ein Signifikanzniveau von 0,05 *gegeben durch*

$$\delta(x) = \begin{cases} 0 & \text{für} \quad x \leq 5{,}65, \\ 1 & \text{für} \quad x > 5{,}65. \end{cases}$$

Dieser Testfunktion entspricht im Bayes Modell unter obiger Prioriverteilung ein Bayes Risiko von

$$E_\mu[r(\delta, \mu)] = 0{,}05 \cdot 0{,}8 + 0{,}7422 \cdot 0{,}2 = 0{,}1884.$$

b) Posterioriwahrscheinlichkeitsquotient

Das Produkt aus Likelihood- und Prioriwahrscheinlichkeitsquotient ist der Posterioriwahrscheinlichkeitsquotient[1]), da

$$\lambda(\vartheta|x) = \lambda(x) \cdot \lambda(\vartheta) = \frac{l(x|\vartheta_1)}{l(x|\vartheta_0)} \cdot \frac{f(\vartheta_1)}{f(\vartheta_0)} = \frac{f(\vartheta_1|x)}{f(\vartheta_0|x)}.$$

Die beste Testfunktion kann daher auch folgendermaßen geschrieben werden:

$$\delta(x) = \begin{cases} 0 & \text{für} \quad \lambda(\vartheta|x) \leq 1, \\ 1 & \text{für} \quad \lambda(\vartheta|x) > 1. \end{cases}$$

Beispiel B-II-7

Für eine einfache Stichprobe mit $X_i \sim B(1, \pi)$ *ist*

$$\lambda(\pi|x) = \lambda(\pi) \cdot \lambda(x) = \frac{1 - f(\pi_0)}{f(\pi_0)} \cdot \left(\frac{\pi_1}{\pi_0}\right)^{\Sigma x_i} \cdot \left(\frac{1 - \pi_1}{1 - \pi_0}\right)^{n - \Sigma x_i}$$

die Formel für den Posterioriwahrscheinlichkeitsquotienten. Bei gleichverteilter Prioriwahrscheinlichkeit für die Hypothesen H_0: $\pi = 0{,}15$ *und* H_1: $\pi = 0{,}20$ *und der Realisation einer einfachen Stichprobe mit* $n = 10$ *und* $x = 1$, *ist*

$$\lambda(\pi|x) = \frac{0{,}5}{0{,}5} \cdot \frac{0{,}20}{0{,}15} \cdot \left(\frac{0{,}80}{0{,}85}\right)^9 = 0{,}7726$$

der Wert des Posterioriwahrscheinlichkeitsquotienten. Da $\lambda(\pi|x) < 1$ *ist, wird die Nullhypothese nicht abgelehnt. Ist die Alternativhypothese apriori etwas wahrscheinlicher als die Nullhypothese, z. B.*

$$f(\pi_1) = 0{,}6 \quad \text{und} \quad f(\pi_0) = 0{,}4,$$

dann ist $\lambda(\pi|x) = 1{,}16$. *In diesem Fall wird die Nullhypothese abgelehnt und die Alternativhypothese angenommen. Die Posterioriwahrscheinlichkeit für die Annahme einer falschen Nullhypothese ist größer als die für die Annahme einer falschen Alternativhypothese.*

---

1) Der Posterioriwahrscheinlichkeitsquotient $\lambda(\vartheta|x)$ wird auch als Bayes Faktor bezeichnet (vgl. Good (1967)).

Der Posterioriwahrscheinlichkeitsquotient kann auch folgendermaßen berechnet werden:

π_j	$f(\pi_j)$	$l(x = 1 \mid \pi_j)$	$f(\pi_j) \cdot l(x = 1 \mid \pi_j)$	$f(\pi_j \mid x = 1)$
0,15	0,4	0,3474	0,1390	0,4632
0,20	0,6	0,2684	0,1610	0,5368
	1,0		0,3000	1,0000

$$\lambda(\pi \mid x) = \frac{f(\pi_1 \mid x)}{f(\pi_0 \mid x)} = \frac{f(\pi_1) \cdot l(x \mid \pi_1)}{f(\pi_0) \cdot l(x \mid \pi_0)} =$$

$$= \frac{0{,}5368}{0{,}4632} = \frac{0{,}6}{0{,}4} \cdot \frac{0{,}2684}{0{,}3474} = 1{,}16\,.$$

3. Einseitige Hypothesen

Für die einseitigen Hypothesen H_0: $\vartheta \leq \vartheta_0$, H_1: $\vartheta > \vartheta_0$ und die Realisation einer einfachen Stichprobe ist

$$\delta(x) = \begin{cases} 0 & \text{für} \quad \lambda(\vartheta \mid x) \leq 1\,, \\ 1 & \text{für} \quad \lambda(\vartheta \mid x) > 1 \end{cases}$$

die beste Testfunktion. Der Posterioriwahrscheinlichkeitsquotient

$$\lambda(\vartheta \mid x) = \frac{\int\limits_{\Theta_1} dF(\vartheta \mid x)}{\int\limits_{\Theta_0} dF(\vartheta \mid x)} = \frac{1 - \int\limits_{\Theta_0} dF(\vartheta \mid x)}{\int\limits_{\Theta_0} dF(\vartheta \mid x)}$$

wird über die Posterioriverteilung von ϑ bestimmt. $\int\limits_{\Theta_0} dF(\vartheta \mid x)$ und $\int\limits_{\Theta_1} dF(\vartheta \mid x)$ sind die Posterioriwahrscheinlichkeiten für die Null- und Alternativhypothese.

Beispiel B-II-8

Für eine einfache Stichprobe mit $X_i \sim B(1, \pi)$ *und die einseitigen Hypothesen* H_0: $\pi \leq \pi_0$, H_1: $\pi > \pi_0$ *hat der Posterioriwahrscheinlichkeitsquotient folgendes Aussehen:*

$$\lambda(\pi \mid x) = \frac{\int\limits_{\pi_0}^{1} f(\pi \mid x)\, d\pi}{\int\limits_{0}^{\pi_0} f(\pi \mid x)\, d\pi} = \frac{1 - F_{Be}(\pi_0 \mid x'', n'' - x'')}{F_{Be}(\pi_0 \mid x'', n'' - x'')}\,.$$

$F_{Be}(\pi \mid x'', n'' - x'')$ *ist die Posterioriverteilungsfunktion der Betaverteilung.*

Für $\pi \sim Be(2; 3)$ *als Prioriverteilung und* $n = 10$, $x = 1$ *als Information aus der Realisation einer einfachen Stichprobe mit* $X_i \sim B(1, \pi)$, *ist die Posterioriverteilung von* π *betaverteilt mit* $x'' = 3$ *und* $n'' = 15$. *Aus dieser Posterioriverteilung bestimmt man die Wahrscheinlichkeit für* H_0: $\pi \leq 0{,}15$ *mit* 0,35, *da*

$$W(H_0) = \int_0^{0,15} f(\pi|x)d\pi = F_{Be}(0,15|3;12) = 0,35.$$

Die Wahrscheinlichkeit für die Alternativhypothese $H_1: \pi_1 > 0,15$ *ist daher* $1 - 0,35 = 0,65$ *und der Posterioriwahrscheinlichkeitsquotient ist*

$$\lambda(\pi|x) = 0,65/0,35 = 1,86.$$

Da $\lambda(\pi|x) > 1$ *ist, wird die Alternativhypothese* H_1: $\pi_1 > 0,15$ *angenommen. Die Posterioriwahrscheinlichkeit für die Annahme einer falschen Alternativhypothese ist kleiner als jene für die Annahme einer falschen Nullhypothese.*

4. Zweiseitige Hypothesen[2])

a) Intervallnullhypothese

Zweiseitige Hypothesen haben die Form

$$H_0: \vartheta_1 \leq \vartheta \leq \vartheta_2, \qquad H_1: \vartheta \notin [\vartheta_1, \vartheta_2]$$

oder für $\vartheta_1 = \vartheta_2$

$$H_0: \vartheta = \vartheta_0, \qquad H_1: \vartheta \neq \vartheta_0.$$

Bei einer absolut stetigen Posterioriverteilung führt die zweite Formulierung zu Schwierigkeiten, da die Wahrscheinlichkeit für H_0 immer 0 ist und für H_1 daher 1. Häufig erwartet man aber nicht, daß ϑ genau ϑ_0 ist, sondern daß ϑ ausreichend nahe bei ϑ_0 liegt. Daher formuliert man die Hypothesen entsprechend der ersten Darstellung. Mit der so formulierten Nullhypothese kann ein Posterioriwahrscheinlichkeitsquotient berechnet werden. Er ist

$$\lambda(\vartheta|x) = \frac{\int_{-\infty}^{\vartheta_1} f(\vartheta|x)d\vartheta + \int_{\vartheta_2}^{\infty} f(\vartheta|x)d\vartheta}{\int_{\vartheta_1}^{\vartheta_2} f(\vartheta|x)d\vartheta}.$$

Beispiel B-II-9

Für die Realisation einer einfachen Stichprobe mit $X_i \sim N(\mu, \sigma^2)$, σ^2 *bekannt, und einer konjugierten Priorinormalverteilung von* μ *bestimmt man den Posterioriwahrscheinlichkeitsquotienten für die Hypothesen* H_0: $\mu_1 \leq \mu \leq \mu_2$, H_1: $\mu \notin [\mu_1, \mu_2]$ *wie folgt:*

2) Johnson und Truax (1973) zeigen, daß Testfunktionen für ein- und zweiseitige Hypothesen mit zunehmendem Stichprobenumfang relativ unempfindlich im Hinblick auf die Prioriverteilung sind.

$$\lambda(\mu|x) = \frac{\int\limits_{-\infty}^{\mu_1} f(\mu|x)d\mu + \int\limits_{\mu_2}^{\infty} f(\mu|x)d\mu}{\int\limits_{\mu_1}^{\mu_2} f(\mu|x)d\mu}.$$

$f(\mu|x)$ *ist die Dichtefunktion der Posteriorinormalverteilung mit* μ'' *und* σ''^2.

Ist z.B. die Prioriverteilung von $\mu \sim N(2; 0{,}2)$ *und die Daten* $\bar{x} = 4{,}8$, $n = 10$ *das Ergebnis einer einfachen Stichprobenrealisation mit* $X_i \sim N(\mu; 1)$, *dann ist die Posterioriverteilung von* $\mu \sim N(3{,}87; 0{,}067)$. *Für die Hypothesen* H_0: $\mu \in [3{,}9; 4{,}1]$ *und* H_1: $\mu \notin [3{,}9; 4{,}1]$ *ist der Posterioriwahrscheinlichkeitsquotient*

$$\lambda(\mu|x) = \frac{1 - [F(z_0) - F(z_u)]}{F(z_0) - F(z_u)}$$

mit $z_u = (3{,}9 - 3{,}87)/0{,}067^{1/2} = 0{,}12$ *und* $z_0 = (4{,}1 - 3{,}87)/0{,}067^{1/2} = 0{,}89$. *Aus der Standardnormalverteilung erhält man für* $F(0{,}12) = 0{,}5478$ *und für* $F(0{,}89) = 0{,}8133$. $\lambda(\mu|x)$ *ist daher 2,77. Da dieser Quotient größer ist als 1, wird die Alternativhypothese angenommen. Die Posterioriwahrscheinlichkeit für den Fehler 2. Art ist größer als die für den Fehler 1. Art.*

b) Punktnullhypothese

Für Situationen, in denen eine Punktnullhypothese H_0: $\vartheta = \vartheta_0$ tatsächlich sinnvoll ist, kann man den Posterioriwahrscheinlichkeitsquotienten wie folgt berechnen (s.S. 180):

$$\lambda(\vartheta|x) = \frac{1 - p_0}{p_0} \cdot \frac{\int_{\Theta} f(\vartheta) \cdot f(x|\vartheta)d\vartheta}{f(x|\vartheta_0)} = \frac{1 - p_0}{p_0} \cdot \frac{f_X(x)}{f(x|\vartheta_0)}.$$

p_0 ist die Prioriwahrscheinlichkeit für die Nullhypothese H_0: $\vartheta = \vartheta_0$ und $1 - p_0$ ist die Prioriwahrscheinlichkeit für $\vartheta \neq \vartheta_0$. Die Umformung der Apriorіinformation erfolgt also in zwei Teilen, nämlich einer diskreten Wahrscheinlichkeitszuordnung p_0 zu ϑ_0 gemeinsam mit einer Prioriverteilung $f(\vartheta)$ über $\vartheta \neq \vartheta_0$[3]).

Beispiel B-II-10

$X_1, \ldots, X_n$ *sei eine einfache Stichprobe mit* $X_i \sim N(\mu, 1)$. *Die Prioriwahrscheinlichkeit für* μ_0 *sei* p_0 *und die Prioridichte* $f(\mu)$ *für* $\mu \neq \mu_0$ *sei* $N(\mu', 1)$. *Der Posterioriwahrscheinlichkeitsquotient für eine Realisation dieser Stichprobe ist dann*

$$\lambda(\mu|x) = \frac{1 - p_0}{p_0} \cdot \frac{f_{\bar{X}}(\bar{x})}{f(\bar{x}|\mu_0)} = \frac{1 - p_0}{p_0} \cdot \frac{f_N(\bar{x}|\mu', \sigma^2(n'^{-1} + n^{-1}))}{f_N(\bar{x}|\mu_0, \sigma^2/n)} =$$

$$= \frac{1 - p_0}{p_0} \cdot (n + 1)^{-1/2} \cdot \exp\left\{-\frac{n}{2}\left[\frac{1}{n+1}(\bar{x} - \mu')^2 - (\bar{x} - \mu_0)^2\right]\right\}.$$

---

3) Von Jeffreys (1961) stammt der Vorschlag, Punktnullhypothesen in der dargestellten Art zu prüfen. Welchen Einfluß nichtinformative Prioriverteilungen auf diese Testform haben, findet man bei Bernardo (1980) beschrieben.

Wenn z. B. $\bar{x} = 4{,}8$ *der Durchschnitt der Realisation einer einfachen Stichprobe mit* $X_i \sim N(\mu; 1)$ *und* $n = 10$ *ist und die Prioriverteilung von* μ *normalverteilt ist mit* $\mu \sim N(2; 1)$, *dann ist* $\lambda(\mu|x)$ *für die Hypothesen* H_0: $\mu = 4$ *und* H_1: $\mu \neq 4$

$$\lambda(\mu|x) = \frac{1-p_0}{p_0} \cdot (10+1)^{-1/2} \cdot \exp\left\{-\frac{10}{2}\left[\frac{1}{11} \cdot (4{,}8-2)^2 - (4{,}8-4)^2\right]\right\} =$$

$$= \frac{1-p_0}{p_0} \cdot 0{,}21\,.$$

Wenn z. B. die Prioriwahrscheinlichkeit für die Nullhypothese gleich 0,5 *ist, dann wird die Nullhypothese nicht abgelehnt, da* $\lambda(\mu|x) = 0{,}21$ *kleiner* 1 *ist.*

5. Beziehungen zum klassischen Modell

a) Auswahlkriterium

In beiden Modellen werden die Fehlerwahrscheinlichkeiten als Kriterium für die Auswahl einer besten Testfunktion verwendet. Für die Anwendung dieses Kriteriums ist es jedoch im Rahmen des klassischen Modells notwendig, die Menge der möglichen Testfunktionen durch die Vorgabe eines Signifikanzniveaus auf die Teilmenge Δ_α einzuschränken. Im Bayes Modell ist diese Einschränkung nicht notwendig. Die LQ-Methode liefert im klassischen Modell selbst in der Menge Δ_α nicht immer zwingend gleichmäßig beste Testfunktionen. Im Bayes Modell hingegen erhält man mit Hilfe des Posterioriwahrscheinlichkeitsquotienten stets jene Testfunktion, für die das Bayes Risiko minimal ist.

b) Signifikanzniveau und Prioriwahrscheinlichkeitsquotient

Der Likelihoodquotient $\lambda(x)$ wird im klassischen Modell mit einer Konstanten k verglichen, im Bayes Modell mit dem reziproken Prioriwahrscheinlichkeitsquotienten $\lambda(\vartheta)$. Für das Signifikanzniveau, das die Konstante k im klassischen Modell eindeutig bestimmt, kann kein logisch zwingendes Verfahren angegeben werden. Der Prioriwahrscheinlichkeitquotient ist hingegen durch die Prioriwahrscheinlichkeiten für ϑ_i eindeutig festgelegt.

Beispiel B-II-11

Verwendet man eine einfache Stichprobe mit $X_i \sim N(\mu, \sigma^2)$, σ^2 *bekannt, zur Prüfung der einfachen Hypothesen* H_0: $\mu = \mu_0$ *und* H_1: $\mu = \mu_1$, $\mu_1 > \mu_0$, *so wird* H_0 *abgelehnt, wenn*

$$\lambda(x) = \frac{l(x|\mu_1)}{l(x|\mu_0)} = \frac{\exp[-\Sigma(x_i-\mu_1)^2/2\sigma^2]}{\exp[-\Sigma(x_i-\mu_0)^2/2\sigma^2]} > \frac{1}{\lambda(\mu)},$$

bzw.

$$\lambda(x) = \exp\{(n/2\sigma^2)[2\bar{x}(\mu_1-\mu_0) - (\mu_1^2-\mu_0^2)]\} > f(\mu_0)/(1-f(\mu_0)).$$

Durch Logarithmieren und Umformen erhält man aus dem letzten Ausdruck

$$\bar{x} > \frac{\sigma^2}{n} \cdot \frac{1}{(\mu_1 - \mu_0)} \cdot \ln\left(\frac{f(\mu_0)}{1 - f(\mu_0)}\right) + \frac{\mu_0 + \mu_1}{2} = k\,.$$

Die Testfunktion des Bayes Modells kann daher analog zu der des klassischen Modells geschrieben werden, nämlich

$$\delta(x) = \begin{cases} 0 & \text{für} \quad \bar{x} \leq k, \\ 1 & \text{für} \quad \bar{x} > k. \end{cases}$$

k *wird im Bayes Modell jedoch nicht durch die Vorgabe eines Signifikanzniveaus bestimmt, sondern durch die Prioriwahrscheinlichkeiten für* μ_i. *Für die numerischen Angaben* H_0: $\mu = 4$, H_1: $\mu = 5$, $f(\mu_0) = 0{,}8$; $f(\mu_1) = 0{,}2$ *und* $\sigma^2 = 1$ *sowie* $n = 10$ *und* $\bar{x} = 4{,}8$ *ist*

$$k = \frac{1}{10} \cdot \frac{1}{5-4} \cdot \ln\left(\frac{0{,}8}{0{,}2}\right) + \frac{4+5}{2} = 4{,}64\,.$$

Da $\bar{x} = 4{,}8 > 4{,}64$ *ist, wird* H_0: $\mu = 4$ *abgelehnt.*

c) Unterschiede in der Interpretation der Ergebnisse

Bei fehlender Aprioriinformation ist der Prioriwahrscheinlichkeitsquotient $\lambda(\vartheta)$ gleich eins und der Posterioriwahrscheinlichkeitsquotient $\lambda(\vartheta|x)$ daher gleich dem Likelihoodquotienten $\lambda(x)$. Obwohl in diesem Fall die numerischen Ergebnisse des klassischen Modells mit denen des Bayes Modells übereinstimmen, sind die Interpretationen verschieden. Im Bayes Modell werden Wahrscheinlichkeitsaussagen über Hypothesen gemacht, im klassischen Modell nur Aussagen über die relative Häufigkeit, mit der auf lange Sicht richtige Hypothesen abgelehnt werden.

Beispiel B-II-12

$\lambda(\mu)$, $\lambda(x)$ *und* $\lambda(\mu|x)$ *kann man für die numerischen Angaben des vorhergehenden Beispiels wie folgt berechnen:*

μ_j	$f(\mu_j)$	$l(\bar{x} = 4{,}8 \mid \mu_j)$	$f(\mu_j) \cdot l(\bar{x} = 4{,}8 \mid \mu_j)$	$f(\mu_j \mid \bar{x} = 4{,}8)$
4	0,8	0,0514	0,0411	0,1660
5	0,2	1,0329	0,2066	0,8340
	1,0		0,2477	1,0000

Stehen Apriori- und Stichprobeninformationen zur Verfügung, dann ist

$$\begin{aligned} \lambda(\mu|x) &= f(\mu_0|x)/f(\mu_1|x) = \\ &= 0{,}8340/0{,}1660 = \\ &= \lambda(\mu) \cdot \lambda(x) = \\ &= 0{,}25 \cdot 20{,}10 = 5{,}02\,. \end{aligned}$$

Da $5{,}02 > 1$ *ist, wird* H_1: $\mu = 5$ *angenommen. Bei fehlender Stichprobeninformation ist*

$$\lambda(\mu|x) = \lambda(\mu) \cdot 1 = 0{,}2/0{,}8 = 0{,}25\,.$$

Da in diesem Fall der Posterioriwahrscheinlichkeitsquotient kleiner 1 *ist, wird* H_0: $\mu = 4$ *angenommen. Bei vager Aprioriinformation d.h.* $f(\mu_0) = f(\mu_1)$, *ist*

$$\lambda(\mu|x) = 1 \cdot \lambda(x) = 1{,}0329/0{,}0514 = 20{,}10\,.$$

In diesem Fall ist der Posterioriwahrscheinlichkeitsquotient größer als 1 *und* H_1: $\mu = 5$ *wird daher angenommen. Dieses Ergebnis wird im Bayes Modell so interpretiert, daß man die Alternativhypothese wegen ihrer geringeren Fehlerwahrscheinlichkeit gegenüber der Nullhypothese vorzieht. Auch im klassischen Modell wird die Nullhypothese auf dem 1%igen Signifikanzniveau abgelehnt. Dies bedeutet jedoch nicht, daß die Fehlerwahrscheinlichkeit für die Alternativhypothese kleiner ist als für die Nullhypothese, sondern nur, daß man auf lange Sicht mit höchstens 1% Fehlentscheidungen rechnen muß.*

Aufgaben und weitere Ergebnisse

1) Zeigen Sie, daß von den drei kritischen Bereichen

$$C_1 = (4{,}7; \infty), \quad C_2 = (3{,}5; \infty), \quad C_3 = (5; \infty)$$

C_3 der beste ist, wenn man auf Grund einer Stichprobe mit $n = 1$, $X \sim N(\mu; 1)$ die Hypothesen H_0: $\mu = 4$ und H_1: $\mu = 5$ prüfen will und die Prioriwahrscheinlichkeiten $f(\mu_0) = 0{,}8$ und $f(\mu_1) = 0{,}2$ betragen.

2) X sei eine Stichprobe mit $n = 1$ und $X \sim N(\mu; 1)$. Die Prioriwahrscheinlichkeiten für die Hypothesen H_0: $\mu = 0$ und H_1: $\mu = 1$ sind 0,25 und 0,75. Zeigen Sie, daß die Summe der Risikoerwartungswerte für den besten kritischen Bereich $C = (-0{,}6; \infty)$ 0,1851 beträgt. Vergleichen Sie diesen kritischen Bereich mit dem des klassischen Modells für $\alpha = 0{,}25$. Wie groß ist die Summe der Risikoerwartungswerte des klassischen Bereiches?
(Antwort: 0,3417).

3) Zeigen Sie, daß zur Prüfung der einfachen Hypothesen H_0: $\vartheta = \vartheta_0$ und H_1: $\vartheta = \vartheta_1 > \vartheta_0$ über den Parameter ϑ einer Poissonverteilung

$$\lambda(\vartheta|x) = \frac{1 - f(\vartheta_0)}{f(\vartheta_0)} \cdot \left(\frac{\vartheta_1}{\vartheta_0}\right)^{\Sigma x_i} \cdot \exp[n(\vartheta_0 - \vartheta_1)]$$

der entsprechende Posterioriwahrscheinlichkeitsquotient ist.

4) Prüfen Sie, ob H_0: $\vartheta = 3$ oder H_1: $\vartheta = 4$ auf Grund folgender Angaben über den Parameter ϑ einer Poissonverteilung angenommen wird: $n = 5$, $\Sigma x_i = 10$ und $f(\vartheta_0) = f(\vartheta_1)$.
(Antwort: $\lambda(\vartheta|x) = 0{,}12$).

5) Zeigen Sie, daß zur Prüfung der einfachen Hypothesen H_0: $\vartheta = \vartheta_0$ und H_1: $\vartheta = \vartheta_1 > \vartheta_0$ über den Parameter ϑ einer Exponentialverteilung

$$\lambda(\vartheta|x) = \frac{1 - f(\vartheta_0)}{f(\vartheta_0)} \cdot \left(\frac{\vartheta_1}{\vartheta_0}\right)^{n} \cdot \exp[\Sigma x_i(\vartheta_0 - \vartheta_1)]$$

der entsprechende Posterioriwahrscheinlichkeitsquotient ist.

6) Die einseitigen Hypothesen über den Parameter einer Poissonverteilung sind H_0: $\lambda \leq 0{,}595$ und H_1: $\lambda > 0{,}595$. Der Aprioriinformation über λ entspricht eine Gammaverteilung mit $x' = 2$ und $n' = 4$. Die Realisation einer einfachen Stichprobe im Umfang $n = 16$ liefert $\bar{x} = 0{,}5$. Zeigen Sie, daß die Posterioriwahrscheinlichkeit für H_0 0,75 ist. Benützen Sie dabei folgende Beziehung zwischen Gamma- und χ^2-Verteilung:

$$F_\Gamma(\lambda|x, n) = F_{\chi^2}(f|\nu)$$

mit $f = 2n\lambda$ und $\nu = 2x$.

7) Aus der Realisation einer einfachen Stichprobe im Umfang $n = 9$ mit $X_i \sim N(\mu, \sigma^2)$ erhält man $\bar{x} = 86$ und $s^2 = 25$. Die Aprioriinformationen über $\vartheta = (\mu, \sigma^2)$ entsprechen einer Gamma-Normalverteilung mit $\mu' = 8$, $s'^2 = 100$, $n' = 1$ und $\nu = 3$. Prüfen Sie auf Grund dieser Informationen die einseitigen Hypothesen H_0: $\mu \leq 85$ gegen H_1: $\mu > 85$.
(Antwort: $\lambda(\mu|x) = 0{,}57/0{,}43 = 1{,}36$).

8) X sei binomialverteilt. Die Prioriwahrscheinlichkeit für H_0: $\pi = 1/2$ ist p_0 und für H_1: $\pi \neq 1/2$ sei sie gleichverteilt im Intervall (0; 1). Zeigen Sie, daß die Posterioriwahrscheinlichkeit für H_0: $\pi = 1/2$ genau dann größer ist als p_0, wenn

$$\binom{n}{x} \cdot (1/2)^n > 1/(n+1)$$

ist (s. Beaumont (1980) S. 170).

9) X hat die Dichtefunktion $f(x|\vartheta) = \vartheta \exp(-\vartheta x)$. Die Prioriwahrscheinlichkeit für H_0: $\vartheta = \vartheta_0$ ist p_0 und für H_1: $\vartheta \neq \vartheta_0$ sei sie $f(\vartheta) = \exp(-\vartheta)$, $\vartheta > 0$. Die Posterioriverteilung ist daher

$$f(\vartheta|x) = \int_0^\infty \vartheta \exp(-\vartheta x) \cdot \exp(-\vartheta) d\vartheta = 1/(x+1)^2 .$$

Zeigen Sie, daß

$$\lambda(\vartheta|x) = (1 - p_0)/p_0 \cdot [(x+1)^2 \cdot \vartheta_0 \cdot \exp(-\vartheta_0 \cdot x)]$$

der entsprechende Posterioriwahrscheinlichkeitsquotient ist (s. Beaumont (1980) S. 170).

10) Zwischen den einseitigen Hypothesen H_0: $\mu \leq 4$, H_1: $\mu > 4$ ist auf Grund folgender Informationen zu entscheiden $[X_i \sim N(\mu; 1)]$:

$$\mu' = 2, \quad \sigma'^2 = 0{,}2, \quad n = 10, \quad \bar{x} = 4{,}8 .$$

Zeigen Sie, daß bei fehlender Apriorinformation H_0 abgelehnt und bei fehlender Stichprobeninformation H_0 angenommen wird.

III. Intervallschätzverfahren

1. Intervallschätzfunktion des Bayes Modells

a) Familie von Bayes Intervallen

Die Intervallschätzfunktion des Bayes Modells hängt nicht nur von der Stichprobe, sondern auch von der Prioriverteilung des Parameters ϑ ab. Die Posterioriverteilung enthält beide Informationen. Eine Familie von Bayes Intervallen zum Niveau $1-\alpha$ ist gegeben, wenn das Intervall (T_u, T_0) den unbekannten Parameter mit der Posterioriwahrscheinlichkeit von mindestens $1-\alpha$ enthält[1]), d.h.

$$W\{\vartheta \in (T_u, T_0)\} \geq 1-\alpha .$$

Für die Bestimmung der Obergrenze T_0 und der Untergrenze T_u des Intervalls gilt daher die Bedingung

$$F_{\vartheta|x}(T_0) - F_{\vartheta|x}(T_u) \geq 1-\alpha .$$

Die Wahrscheinlichkeit, daß der unbekannte Parameter höchstens T_0 ist, muß mindestens $1-\alpha$ sein, minus der Wahrscheinlichkeit, daß er höchstens T_u ist. $F_{\vartheta|x}(T_0)$ bzw. $F_{\vartheta|x}(T_u)$ ist die Verteilungsfunktion der Posterioriverteilung für die Argumente T_0 bzw. T_u.

Beispiel B-III-1

Steht die Realisation einer einfachen Stichprobe mit $X_i \sim N(\mu, \sigma^2)$, σ^2 *bekannt, und die Aprioriinformationen über* μ *in Form einer konjugierten Priorinormalverteilung zur Verfügung, dann ist bekanntlich auch die Posterioriverteilung eine Normalverteilung. Wenn man das* $(\alpha/2)$*-te Quantil dieser Posteriorinormalverteilung als Untergrenze* T_u *und das* $(1-\alpha/2)$*-te Quantil als Obergrenze* T_0 *nimmt, dann ist* (T_u, T_0) *ein Bayes Intervall für* μ *zum Niveau* $1-\alpha$*. Mit Hilfe der Standardnormalverteilung kann man diese Quantile wie folgt bestimmen:*

$$T_u = \mu'' - z_{1-\alpha/2} \cdot \sigma'',$$
$$T_0 = \mu'' + z_{1-\alpha/2} \cdot \sigma''.$$

$z_{1-\alpha/2}$ *ist das* $(1-\alpha/2)$*-te Quantil der Standardnormalverteilung.*

Wenn z.B. $\bar{x} = 4{,}8$ *der Durchschnitt aus der Realisation einer einfachen Stichprobe mit* $X_i \sim N(\mu, 1)$ *und* $n = 10$ *ist und die Aprioriinformation durch eine Normalverteilung gegeben ist mit* $\mu' = 2$ *und* $\sigma'^2 = 0{,}2$*, dann sind die Grenzen eines 95 % Intervalls durch das 2,5-te und 97,5-te Perzentil der Posteriorinormalverteilung bestimmt. Für die Parameter* $\mu'' = 3{,}87$ *und* $\sigma^2 = 0{,}067$ *sind*

$$T_u = 3{,}87 - 1{,}96 \cdot 0{,}067^{1/2} = 3{,}36,$$
$$T_0 = 3{,}87 + 1{,}96 \cdot 0{,}067^{1/2} = 4{,}38$$

---

1) Bayes Intervalle findet man im deutschsprachigen Schrifttum beschrieben z. B. bei Schmetterer (1966), Schönfeld (1971), Stange (1977).

die Perzentile dieser Posteriorinormalverteilung. Ein Bayes Intervall zum Niveau 0,95 *ist also*

$$\delta_1 = (3{,}36;\, 4{,}38)\,.$$

Weitere Intervalle zum selben Niveau erhält man, wenn man z. B. das 1*-te und* 96*-te Perzentil der Posteriorinormalverteilung nimmt. Das entsprechende Intervall ist*

$$\delta_2 = (3{,}27;\, 4{,}32)\,.$$

Das 4,5*-te und* 99,5*-te Perzentil liefert ein weiteres Intervall zum selben Niveau, nämlich*

$$\delta_3 = (3{,}43;\, 4{,}53)\,.$$

$\delta_1, \delta_2, \delta_3$ *sind Beispiele für Elemente aus der Menge der möglichen Intervallschätzfunktionen zum Niveau* 0,95.

b) Niveauvorgabe auch im Bayes Modell

Im klassischen Modell sind die Intervallschätzverfahren ein Spezialfall der Testverfahren. Dies gilt auch für das Bayes Modell: Die mit der Prioriwahrscheinlichkeit für H_0 gewichtete Wahrscheinlichkeit für den Fehler 1. Art α_r ist im Rahmen der Intervallschätzverfahren die gewichtete Wahrscheinlichkeit für das Nichtenthaltensein des wahren Parameters ϑ im Schätzintervall. Analog ist β_r die gewichtete Wahrscheinlichkeit für das Enthaltensein eines falschen Parameters.

Im Bayes Modell besteht zwischen Test- und Intervallschätzverfahren aber auch ein wesentlicher Unterschied. Bei den Testverfahren muß im klassischen Modell die Menge der möglichen Verfahren durch die Vorgabe eines Niveaus auf eine Teilmenge eingeschränkt werden, um gleichmäßig beste Testfunktionen zu finden. Im Bayes Modell ist eine Einschränkung bei den Testverfahren nicht erforderlich. Für Intervallschätzverfahren wird hingegen, so wie im klassischen Modell, das Niveau $1-\alpha$ vorgegeben. Damit ist die Wahrscheinlichkeit für das Enthaltensein des wahren Parameters ϑ im Schätzintervall fixiert. In der eingeschränkten Menge $\Delta_{1-\alpha}$ sucht man wie im klassischen Modell jene Intervallschätzfunktionen, für die die Überdeckungswahrscheinlichkeit eines falschen Parameters minimal ist. Diese Forderung ist im Bayes Modell jener nach minimaler Intervallänge äquivalent.

Beispiel B-III-2

Für den unbekannten Parameter μ *mit der Posteriorinormalverteilung* $\mu \sim N(3{,}87;\, 0{,}067)$ *sind*

$$\delta_1 = (3{,}36;\, 4{,}38),$$
$$\delta_2 = (3{,}27;\, 4{,}32),$$
$$\delta_3 = (3{,}43;\, 4{,}53),$$

drei Bayes Intervalle (s. Bsp. B-III-1). Sie haben alle das gleiche Niveau 0,95. *Die Intervallängen sind jedoch verschieden. Mit* 1,02 *hat* δ_1 *minimale Intervallänge.*

2. HPD – Intervalle

a) Minimale Intervallänge

Intervallschätzfunktionen mit gleichmäßig minimaler Intervallänge erhält man durch die Forderung, daß

$$f(\vartheta | x) \geq f(\vartheta' | x)$$

ist, für jedes ϑ aus $[T_u, T_0]$ und jedes ϑ' nicht in $[T_u, T_0]$. Intervalle, die dieser Forderung entsprechen, heißen HPD-Intervalle. HPD ist die Abkürzung für „höchste-posteriori-Dichte".

Ein HPD-Intervall zum Niveau $1 - \alpha$ liegt also vor, wenn die Posterioriwahrscheinlichkeit oder Posterioridichte für jeden Parameter $\vartheta \in [T_u, T_0]$ mindestens so groß ist wie die Posterioriwahrscheinlichkeit oder -dichte für jeden Parameter $\vartheta' \notin [T_u, T_0]$. Aus der Definition folgt, daß HPD-Intervalle minimale Intervallängen aufweisen (vgl. Box, Tiao (1973) S.122).

b) HPD Intervalle für symmetrische Verteilungen

Für symmetrische Verteilungen, wie die Normal- oder Studentverteilung, ist die Berechnung von HPD-Intervallen einfach. Ist $1 - \alpha$ das Niveau, so ist das $(\alpha/2)$-te Quantil der Posterioriverteilung die Untergrenze des Intervalls und das $(1 - \alpha/2)$-te Quantil die Obergrenze (s. S. 180): Unter- und Obergrenze werden daher so bestimmt, daß gilt

$$F_{\vartheta|x}(T_u) = \alpha/2,$$
$$F_{\vartheta|x}(T_0) = 1 - \alpha/2.$$

Beispiel B-III-3

Wenn $f_T(\mu | \mu', s'^2/n', \nu') = f_T(\mu | 2; 0{,}2; 4)$ *die Dichtefunktion der Prioristudentverteilung von* μ *ist mit einem Gewicht von* $n' = 5$ *und* $\bar{x} = 4{,}8$, $s^2 = 4$ *die Stichprobenstatistiken aus der Realisation einer einfachen Stichprobe mit* $X_i \sim N(\mu, \sigma^2)$ *und* $n = 10$, *dann sind die Intervallgrenzen eines HPD-Intervalls zum Niveau* 0,95 *für den unbekannten Parameter* μ

$$T_u = \mu'' + t_{\alpha/2;\nu''} \cdot (s''^2/n'')^{1/2} = 3{,}87 - 2{,}145(5{,}0/15)^{1/2} = 2{,}63,$$
$$T_0 = \mu'' + t_{1-\alpha/2;\nu''} \cdot (s''^2/n'')^{1/2} = 3{,}87 + 2{,}145(5{,}0/15)^{1/2} = 5{,}11.$$

2,145 *ist das* 97,5-*te und* −2,145 *das* 2,5-*te Perzentil der Studentverteilung für* $\nu'' = 14$ *Freiheitsgrade.*

$$\mu'' = n''^{-1} \cdot (n' \cdot \mu' + n \cdot \bar{x}) = 15^{-1} \cdot (5 \cdot 2 + 10 \cdot 4{,}8) = 3{,}87,$$
$$n'' = 15, \ \nu'' = \nu' + n = 4 + 10 = 14,$$
$$s''^2 = \nu''^{-1} \cdot [\nu' \cdot s'^2 + n \cdot s^2 + (1/n' + 1/n)^{-1}(\bar{x} - \mu')^2] =$$
$$= 14^{-1} \cdot [4 \cdot 1 + 10 \cdot 4 + (1/15 + 1/10)^{-1} \cdot (4{,}8 - 2)^2] = 5{,}0,$$
$$s'^2 = 0{,}2 \cdot 5 = 1.$$

Mit einer Wahrscheinlichkeit von 95 % liegt der unbekannte Parameter μ im Intervall [2,63; 5,11]. *Die Länge dieses Intervalls ist im Hinblick auf alle anderen Intervallschätzfunktionen für μ minimal.*

c) HPD Intervalle für nichtsymmetrische Verteilungen

Bei nichtsymmetrischen Verteilungen wie den F- und Betaverteilungen, ist die Berechnung von HPD-Intervallen schwieriger und oft nur auf iterativem Wege möglich[2]). Auch bei nichtsymmetrischen Verteilungen ist

$$\alpha = \int_{-\infty}^{T_u} f(\vartheta|x)d\vartheta + \int_{T_0}^{\infty} f(\vartheta|x)d\vartheta$$

T_u und T_0 sind Ordinatenwerte der entsprechenden Verteilung, die so bestimmt werden, daß sie gleich groß sind, also

$$f_{\vartheta|x}(T_u) = f_{\vartheta|x}(T_0).$$

Beispiel B-III-4

Für $n'' = 15$ *und* $x'' = 3$ *ist z.B.*

$$(0{,}0139;\ 0{,}4829),$$

ein HPD-Intervall zum Niveau 0,99 *für den unbekannten Parameter π, da*

$$\alpha = 0{,}01 = \int_{0}^{0{,}0139} f(\pi|x)d\pi + \int_{0{,}4829}^{1} f(\pi|x)d\pi = \\ = 0{,}0009 + 0{,}0091.$$

Das 0,5-*te und* 99,5-*te Perzentil der entsprechenden Betaverteilung liefern ebenfalls ein Intervall zum Niveau* 0,99 *für π, aber kein HPD-Intervall. Dieses Intervall ist*

$$(0{,}0257;\ 0{,}5123),$$

da

$$\alpha = 0{,}01 = \int_{0}^{0{,}0257} f(\pi|x)d\pi + \int_{0{,}5123}^{1} f(\pi|x)d\pi = \\ = 0{,}005 + 0{,}005.$$

Die Länge dieses Intervalls ist um 1,76 Prozentpunkte größer als die des HPD-Intervalls.

Die Konstruktion von HPD-Intervallen ist nicht möglich, wenn die Posterioriverteilung einer Gleichverteilung folgt. Auch bei mehrmodalen Posterioriverteilungen können Schwierigkeiten auftreten: Das Bayes Intervall muß nicht aus einem einzigen verbundenen Intervall bestehen, sondern kann sich aus mehreren unverbundenen Teilintervallen zusammensetzen (vgl. Barnett (1982) S. 201).

---

2) Tabellen für HPD Intervalle findet man in Kleiter (1981) für die χ^2-, F- und Betaverteilung.

3. Beziehungen zum klassischen Modell

a) HPD Intervalle und unverzerrte Konfidenzintervalle

Auch im Bayes Modell beschränkt man sich bei der Suche nach einer besten Intervallschätzfunktion auf die Teilmenge jener Schätzfunktionen, die den unbekannten Parameter mit einer vorgegebenen Wahrscheinlichkeit von mindestens $1-\alpha$ überdecken. So wie im klassischen Modell reicht diese Einschränkung nicht aus, um eine beste Intervallschätzfunktion zu identifizieren. Der weiteren Reduktion auf die Teilmenge der unverzerrten Intervallschätzfunktionen im klassischen Modell entspricht im Bayes Modell jene auf die Teilmenge der HPD-Intervalle.

b) Interpretation von Bayes- und Konfidenzintervallen

Die Länge des Bayes Intervalls erreicht höchstens die des klassischen Konfidenzintervalls. Bei nichtvager Aprioriinformation ist die Länge des Bayes Intervalls geringer als die des klassischen. Da bei nichtinformativer Aprioriinformation die Posterioridichte gleich der Likelihoodfunktion ist, stimmen zwar in diesem Fall dic numerischen Intervallgrenzen überein, die Interpretationen sind jedoch verschieden. Vor der Realisation einer Stichprobe ist nicht nur das Bayes Intervall ein Zufallsintervall, das den unbekannten Parameter mit der Wahrscheinlichkeit von mindestens $1-\alpha$ überdeckt, sondern auch das klassische. Nach der Realisation der Stichprobe kann man das Niveau $1-\alpha$ des Bayes Intervalls weiterhin als Wahrscheinlichkeit interpretieren, daß ϑ im Intervall liegt. Für das klassische Konfidenzintervall gilt das bekanntlich nicht. Im klassischen Modell interpretiert man $1-\alpha$ als den Anteil der realisierbaren Konfidenzintervalle, die auf lange Sicht den unbekannten Parameter ϑ überdecken werden.

Beispiel B-III-5

Wenn $\mu' = 2$ *und* $\sigma'^2 = 0{,}2$ *die Parameter der Priorinormalverteilung von* μ *sind, dann ist das Bayes Intervall zum Niveau* 0,95 *für* μ *vor der Realisation einer einfachen Stichprobe, durch folgende Grenzen bestimmt:*

$$T_u = 2 - 1{,}96 \cdot 0{,}2^{1/2} = 1{,}12\,,$$
$$T_0 = 2 + 1{,}96 \cdot 0{,}2^{1/2} = 2{,}88\,.$$

Mit der Wahrscheinlichkeit von 95 % liegt der unbekannte Parameter μ *im Intervall* [1,12; 2,88]. *Auch für das klassische Konfidenzintervall gilt vor der Realisation einer einfachen Stichprobe im Umfang von* $n = 10$ *und* $X_i \sim N(\mu, 1)$ *folgende Aussage: Mit der Wahrscheinlichkeit von 95 % liegt der unbekannte Parameter* μ *im Intervall* $[\bar{X} - 1{,}96 \cdot 10^{-1/2}; \bar{X} + 1{,}96 \cdot 10^{-1/2}]$. *Nach der Realisation der einfachen Stichprobe mit* $\bar{x} = 4{,}8$ *ist das klassische Konfidenzintervall gegeben durch* [4,18; 5,42]. *Auf lange Sicht werden* 95 *von* 100 *der so berechneten Konfidenzintervalle den wahren Parameter* μ *überdecken. Das aus der Posteriorinormalverteilung berechnete Bayes Intervall* [3,36; 4,38] *besagt, daß der unbekannte Parameter* μ *mit einer Wahrscheinlichkeit von 95 % in diesem Intervall liegt.*

Aufgaben und weitere Ergebnisse

1) Die Realisation einer einfachen Stichprobe mit $n = 10$ und $X_i \sim P(\lambda)$ liefert $\bar{x} = 2{,}7$. Die Aprioriinformation über λ entspricht einer Gammaverteilung mit $x' = 7$ und $n' = 2$. Berechnen Sie ein Bayes Intervall zum Niveau 0,9 für λ, wobei Sie den Zusammenhang zwischen Gamma- und χ^2-Verteilung berücksichtigen:

$$[\chi^2_{1-\alpha/2;\nu}/2n''; \quad \chi^2_{\alpha/2;\nu}/2n'']$$

$\nu = 2x''$
(Antwort: (2,084; 3,681)).

2) Bestimmen Sie im vorhergehenden Beispiel ein Bayes Intervall zum Niveau 0,9 für λ unter der Voraussetzung nichtinformativer Aprioriinformation.
(Antwort: (1,903; 5,818)).

3) Für eine einfache Stichprobe mit $X_i \sim N(\mu, \sigma^2)$, μ bekannt, und einer gammaverteilten Prioriverteilung von σ^2 ist die Posterioriverteilung ebenfalls gammaverteilt mit $\sigma''^2 = \nu''^{-1} \cdot [\nu' \cdot \sigma'^2 + n \cdot \Sigma(x_i - \mu)^2]$ und $\nu'' = \nu' + n$. Zeigen Sie, daß

$$[(\nu'' \cdot \sigma''^2/\chi^2_{1-\alpha/2;\nu''}); \quad (\nu'' \cdot \sigma''^2/\chi^2_{\alpha/2;\nu''})]$$

ein Bayes Intervall für σ^2 ist. Berücksichtigen Sie, daß $F_\Gamma(\sigma^2|\nu) = \sigma^2 \cdot \nu/(1 - F_{\chi^2;\nu})$ ist.

4) Berechnen Sie für σ^2 ein Bayes Intervall $(T_{u;\alpha/2}; T_{0;1-\alpha/2})$ zum Niveau 0,90, wenn $\sigma'^2 = 16$, $\nu' = 12$, $s^2 = 30$ und $n = 10$ ist. Vergleichen Sie dieses Intervall mit dem HPD-Intervall zum selben Niveau.
(Antwort: $[12{,}32; 39{,}88]_{\alpha/2}$, $[14{,}10; 38{,}57]_{HPD}$).

5) Für eine einfache Stichprobe mit $X_i \sim N(\mu, \sigma^2)$ und eine gamma-normalverteilte Prioriverteilung von μ und σ^2 ist die gemeinsame Posterioriverteilung ebenfalls gamma-normalverteilt und die Randverteilung für σ^2 gammaverteilt. Zeigen Sie, daß

$$[(\nu'' \cdot s''^2/\chi^2_{1-\alpha/2;\nu''}); \quad (\nu'' \cdot s''^2/\chi^2_{\alpha/2;\nu''})]$$

ein entsprechendes Bayes Intervall zum Niveau $1 - \alpha$ für σ^2 ist.

6) Aus der Realisation einer einfachen Stichprobe mit $n = 6$ und $X_i \sim N(\mu, 100)$ erhält man $\bar{x} = 63$. Berechnen Sie ein HPD Intervall für μ zum Niveau 0,95, wenn als Prioriverteilung $\mu \sim N(50; 25)$ vorausgesetzt werden kann.
(Antwort: (51,6; 64,0)).

7) Zeigen Sie, daß für eine einfache Stichprobe mit $X_i \sim N(\mu, \sigma^2)$ und eine Prioridichte von μ

$$f(\mu) = 1/(b - a) \quad \text{für} \quad a \leq \mu \leq b$$

die Posterioriverteilung von μ folgende Form hat:

$$f(\mu|x) = k \cdot \exp[-n(\mu - \bar{x})^2/2\sigma^2]$$

$$\text{mit } k = (2\pi\sigma^2)^{-1/2} \cdot n^{1/2} \cdot \left[F_N\left(\frac{b - \bar{x}}{\sigma/n^{1/2}}\right) - F_N\left(\frac{a - \bar{x}}{\sigma/n^{1/2}}\right)\right]^{-1}.$$

8) Aus der Realisation einer einfachen Stichprobe mit $X_i \sim N(\mu, \sigma^2)$ erhält man $n = 99$, $\bar{x} = 86$ und $\hat{s}^2 = 25$. Berechnen Sie für μ ein HPD-Intervall zum Niveau 0,95 unter der Voraussetzung, daß die Prioriverteilung gamma-normalverteilt ist mit den Parametern $\mu' = 80$, $s'^2 = 100$, $n' = 1$ und $\nu' = 3$.
(Antwort: (84,9; 87,0)).

9) X sei gleichverteilt im Intervall $(0; \vartheta)$ und die Prioriverteilung von ϑ ist $1/\vartheta^2$ für $\vartheta > 1$. Da $f(x|\vartheta) = 1/\vartheta$, ist die gemeinsame Verteilung von X und ϑ $f(x, \vartheta) = 1/\vartheta^3$, $0 \leq x \leq \vartheta > 1$ und

die Randverteilung von X, wenn $x > 1$, $f_X(x) = \int_x^\infty (1/\vartheta^3)d\vartheta = 1/2x^2$. Die Posterioriverteilung von ϑ für $x = x_1$ ist $f(\vartheta|x = x_1) = (1/\vartheta^3)/(1/2x_1^2) = 2x_1^2/\vartheta^3$. Zeigen Sie, daß $(x_1; x_1/\alpha^{1/2})$ ein HPD Intervall zum Niveau $1-\alpha$ für ϑ ist (s. Beaumont (1980) S.174).

10) $\bar{x} = 670$ ist das Ergebnis einer Stichprobenrealisation mit $n = 50$ und $X_i \sim N(\mu, 20^2)$. Berechnen Sie ein HPD-Intervall für μ zum Niveau 0,95 und für vage Vorinformationen. (Antwort: (664,5; 675,5)).

11) $X_1, \ldots, X_n$ sei eine einfache Stichprobe mit $X_i \sim N(\mu, 1)$ und die Prioriverteilung von μ sei $N(0; 1)$. Zeigen Sie, daß

$$[n \cdot \bar{x}/(n+1) - z_{1-\alpha/2}/(n+1)^{1/2}; \quad n \cdot \bar{x}/(n+1) + z_{1-\alpha/2}/(n+1)^{1/2}]$$

ein Bayes Intervall zum Niveau $1-\alpha$ für μ ist. Vergleichen Sie dieses Intervall mit dem klassischen Konfidenzintervall für μ hinsichtlich der Intervallänge.

12) Für eine einfache Stichprobe mit $X_i \sim B(1; \pi)$ und eine Prioribetaverteilung ist die Posterioriverteilung auch betaverteilt. Berechnen Sie für die Realisation einer einfachen Stichprobe mit $n = 10$ und $x = 1$ sowie einer Prioribetaverteilung mit $n' = 10$ und $x' = 4$ ein HPD-Intervall zum Niveau 0,95. Vergleichen Sie dieses mit dem Intervall $[T_{u,\alpha/2}; T_{0,1-\alpha/2}]$. (Antwort: $[0{,}0781; 0{,}4360]_{HPD}$, $[0{,}0915; 0{,}4555]_{\alpha/2}$).

13) Zwischen der Betaverteilung und der F-Verteilung besteht folgender Zusammenhang: (vgl. Raiffa, Schlaifer 1961):

$$F_{Be}(\pi|x, n-x) = F_F(f|\nu_1 = 2x, \nu_2 = 2(n-x))$$

mit $f = \nu_2 \cdot \pi/\nu_1 \cdot (1-\pi)$. Zeigen Sie, daß die Bayes'schen Intervallgrenzen für π zum Niveau $1-\alpha$ mit Hilfe der F-Verteilung wie folgt berechnet werden können:

$$T_u = \nu_1/(\nu_1 + \nu_2 \cdot F_{1-c_1,\nu_2,\nu_1}); \quad \nu_1 = 2x, \ \nu_2 = 2(n-x),$$
$$T_0 = \nu_1 \cdot F_{1-c_2,\nu_1,\nu_2}/(\nu_2 + \nu_1 \cdot F_{1-c_2,\nu_1,\nu_2}),$$
$$c_1 + c_2 = \alpha.$$

14) Berechnen Sie mit Hilfe der F-Verteilung die Intervallgrenzen in Aufgabe 12 für $c_1 = c_2 = \alpha/2$.

IV. Punktschätzverfahren

1. Bayes'sche Punktschätzfunktion

a) Funktionen der Posterioriverteilung

Im Bayes Modell verwendet man zur Schätzung des unbekannten Parameters ϑ Stichproben- und Aprioriinformationen. Da Apriori- und Stichprobeninformationen in der Posterioriverteilung enthalten sind, bezeichnet man Funktionen dieser Verteilung als Punktschätzfunktionen für den unbekannten Parameter ϑ.

Beispiel B-IV-1

$x = 0$ *sei die Realisation einer einfachen Stichprobe mit* $X_i \sim B(1, \pi)$ *und* $n = 3$. *Enthält der Parameterraum nur die drei Werte* 0,10; 0,15 *und* 0,20 *mit den Prioriwahrscheinlichkeiten* 0,2; 0,3 *und* 0,5, *dann sind die entsprechenden Posterioriwahrscheinlichkeiten in der letzten Spalte der folgenden Tabelle enthalten:*

π_j	$f(\pi_j)$	$l(x = 0 \mid \pi_j)$	$f(\pi_j) \cdot l(x = 0 \mid \pi_j)$	$f(\pi_j \mid x = 0)$
0,10	0,20	0,7290	0,1458	0,2488
0,15	0,30	0,6141	0,1842	0,3144
0,20	0,50	0,5120	0,2560	0,4368
	1,00		0,5860	1,0000

Mögliche Punktschätzfunktionen für den unbekannten Parameter π *sind z. B. der Erwartungswert, der Zentralwert und der Modus dieser Posterioriverteilung. Die entsprechenden numerischen Werte sind*

$$\delta_1 = E(\pi \mid x) = 0{,}159,$$
$$\delta_2 = \mathrm{Med}(\pi \mid x) = 0{,}150,$$
$$\delta_3 = \mathrm{Mod}(\pi \mid x) = 0{,}200.$$

Aus der Menge der möglichen Punktschätzfunktionen

$$\Delta = \{\delta_1, \delta_2, \delta_3 \ldots\}$$

sind $\delta_1, \delta_2, \delta_3$ *drei Elemente. Die Posterioriwahrscheinlichkeiten für* $x = 0$ *aber auch für die anderen möglichen Stichprobenrealisationen* $x = 1, 2, 3$ *sind aus dem Wahrscheinlichkeitsbaum Figur 24 ablesbar.*

b) Punktschätzfunktion mit minimalem Bayes Risiko

Auch im Bayes Modell kann man wie im klassischen Modell als Beurteilungskriterium für eine Punktschätzfunktion ihr mittleres Fehlerquadrat verwenden. Dieses Fehlerquadrat, dem implizit eine quadratische Schadenfunktion entspricht, wird jedoch noch mit der Prioriverteilung des zu schätzenden Parameters ϑ gewichtet. Das Bayes Risiko (oder auch der Risikoerwartungswert) einer Punktschätzfunktion ist daher

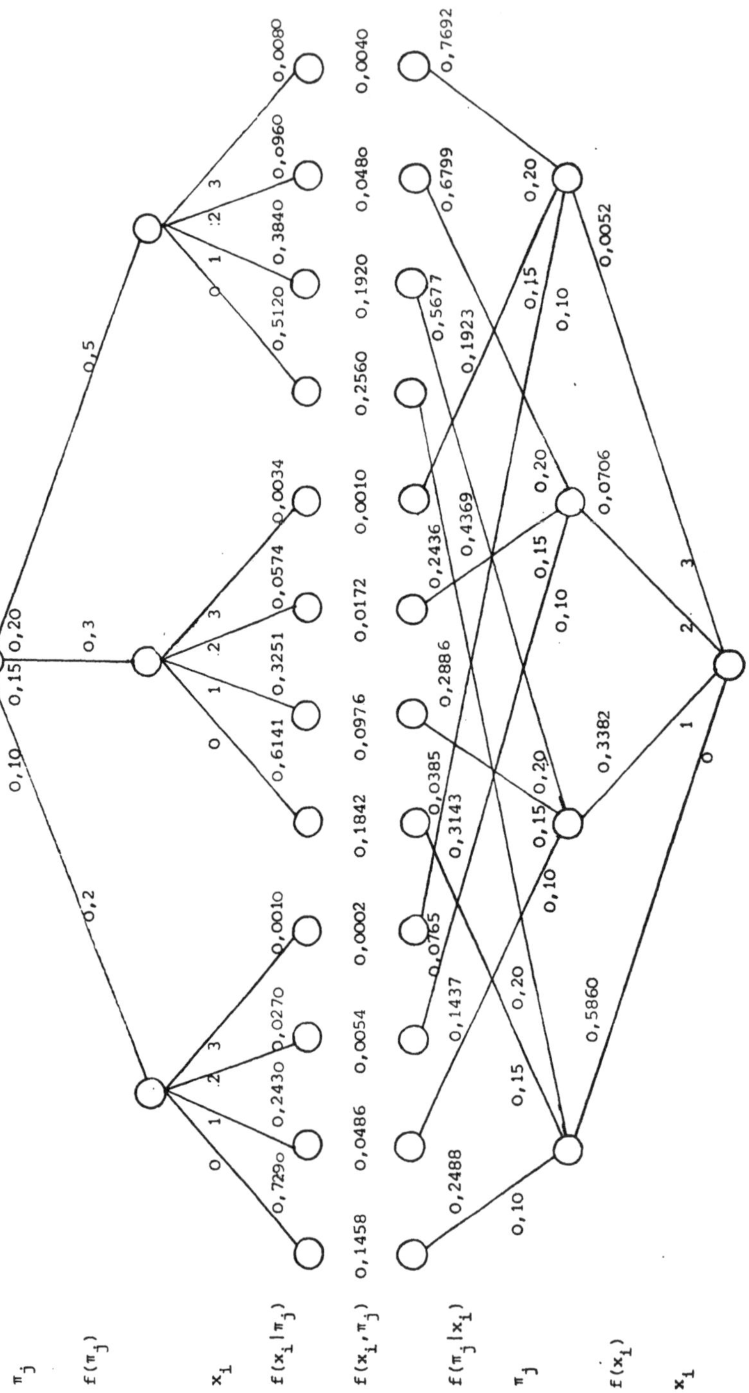

Figur 24: Wahrscheinlichkeitsbaum für die Ermittlung der Posterioriwahrscheinlichkeiten des Punktschätzproblems

$$B(\delta) = E_\vartheta[r(\delta, \vartheta)] = \int_\Theta r(\delta, \vartheta)\,dF(\vartheta) =$$
$$= \int_\Theta \int_{\mathfrak{X}} (\delta(x) - \vartheta)^2\,dF(x|\vartheta)\,dF(\vartheta).$$

Beste Punktschätzfunktion ist jene mit minimalem Bayes Risiko.

Beispiel B-IV-2

Der unbekannte Parameter $\pi \in \{0{,}10; 0{,}15; 0{,}20\}$ *soll auf Grund einer einfachen Stichprobe mit* $X_i \sim B(1, \pi)$ *und* $n = 3$*, sowie den für die Parameter im vorhergehenden Beispiel angegebene Prioriwahrscheinlichkeiten geschätzt werden. Als Punktschätzfunktionen werden die drei Schätzfunktionen (s. Bsp. A-IV-2)*

$$\delta_1 = n^{-1} \cdot \Sigma X_i, \quad \delta_2 = n^{-1} \cdot X_{[(n+1)/2]}, \quad \delta_3 = 0{,}15,$$

sowie der Erwartungswert der Posterioriverteilung als 4*-te Schätzfunktion verwendet. Für diese* 4*-te Schätzfunktion ist der Schätzwert für die Stichprobenrealisation* $x = 0$ *gleich* 0,159 *(Bsp. B-IV-1). Die Schätzwerte für die weiteren möglichen Realisationen sind*

$$E(\pi|x) = \begin{cases} 0{,}159 & \text{für} \quad x = 0 \\ 0{,}171 & \text{für} \quad x = 1 \\ 0{,}180 & \text{für} \quad x = 2 \\ 0{,}186 & \text{für} \quad x = 3. \end{cases}$$

In folgender Tabelle sind die Risikowerte und Risikoerwartungswerte für die 4 Schätzfunktionen angeführt:

$r(\delta_i, \pi_j)$	$\pi_1 = 0{,}10$	$\pi_2 = 0{,}15$	$\pi_3 = 0{,}20$	$B(\delta_i)$
δ_1	0,0300	0,0425	0,0533	0,0454
δ_2	0,0112	0,0232	0,0377	0,0281
δ_3	0,0025	0,0000	0,0025	0,0018
δ_4	0,0040	0,0003	0,0012	0,0015
$f(\pi_j)$	0,2000	0,3000	0,5000	

Die Risikoerwartungswerte werden wie folgt berechnet: Für δ_1 *ist er z. B.*

$$B(\delta_1) = E_\pi[r(\delta_1, \pi)] = 0{,}0300 \cdot 0{,}2 + 0{,}0425 \cdot 0{,}3 + 0{,}0533 \cdot 0{,}5 = 0{,}0454.$$

Ausführlicher sieht die Berechnung folgendermaßen aus:

$$B(\delta_1) = E_\pi\{E_{x|\pi}[s(\delta_1(X), \pi)]\} = \sum_{\pi \in \Phi} \sum_{x \in \mathfrak{X}} (\delta_1(x) - \pi)^2 \cdot f(x|\pi) \cdot f(\pi) =$$
$$= [\delta_1(0) - 0{,}10]^2 \cdot f(x = 0|0{,}10) \cdot f(0{,}10) +$$
$$+ [\delta_1(1) - 0{,}10]^2 \cdot f(x = 1|0{,}10) \cdot f(0{,}10) + \ldots +$$
$$+ [\delta_1(3) - 0{,}20]^2 \cdot f(x = 3|0{,}20) \cdot f(0{,}20) =$$
$$= (0 - 0{,}10)^2 \cdot 0{,}729 \cdot 0{,}2 + (0{,}33 - 0{,}10)^2 \cdot 0{,}243 \cdot 0{,}2 +$$
$$+ \ldots + (1{,}0 - 0{,}20)^2 0{,}008 \cdot 0{,}5 =$$
$$= 0{,}0454.$$

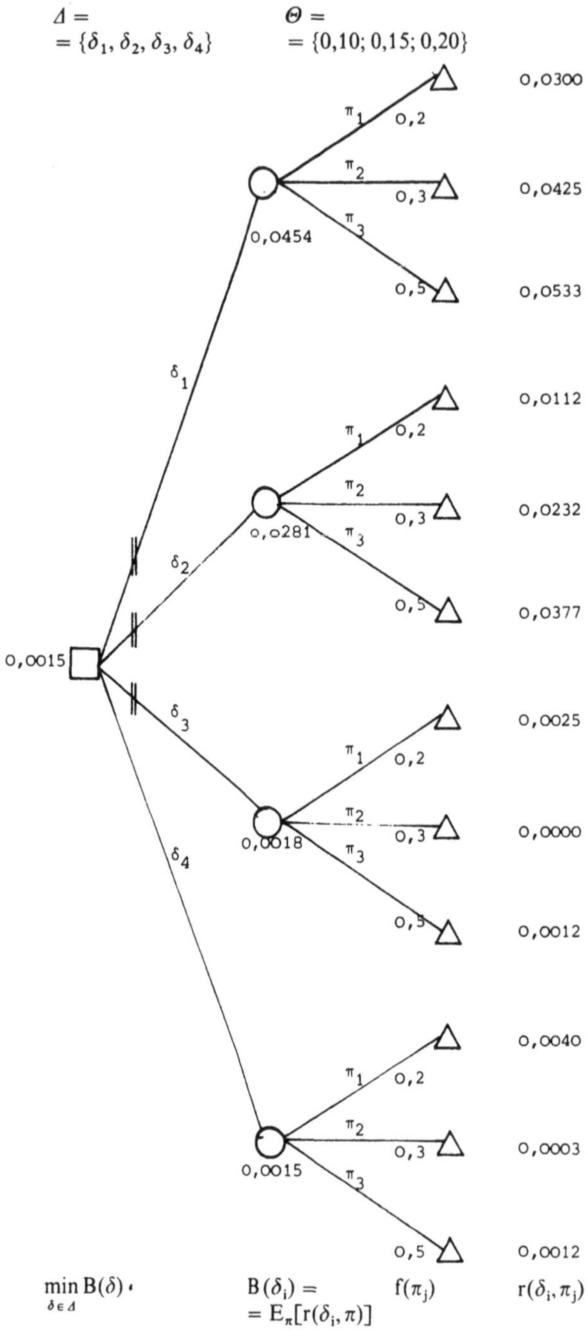

Figur 25: Entscheidungsbaum für die Ermittlung der besten Punktschätzfunktionen mit Hilfe des Bayes Risikos.

Von den 4 Punktschätzwerten hat δ_4 *mit* 0,0015 *den kleinsten Risikoerwartungswert. Die beste Punktschätzfunktion ist daher der Erwartungswert der Posterioriverteilung* $E(\pi|x)$. *In der Figur 25 ist der Entscheidungsbaum für dieses Problem dargestellt.*

c) Punktschätzfunktion mit minimalem Posteriorischadenerwartungswert

Die beste Punktschätzfunktion des Bayes Modells hat nicht nur minimales Bayes Risiko, sondern auch minimalen Posteriorischadenerwartungswert für jedes $x \in \mathfrak{X}$.

Beispiel B-IV-3

In Figur 26 ist mit Hilfe der Roll Back Technik die Berechnung der Posteriorischadenerwartungswerte für die Punktschätzfunktionen des vorhergehenden Beispiels und die Stichprobenrealisation $x = 1$ *ausführlich dargestellt. Da dem mittleren Fehlerquadrat eine quadratische Schadenfunktion entspricht, wurde in der letzten Spalte der Figur 26 jeweils das Abweichungsquadrat des Schätzwertes vom Parameter angeführt. Für die Stichprobenrealisation* $x = 1$ *ist z.B. der Schätzwert der Punktschätzfunktion* $a_1 = \Sigma x_i/n = 1/3$. *Wenn der unbekannte Parameter* $\pi_1 = 0{,}10$ *ist, dann ist das Abweichungsquadrat zwischen* π_1 *und* a_1 *gleich* 0,0544. *Dieses Abweichungsquadrat wird mit der Posterioriwahrscheinlichkeit* $f(\pi_1 = 0{,}1 | x = 1) = 0{,}1437$ *gewichtet. Analog berechnet man die Werte für* π_2 *und* π_3. *Als Summe erhält man den Schadenerwartungswert der Punktschätzfunktion* a_1. *Für* $x = 1$ *ist er* 0,0276.

Von den vier Punktschätzfunktionen hat $a_4 = E(\pi|x)$ *nicht nur den kleinsten Posteriorischadenerwartungswert für die ausführlich dargestellte Stichprobenrealisation* $x = 1$, *sondern auch für* $x = 0$, 2 *und* 3. *Wenn man diese Erwartungswerte mit den entsprechenden Randwahrscheinlichkeiten der möglichen Stichprobenrealisationen multipliziert und die Ergebnisse addiert, dann erhält man mit* 0,0015 *das Bayes Risiko dieser besten Punktschätzfunktion.*

d) Erwartungswert der Posterioriverteilung

Man kann zeigen, daß allgemein der Erwartungswert der Posterioriverteilung

$$\delta = E(\vartheta|x)$$

jene Punktschätzfunktion ist, die minimalen Risikoerwartungswert und minimalen Posteriorischadenerwartungswert für jedes $x \in \mathfrak{X}$ besitzt, wenn man als Beurteilungskriterium das gewichtete mittlere Fehlerquadrat verwendet (s. S. 181).

Beispiel B-IV-4

Da die Betaverteilungen eine konjugierte Verteilungsfamilie für die Binomialverteilungen sind, ist die beste Punktschätzfunktion für den unbekannten Parameter π *der Erwartungswert der Posterioribetaverteilung. Dieser Erwartungswert ist*

$$\delta = E(\pi|x) = \int_0^1 \pi \cdot f(\pi|x)\, d\pi =$$

$$= \frac{(n''-1)!}{(x''-1)!(n''-x''-1)!} \cdot \int_0^1 \pi \cdot \pi^{x''-1} \cdot (1-\pi)^{n''-x''-1} d\pi .$$

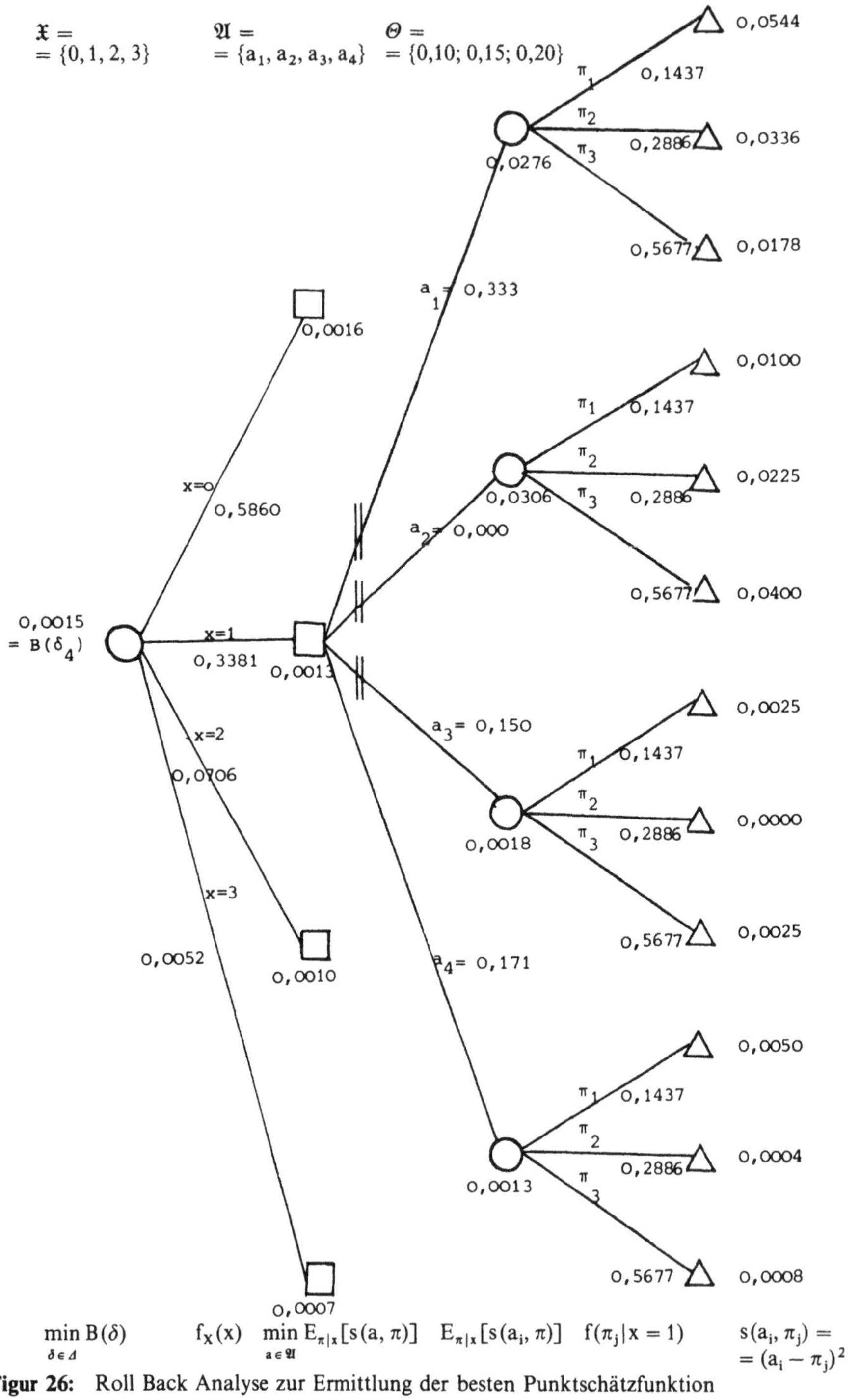

Figur 26: Roll Back Analyse zur Ermittlung der besten Punktschätzfunktion

Wenn man berücksichtigt, daß für n *und* m *ganzzahlig*

$$\int_0^1 x^{n-1} \cdot (1-x)^{m-1} dx = \frac{(n-1)!(m-1)!}{(n+m-2)!}$$

ist, dann erhält man für den Erwartungswert der Posterioribetaverteilung

$$E(\pi|x) = \frac{x''}{n''} = \frac{x'+x}{n'+n}.$$

Um den unbekannten Parameter π *zu schätzen, stehen aus einer einfachen Stichprobe die Informationen* $n = 10$ *und* $x = 1$ *zur Verfügung. Der Aprioriinformation entspricht eine hypothetische Stichprobe von* $n' = 5$ *und* $x' = 2$. *Die Posterioriverteilung ist dann eine Betaverteilung mit* $n'' = 15$, $x'' = 3$. *Der Erwartungswert dieser Verteilung ist*

$$E(\pi|x) = x''/n'' = 0{,}2\,.$$

Der Erwartungswert einer Posteriorinormalverteilung ist

$$\begin{aligned}\delta = E(\mu|x) &= \int_{-\infty}^{\infty} \mu \cdot f(\mu|x)\, d\mu = \\ &= (2\pi\sigma''^2)^{-1/2} \cdot \int_{-\infty}^{\infty} \mu \cdot e^{-(\mu-\mu'')^2/2\sigma''^2} d\mu\,.\end{aligned}$$

Für die Zufallsvariable $Z = (\mu - \mu'')/\sigma''$ *ist der Erwartungswert gleich Null, da*

$$\begin{aligned}E(Z) &= (2\pi)^{-1/2} \cdot \int_{-\infty}^{\infty} z \cdot e^{-z^2/2} dz = -(2\pi)^{-1/2} \cdot \int_{-\infty}^{\infty} (-z) \cdot e^{-z^2/2} dz = \\ &= (2\pi)^{-1/2} \cdot [e^{-z^2/2}]_{-\infty}^{\infty} = 0\,.\end{aligned}$$

Daher ist

$$E(\mu|x) = \mu''$$

der Erwartungswert der Posteriorinormalverteilung.

Wenn für den unbekannten Parameter μ *einer Normalverteilung folgende Informationen zur Verfügung stehen*

$$\begin{aligned}&\mu' \sim N(2; 0{,}2)\,, \\ &X_i \sim N(\mu; 1)\,, \\ &n = 10, \quad \bar{x} = 4{,}8\,,\end{aligned}$$

dann ist

$$\begin{aligned}\mu'' &= (n' \cdot \mu' + n \cdot \bar{x})/(n' + n) = \\ &= (5 \cdot 2 + 10 \cdot 4{,}8)/(5 + 10) = 3{,}87\end{aligned}$$

der beste Punktschätzwert mit minimalem Bayes Risiko.

2. Beziehungen zum klassischen Modell

a) Keine Beschränkung auf unverzerrte Schätzfunktionen

Wenn man das mittlere Fehlerquadrat als Kriterium für die Auswahl einer besten Punktschätzfunktion benützt, dann ist es im klassischen Modell notwendig, die Menge der möglichen Punktschätzfunktionen auf die Teilmenge der unverzerrten einzuschränken, um daraus eine beste auswählen zu können. Im Bayes Modell ist für die Bestimmung einer besten Punktschätzfunktion keine Einschränkung erforderlich (s. Bsp. B-IV-3).

b) ML-Methode und Modus der Posterioriverteilung

Die klassische Technik der ML-Methode kann auch auf die Posterioriverteilung übertragen werden. Nach der ML-Methode wird der unbekannte Parameter ϑ durch jenen Wert $\hat{\vartheta}$ geschätzt, für den die Posterioridichte- bzw. -wahrscheinlichkeitsfunktion $f(\vartheta|x)$ maximal ist. Dieser maximale Wert ist definitionsgemäß der Modus der Posterioriverteilung.

Beispiel B-IV-5

Der Punktschätzwert für den unbekannten Parameter π ist nach der ML-Methode der Modus der Posterioribetaverteilung. Da

$$f(\pi|x) = [(n''-1)!/(x''-1)!(n''-x''-1)!]\pi^{x''-1}\cdot(1-\pi)^{n''-x''-1}$$

ist

$$\ln f(\pi|x) = \ln(n''-1)! - \ln[(x''-1)!(n''-x''-1)!] + \\ + (x''-1)\cdot\ln\pi + (n''-x''-1)\cdot\ln(1-\pi).$$

Die Ableitung nach π ist

$$\frac{d\ln f(\pi|x)}{d\pi} = \frac{x''-1}{\pi} - \frac{n''-x''-1}{1-\pi}.$$

Nullsetzen und Auflösen nach π liefert die ML-Schätzfunktion für π, nämlich den Modus der Posterioribetaverteilung. Dieser ist

$$\hat{\pi} = \mathrm{Mod}(\pi|x) = \frac{x''-1}{n''-2} = \frac{x'+x-1}{n'+n-2}.$$

Für $n = 10$, $x = 1$ *und* $n' = 5$, $x' = 2$ *ist der ML-Schätzwert für* π

$$\hat{\pi} = \frac{2+1-1}{5+10-2} = \frac{2}{13} = 0{,}154.$$

c) Interpretation bei vager Aprioriinformation

Da bei vager Aprioriinformation die Likelihoodfunktion ausschlaggebend ist, stimmt in diesem Fall die klassische ML-Schätzung mit dem Modus der Posterioriverteilung überein. Die Interpretationen im klassischen und Bayes'schen Modell sind jedoch verschieden: Der Modus der Posterioriverteilung ist der wahrscheinlichste Wert für ϑ, der klassische ML-Schätzwert für ϑ ist hingegen jener Wert, der am „plausibelsten" für das Auftreten der gegebenen Stichprobe verantwortlich ist (vgl. Lindley (1965) S. 131 und Berger (1980) S. 100).

Im Bayes Modell können klassische ML-Schätzfunktionen generell als Approximationen für den Posteriorimodus betrachtet werden und unverzerrte Schätzfunktionen des klassischen Modells als Approximationen für den Posterioritätserwartungswert (vgl. La Valle (1970) S. 595).

Beispiel B-IV-6

Da in jeder Normalverteilung Modus und Erwartungswert übereinstimmen, gilt für die Posteriorinormalverteilung

$$\begin{aligned}\mathrm{Mod}(\mu|x) &= E(\mu|x) = (n' + n)^{-1} \cdot (n' \cdot \mu' + n \cdot \bar{x}) = \\ &= \left(\frac{n'}{n' + n}\right)\mu' + \left(\frac{n}{n' + n}\right) \cdot \bar{x}.\end{aligned}$$

Der klassische ML-Schätzwert $\hat{\mu}$ für μ ist $\bar{x}$. Dieser ist in zwei Fällen gleich dem Modus der Posterioriverteilung: 1. Der Umfang der hypothetischen Prioristichprobe ist Null. Dies ist der Fall, wenn die Prioriverteilung von μ im Intervall $(-\infty, \infty)$ gleichverteilt ist. 2. Der ML-Schätzwert ist gleich dem Erwartungswert der Priorinormalverteilung für $n' > 0$.

Aufgaben und weitere Ergebnisse

1) Zeigen Sie für $X \sim B(n, \pi)$ und $f(\pi) = 1$ durch direkte Berechnung, daß

$$E(\pi|x) = \int_0^1 \pi \cdot f(\pi|x)\,d\pi = (x + 1)/(n + 2)$$

jene Punktschätzfunktion für π ist, die minimalen Risikoerwartungswert besitzt.

2) Zeigen Sie, daß $E(\lambda|x) = (n' \cdot \lambda' + n \cdot \bar{x})/(n' + n)$ jene Punktschätzfunktion für λ ist, die minimalen Risikoerwartungswert $V(\lambda|x) = (n'\lambda' + n\bar{x})/(n' + n)^2$ besitzt, wenn λ der Parameter einer Poissonverteilung und die Prioriverteilung von λ gammaverteilt ist.

3) Berechnen Sie für $\lambda' = 3{,}5$, $n' = 18$ und $\bar{x} = 2{,}7$, $n = 10$ den besten Punktschätzwert für den Parameter λ einer Poissonverteilung
(Antwort: $E(\lambda|x) = 3{,}21$).

4) $X_1, \ldots, X_{10}$ sei eine einfache Stichprobe mit $X_i \sim N(\mu; 1)$ und die Prioriverteilung von μ sei $N(2; 0{,}2)$. Berechnen Sie für μ den Punktschätzwert mit minimalem Risikoerwartungswert für $\bar{x} = 4{,}8$.
(Antwort: $E(\mu|x) = 3{,}87$).

5) Aus der Realisation einer einfachen Stichprobe mit $X_i \sim B(1, \pi)$ erhält man $x = \Sigma x_i = 3$ und $n = 20$. Die Prioribetaverteilung sei $Be(2; 3)$. Berechnen Sie für π den Punktschätzwert mit minimalem Risikoerwartungswert.
(Antwort: $E(\pi|x) = 0{,}20$).

6) Für eine Priori-Gamma-Normalverteilung mit $\vartheta = (\mu, \sigma^2)$ ist die Prioriverteilung von μ

studentverteilt mit ν' Freiheitsgraden. Zeigen Sie, daß für diese Prioriverteilung gilt

$$E(\mu) = \mu', \quad V(\mu) = \sigma'^2/n', \quad \sigma'^2 = \nu' s'^2/(\nu' - 2).$$

7) Für eine Priori-Gamma-Normalverteilung mit $\vartheta = (\mu, \sigma^2)$ ist die Randverteilung von σ^2 gammaverteilt mit ν' Freiheitsgraden, bzw. χ^2-verteilt für $\chi^2 = \nu' s'^2/\sigma^2$. Zeigen Sie, daß für diese Prioriverteilung gilt

$$E(\sigma^2) = \sigma'^2, \quad V(\sigma^2) = 2(\sigma'^2)^2/(\nu' - 4), \quad \sigma'^2 = \nu' s'^2/(\nu' - 2).$$

8) Für eine einfache Stichprobe mit $X_i \sim N(\mu, \sigma^2)$ und eine Priori-Gamma-Normalverteilung mit $\vartheta = (\mu, \sigma^2)$ ist die Posterioriverteilung von σ^2 gammaverteilt. Zeigen Sie, daß

$$E(\sigma^2 | x) = v'' \cdot s''^2/(\nu'' - 2)$$

die beste Punktschätzfunktion für σ^2 ist.

9) Zeigen Sie, daß $(x' + x - 1)/(n' + n)$ der Modus der Posteriorigammaverteilung für den Parameter λ einer Poissonverteilung ist, wenn auch die Prioriverteilung gammaverteilt ist.

10) Der Modus der Posterioribetaverteilung ist

$$\text{Mod}(\pi | x) = (x' + x - 1)/(n' + n - 2)$$

und der ML-Schätzwert $\hat{\pi} = x/n$. Beschreiben Sie, in welchen Fällen der ML-Schätzwert gleich dem Modus der Posterioriverteilung ist.

11. Zeigen Sie, daß für eine einfache Stichprobe mit $X_i \sim N(\mu, \sigma^2)$ und den nichtinformativen Prioriverteilungen $f(\mu) \propto k$ und $f(\sigma^2) \propto 1/\sigma^2$ die beste Punktschätzfunktion für σ^2 wie folgt definiert ist

$$E(\sigma^2 | x) = \Sigma(X_i - \bar{X})^2/(n - 3).$$

12) Zeigen Sie, daß unter den gleichen Voraussetzungen wie in der vorhergehenden Aufgabe

$$E(\mu | x) = \bar{X}$$

die beste Punktschätzfunktion für μ ist.

C) Wald Modell

"The experimenter is confronted with the problem of choosing a particular decision function $\delta(x; s_1, \ldots, s_k)$ for carrying out the experimentation and making a terminal decision. But, to be able to judge the relative merit of any given decision function, it is necessary that something be stated about (1) the relative degree of preference given to the various elements d^t of D^t when the true distribution F of X is known, and (2) the cost of experimentation." (Wald (1950) S. 8).

I. Schadenfunktion[1])

1. Standardschadenfunktionen

a) Nutzen- und Opportunitätskostenfunktion

Schäden die auftreten können, wenn ein statistisches Verfahren δ eine falsche Aussage über den unbekannten Parameter ϑ liefert, werden im Wald Modell nicht nur symbolisch, z. B. durch die Zahl 1 berücksichtigt, wie dies für die Testverfahren im klassischen und Bayes Modell der Fall ist, sondern die möglichen Schäden werden in ihrem vollen Umfang in Rechnung gestellt.

Üblicherweise wird die Schadenfunktion $s(a, \vartheta)$ aus der Nutzenfunktion[2]) $u(a, \vartheta)$ abgeleitet. Für jede Wahl einer Aktion $a \in \mathfrak{A}$ und jeden Umweltzustand $\vartheta \in \Theta$ gibt $u(a, \vartheta)$ den entsprechenden Nutzen an. Wenn dieser Nutzen durch eine reellwertige Gewinnfunktion $g(a, \vartheta)$ ausgedrückt wird, dann kann man für jeden gegebenen Umweltzustand ϑ jene Aktion $a \in \mathfrak{A}$ bestimmen, für die der Gewinn maximal ist:

$$\sup_{a \in \mathfrak{A}} g(a, \vartheta) = g(a^*, \vartheta).$$

Die Schadenfunktion ist in diesem Fall

$$s(a, \vartheta) = g(a^*, \vartheta) - g(a, \vartheta).$$

$s(a, \vartheta)$ gibt den Gewinnentgang an, den man erleidet, wenn der unbekannte Parameter ϑ zutrifft und man anstelle der besten Aktion a^* die Aktion a wählt. Wird der Nutzen nicht durch eine Gewinn- ,sondern durch eine Verlustfunktion $v(a, \vartheta)$ ausgedrückt, dann ist a^* mit

$$\inf_{a \in \mathfrak{A}} v(a, \vartheta) = v(a^*, \vartheta)$$

jene Aktion, die für einen gegebenen Umweltzustand ϑ den kleinsten Verlust aufweist. Die Schadenfunktion ist in diesem Fall

$$s(a, \vartheta) = v(a, \vartheta) - v(a^*, \vartheta).$$

Sie drückt für den Parameter ϑ die Verlustdifferenz zwischen der optimalen Aktion a^* und der tatsächlich gewählten Aktion a aus.

---

1) Neben dem Buch von Wald (1950) sind die Arbeiten von Savage (1954), Raiffa, Schlaiffer (1961), Pratt, Raiffa, Schlaiffer (1965), Ferguson (1967), De Groot (1970), Berger (1980) eine Auswahl von Standardwerken über die statistische Entscheidungstheorie. An deutschsprachigen Büchern sind zu erwähnen: Bamberg (1972), Bühlmann, Loeffel, Nievergelt (1975) Henn, Kischka (1981). Ein ausführliches Verzeichnis der Literatur zur statistischen Entscheidungstheorie von 1950 bis 1967 findet man in Menges, Leiner (1968).

2) Probleme der Nutzen- und subjektiven Wahrscheinlichkeitsmessung, sowie ihrer axiomatischen Begründung findet man in Fishburn (1970), in der deutschsprachigen Literatur bei Gottinger (1974), Ferschl (1976), De Finetti (1981).

Die so bestimmten Schadenfunktionen bezeichnet man als Regret- oder Opportunitätskostenfunktionen.

Beispiel C-I-1

Für ein Testproblem mit H_0: $\vartheta = \vartheta_0$ $(= a_0)$ *und* H_1: $\vartheta = \vartheta_1$ $(= a_1)$ *sei*

$g(a_i, \vartheta_j)$	ϑ_0	ϑ_1
a_0	2	-1
a_1	1	4

die entsprechende Gewinntabelle. Die Annahme einer Nullhypothese ist mit einem Gewinn von 2 *verknüpft, wenn tatsächlich die Nullhypothese zutrifft:* $g(a_0, \vartheta_0) = 2$. *Nimmt man eine falsche Nullhypothese an, so hat dies einen Gewinn von* -1 *zur Folge:* $g(a_0, \vartheta_1) = -1$. *Mit der Ablehnung einer falschen Nullhypothese und mit der Annahme einer richtigen Alternativhypothese sind die Gewinne* 1 *und* 4 *verbunden:* $g(a_1, \vartheta_0) = 1$, $g(a_1, \vartheta_1) = 4$.

Die Opportunitätskostentabelle für diese Nutzentabelle ist

$s(a_i, \vartheta_j)$	ϑ_0	ϑ_1
a_0	0	5
a_1	1	0

Trifft die Nullhypothese tatsächlich zu und man entscheidet sich, die Nullhypothese abzulehnen, dann entsteht ein Gewinnentgang von $2 - 1 = 1$. *Wenn man die Nullhypothese annimmt, obwohl die Alternativhypothese zutrifft, dann ist der Gewinnentgang* $4 - (-1) = 5$.

Für die Auswahl eines besten statistischen Verfahrens wird als Schadenfunktion üblicherweise die Opportunitätskostenfunktion herangezogen. Sie impliziert, daß es immer mindestens eine Aktion a für jeden Umweltzustand ϑ gibt mit $s(a, \vartheta) = 0$. Drei Schadenfunktionen werden im Folgenden kurz diskutiert.[3])

b) $0 - 1$ und $0 - s_i$ Schadenfunktion

Die einfachste Schadenfunktion ordnet einer Aussage über den unbekannten Parameter ϑ die Zahl 0 zu, wenn sie korrekt ist, sonst 1. Diese Schadenfunktion schreibt man folgendermaßen:

$$s(a, \vartheta) = \begin{cases} 0 & \text{für} \quad a = \vartheta, \\ 1 & \text{für} \quad a \neq \vartheta. \end{cases}$$

3) Da die Stichprobenentnahme mit Kosten verbunden ist, muß prinzipiell vor der Entnahme entschieden werden, ob der Wert der Stichprobeninformationen über dem der Kosten liegt. Dieses Entscheidungsproblem bezeichnet man auch als Preposteriorianalyse. Für zwei Lösungsvarianten liegen Ergebnisse vor. Nach der ersten wird ein optimales Verfahren unter der Voraussetzung ausgewählt, daß die Stichprobenentnahme sequentiell erfolgt. Nach der zweiten Variante, wird ein fixer optimaler Stichprobenumfang für eine einstufige Stichprobenentnahme ermittelt (vgl. Berger (1980) Kapitel 7).

Der Schaden einer falschen Aussage über den unbekannten Parameter ϑ muß nicht unbedingt 1 sein. Die sogenannte $0 - s_i$ Schadenfunktion ist

$$s(a, \vartheta) = \begin{cases} 0 & \text{für} \quad a = \vartheta, \\ s_i & \text{für} \quad a \neq \vartheta. \end{cases}$$

Beispiel C-I-2

Die $0 - s_i$ *Schadenfunktion eines Testverfahrens über den Parameter* π *ist für* H_0: $\pi = \pi_0 (= a_0)$ und H_1: $\pi \neq \pi_0 (= a_1)$

$$s(a_0, \pi) = \begin{cases} 0 & \text{für} \quad \pi = \pi_0, \\ s_2 & \text{für} \quad \pi \neq \pi_0, \end{cases}$$

$$s(a_1, \pi) = \begin{cases} s_1 & \text{für} \quad \pi = \pi_0, \\ 0 & \text{für} \quad \pi \neq \pi_0. \end{cases}$$

Für die beiden korrekten Entscheidungen ist der Schaden 0, *für die Annahme einer falschen Nullhypothese* s_2 *und für die Ablehnung einer richtigen Nullhypothese* s_1.

c) Lineare Schadenfunktion

Eine lineare Schadenfunktion liegt vor, wenn einer falschen Aussage über den unbekannten Parameter nicht ein Gesamtschaden s zugeordnet wird, sondern ein Schaden s pro Einheit Abweichung des wahren Parameters ϑ von a. Man schreibt die lineare Schadenfunktion wie folgt:

$$s(a, \vartheta) = \begin{cases} s_i(\vartheta - a) & \text{für} \quad a < \vartheta, \\ 0 & \text{für} \quad a = \vartheta, \\ s_j(a - \vartheta) & \text{für} \quad a > \vartheta. \end{cases}$$

s_i und s_j sind die Schäden pro Einheit Abweichung des wahren Parameters ϑ von a nach oben ($a < \vartheta$), bzw. nach unten ($a > \vartheta$).

Beispiel C-I-3

Um den unbekannten Parameter μ *zu schätzen, kann man folgende lineare Schadenfunktion verwenden, wobei* $s_i = s_j = s$:

$$s(a, \mu) = \begin{cases} 0 & \text{für} \quad a = \mu, \\ s|\mu - a| & \text{für} \quad a \neq \mu. \end{cases}$$

Wenn der Schätzwert a *gleich dem unbekannten* μ *ist, dann ist der Schaden* 0. *Sonst ist er gleich dem* s-*fachen der Abweichungseinheiten des wahren Parameters* μ *vom Schätzwert* a.

Wenn ϑ eine Zufallsvariable ist und $s_i = s_j = 1$, dann bezeichnet man

$$L^a_{-\infty}(\vartheta) = \int_{-\infty}^{a} (a - \vartheta) dF(\vartheta)$$

als die linke lineare Schadenfunktion dieser Zufallsvariablen und

$$L_a^\infty(\vartheta) = \int_a^\infty (\vartheta - a)\,dF(\vartheta)$$

als die entsprechende rechte lineare Schadenfunktion. Mit Hilfe der partiellen Erwartungswerte

$$E_{-\infty}^a(\vartheta) = \int_{-\infty}^a \vartheta \cdot dF(\vartheta), \quad E_a^\infty(\vartheta) = \int_a^\infty \vartheta \cdot dF(\vartheta)$$

kann man die linearen Schadenfunktionen auch folgendermaßen ausdrücken (s. S. 185):

$$L_{-\infty}^a(\vartheta) = a \cdot F_\vartheta(a) - E_{-\infty}^a(\vartheta),$$
$$L_a^\infty(\vartheta) \;= E_a^\infty(\vartheta) - a[1 - F_\vartheta(a)].$$

$F_\vartheta(a)$ ist die Verteilungsfunktion der Zufallsvariablen ϑ.

Beispiel C-I-4

Für die normalverteilte Zufallsvariable X *mit den Parametern* μ *und* σ^2 *sind*

$$L_{-\infty}^a(X) = \sigma \cdot L_{-\infty}^z(Z), \quad L_a^\infty(X) = \sigma \cdot L_z^\infty(Z), \quad z = (a - \mu)/\sigma$$

die linearen Schadenfunktionen (s. S. 185). Die linearen Schadenfunktionen der Standardnormalverteilung berechnet man nach folgenden Formeln (s. S. 185):

$$L_{-\infty}^z(Z) = f_Z(z) + z \cdot F_Z(z),$$
$$L_z^\infty(Z) \;= f_Z(z) - z \cdot [1 - F_Z(z)].$$

Für die betaverteilte Zufallsvariable π *mit den Parametern* x *und* n − x *sind*

$$L_0^a(\pi) = a \cdot F_{Be}(a\,|\,x; n - x) - E(\pi) \cdot F_{Be}(a\,|\,x + 1; n - x),$$
$$L_a^1(\pi) = E(\pi) \cdot [1 - F_{Be}(a\,|\,x + 1; n - x)] - a \cdot [1 - F_{Be}(a\,|\,x; n - x)]$$

die linearen Schadenfunktionen (s. S. 186).

d) Quadratische Schadenfunktion

Wenn der Schaden einer falschen Aussage über den wahren Parameter nicht pro Einheit Abweichung a von ϑ zunimmt, sondern pro Einheit Abweichungsquadrat, dann liegt eine quadratische Schadenfunktion vor, d. h.

$$s(a, \vartheta) = \begin{cases} s_i(\vartheta - a)^2 & \text{für } a < \vartheta, \\ 0 & \text{für } a = \vartheta, \\ s_j(a - \vartheta)^2 & \text{für } a > \vartheta. \end{cases}$$

s_i und s_j sind die Schäden pro Einheit Abweichungsquadrat des wahren Parameters ϑ von a nach oben, bzw. nach unten.

Beispiel C-I-5

Wenn der Schaden einer Schätzung mit dem Quadrat der Abweichung des Schätzwertes a *vom wahren Parameter* μ *wächst, dann ist*

$$s(a, \mu) = \begin{cases} 0 & \text{für} \quad a = \mu, \\ s(\mu - a)^2 & \text{für} \quad a \neq \mu \end{cases}$$

die entsprechende quadratische Schadenfunktion mit $s_i = s_j = s$.

Wenn ϑ eine Zufallsvariable ist und $s_i = s_j = 1$, dann ist die quadratische Schadenfunktion dieser Zufallsvariablen gegeben durch

$$\int_{-\infty}^{\infty} (a - \vartheta)^2 dF(\vartheta) = V(\vartheta) + [E(\vartheta) - a]^2 .$$

Beispiel C-I-6

Für die normalverteilte Zufallsvariable X *mit den Parametern* μ *und* σ^2 *ist*

$$\int_{-\infty}^{\infty} (a - x)^2 f(x) dx = \sigma^2 + [\mu - a]^2$$

die quadratische Schadenfunktion für den Wert a. *Für die betaverteilte Zufallsvariable* π *mit den Parametern* x *und* $n - x$ *ist*

$$\int_0^1 (a - x)^2 f(x) dx = \frac{x(n-x)}{n^2 \cdot (n+1)} + \left[\frac{x}{n} - a\right]^2$$

die entsprechende Schadenfunktion.

2. Bayes Regel[4])

a) Minimales Bayes Risiko

Um nach der Bayes Regel aus der Menge der statistischen Verfahren Δ ein bestes auszuwählen, wird für jedes Verfahren das Bayes Risiko bestimmt. Dazu berechnet man für jedes Verfahren den Erwartungswert aus den Risikowerten, d.h.

$$B(\delta) = E_\vartheta[r(\delta, \vartheta)] = \int_\Theta r(\delta, \vartheta) dF(\vartheta) =$$
$$= E_\vartheta\{E_{x|\vartheta}[s(\delta(X), \vartheta)]\} = \int_\Theta \int_{\mathfrak{X}} s(\delta(x), \vartheta) dF(x|\vartheta) dF(\vartheta) .$$

Die Erwartungswertbildung ist nur dann möglich, wenn für den unbekannten Parameter ϑ eine eigentliche Prioriverteilung existiert[5]). Durch die Berechnung des Bay-

4) Neben der Bayes- und Minimax Regel untersuchte z.B. Schneeweiß (1967) weitere Kriterien zur Auswahl optimaler statistischer Verfahren.

5) Kofler und Menges (1976) unterscheiden im Hinblick auf die Prioriverteilung folgende Fälle: 1. Vollständige Informationen mit genau spezifizierter Prioriverteilung. 2. Partielle Informationen, bei denen nur eine Klasse relevanter Prioriverteilungen angegeben werden kann. 3. Fehlende Informationen über die Prioriverteilung. Dieser Fall entspricht der Ungewißheitssituation der Entscheidungstheorie. Für den Fall partieller Informationen über die Prioriverteilung, der auch als G-minimax Modell bezeichnet wird, entwickelten Kofler und Menges Methoden zur Auswahl optimaler statistischer Verfahren. Siehe auch Watson (1973) und Kofler (1980).

es Risikos für jedes Verfahren erhält man eine (lineare) Ordnung. Nach der Bayes Regel wird aus Δ jenes statistische Verfahren δ^* gewählt, das im Hinblick auf diese Ordnung am besten ist, das also unter allen Verfahren minimales Bayes Risiko besitzt[6]). Für das beste Verfahren gilt

$$\delta^* = \inf_{\delta \in \Delta} B(\delta).$$

b) Minimaler Posteriorischadenerwartungswert

Da das Bayes Risiko eines statistischen Verfahrens proportional zu seinem Posteriorischadenerwartungswert ist (s. S. 181), gilt

$$B(\delta) \propto E_{\vartheta|x}[s(a, \vartheta)] = \int_{\Theta} s(a, \vartheta) dF(\vartheta|x).$$

Das beste δ aus Δ kann daher auch über die Posterioriverteilung des Parameters ϑ ermittelt werden. Bestes statistisches Verfahren ist jenes mit minimalem Posteriorischadenerwartungswert für jedes $x \in \mathfrak{X}$[7]).

Diese Möglichkeit ist dann wichtig, wenn die Prioriverteilung uneigentlich ist. $B(\delta)$ ist in diesem Fall für einen unendlichen Parameterraum ebenfalls unendlich und daher nicht brauchbar für die Auswahl eines besten Verfahrens. Da eine uneigentliche Prioriverteilung zu einer eigentlichen Posterioriverteilung führt, kann das beste statistische Verfahren über die Posterioriverteilung bestimmt werden. Die Regel heißt in diesem Fall auch verallgemeinerte Bayes Regel[8]).

6) Unter der Robustheit eines statistischen Verfahrens versteht man seine Sensitivität auf unsichere Modellannahmen. Je robuster ein Verfahren ist, umso weniger wird es durch unsichere Modellannahmen beeinflußt. Im Wald Modell sind die Likelihoodfunktion, die Schadenfunktion und die Prioriverteilung die wesentlichen Elemente für die Bestimmung eines optimalen statistischen Verfahrens, wenn man die Bayes Regel anwendet. Die Robustheit eines Verfahrens hängt daher von den drei Elementen ab. Berger (1980) untersuchte im Besonderen die Robustheit statistischer Verfahren im Hinblick auf die Prioriverteilung. Er kommt zum Ergebnis, daß statistische Verfahren nach der Bayes Regel im Hinblick auf eine fehlspezifizierte Prioriverteilung nicht sehr robust sind. Siehe auch Kuß (1980).

7) Raiffa und Schlaifer (1961) bezeichnen die Bestimmung eines besten statistischen Verfahrens nach der Bayes Regel über das Bayes Risiko $B(\delta)$ als Normalform und als extensive Form, wenn ein bestes Verfahren über den Posteriorischadenerwartungswert $E_{\vartheta|x}[s(\delta, \vartheta)]$ ermittelt wird. Bühlmann, Loeffel, Nievergelt (1975) nennen die erste Methode die integrale und die zweite über den Posteriorischadenerwartungswert die konstruktive Methode.

8) Bei einem endlichen Parameterraum sind alle zulässigen statistischen Verfahren beste Verfahren nach der Bayes Regel (vgl. Ferguson (1967) S. 86). Dies gilt jedoch nicht allgemein für Verfahren nach der verallgemeinerten Bayes Regel. Die Zulässigkeit ist jedenfalls gegeben, wenn das Bayes Risiko endlich ist. Vgl. Berger (1980).

3. Minimax Regel[9])

a) Minimum des maximal möglichen Schadens

Für jedes statistische Verfahren wird der maximal mögliche Risikowert bestimmt. Wenn man mit $M(\delta)$ diesen maximal möglichen Risikoerwartungswert bezeichnet, dann ist

$$\begin{aligned} M(\delta) &= \sup_{\vartheta \in \Theta} E_{x|\vartheta}[s(\delta(X), \vartheta)] = \\ &= \sup_{\vartheta \in \Theta} \int_{\mathfrak{X}} s(\delta(x), \vartheta) dF(x|\vartheta). \end{aligned}$$

Dadurch erhält man eine (lineare) Ordnung der statistischen Verfahren. Das beste Verfahren δ^* ist nach der Minimax Regel jenes, für das der maximal mögliche Risikowert minimal ist[10]). Für das beste Verfahren gilt

$$\delta^* = \inf_{\delta \in \Delta} M(\delta) = \inf_{\delta \in \Delta} \sup_{\vartheta \in \Theta} r(\delta, \vartheta).$$

b) Ungünstigste Prioriverteilung

Der Minimax Regel entspricht ein Zwei-Personen-Nullsummenspiel, bei dem die Natur als Gegenspieler des Statistikers versucht, ihre möglichen Verluste zu Lasten des Statistikers dadurch zu minimieren, daß sie die ungünstigste Prioriverteilung für den unbekannten Parameter ϑ wählt. Die Minimax Regel kann daher als Spezialfall der Bayes Regel betrachtet werden: Ein bestes statistisches Verfahren nach der Minimax Regel ist ein bestes Verfahren nach der Bayes Regel, im Hinblick auf die ungünstigste Prioriverteilung.

c) Methoden zur Bestimmung bester statistischer Verfahren nach der Minimax Regel

Es gibt verschiedene Wege, ein bestes statistisches Verfahren nach der Minimax Regel zu bestimmen. Die direkte Methode ist anwendbar, wenn die Menge der statistischen Verfahren und Parameter endlich ist. Für jedes Verfahren wird der maximal mögliche Risikowert ermittelt und dann jenes Verfahren bestimmt, das den kleinsten maximalen Risikowert aufweist.

Wenn die Voraussetzungen der direkten Methode nicht vorliegen, dann sucht man ein statistisches Verfahren δ^* mit konstanter Risikofunktion. Es ist also

$$r(\delta^*, \vartheta) = c, \qquad \forall \vartheta \in \Theta.$$

Kann man dann noch zeigen, daß δ^* für eine bestimmte Prioriverteilung ein bestes

9) Beste statistische Verfahren nach der Minimax Regel sind gewöhnlich aber nicht immer zulässig. Vgl. Berger (1980) S. 220.

10) Für die Bayes Regel ist es gleichgültig, ob der Schaden absolut oder relativ als Opportunitätskosten angegeben wird, nicht hingegen für die Minimax Regel. Die Auswahl eines besten Verfahrens wird bei der Minimax Regel durch die Angabe des Schadens in relativer oder absoluter Form beeinflußt.

Verfahren nach der Bayes Regel ist, dann ist δ^* auch ein bestes Verfahren nach der Minimax Regel und die betreffende Prioriverteilung ist die ungünstigste Prioriverteilung für dieses Problem (s. S. 182).

d) Randomisierte statistische Verfahren

Mit Hilfe der Spieltheorie kann man zeigen, daß das Risiko oft noch verringert werden kann, wenn man anstelle eines einzigen statistischen Verfahrens eine bestimmte Mischung von Verfahren verwendet. Da die Mischung mit Hilfe eines Zufallsmechanismus erfolgt, nennt man die so ausgewählten Verfahren randomisiert, zum Unterschied von den reinen oder nichtrandomisierten Verfahren[11]).

Die Menge Δ der nichtrandomisierten Verfahren ist eine Teilmenge der randomisierten Verfahren Δ^*. Um beste Verfahren nach der Minimax Regel zu bestimmen, ist es notwendig, die Menge der randomisierten Verfahren Δ^* zu berücksichtigen. Für die Bayes Regel kann man sich auf die Menge der nichtrandomisierten Verfahren Δ beschränken. Existiert nämlich ein bestes Verfahren nach der Bayes Regel in der Menge Δ^*, dann gibt es dafür ein entsprechendes bestes Verfahren in der Menge Δ (vgl. Bickel, Doksum (1977) S. 418).

---

11) Für den Spezialfall von 2 statistischen Verfahren und 2 Parametern

$r(\delta_i, \vartheta_j)$	ϑ_1	ϑ_2	p_i
δ_1	a	b	p_1
δ_2	c	d	p_2

erhält man die optimale Randomisierung der statistischen Verfahren durch die Formel $p_1 = (d - c)/(a - b - c + d)$ und $p_2 = 1 - p_1$.

Aufgaben und weitere Ergebnisse

1) Bestimmen Sie für folgende Schadentabelle das beste statistische Verfahren nach der Bayes und Minimax Regel

	δ_1	δ_2	δ_3	$f(\vartheta_i)$
ϑ_1	0	10	4	1/9
ϑ_2	8	4	3	8/9

(Antwort: δ_2 nach der Bayes Regel, δ_3 nach der Minimax Regel)

2) Ein Entscheidungsproblem sei durch folgende Schadentabelle und Verteilungen definiert:

$s(a_i, d_j)$	ϑ_1	ϑ_2
a_1	2	−1
a_2	0	4
a_3	5	3

x_i	$f(x\|\vartheta_1)$	$f(x\|\vartheta_2)$
x_1	0,2	0,6
x_2	0,3	0,3
x_3	0,5	0,1

Wieviele nichtrandomisierte statistische Verfahren gibt es? Wieviele zulässige Verfahren gibt es?
(Antwort: 27; 8)

3) Bestimmen Sie die Risikotabelle für die zulässigen Verfahren der vorhergehenden Aufgabe.

4) Bestimmen Sie das beste Verfahren nach der Bayes Regel für $f(\vartheta_1) = f(\vartheta_2)$ und nach der Minimax Regel in Aufgabe 2.

5) Für die Angaben $\Theta = \{0; 1\}$, $f(0) = 3/4$, $f(1) = 1/4$, $\Delta = [0; 1]$ und $s(\delta, \vartheta) = |\delta - \vartheta|$ ist die Risikofunktion:

$$r(\delta, \vartheta) = (3/4)\delta + (1/4) \cdot (1 - \delta).$$

Zeigen Sie, daß $\delta = 0$ das einzige Verfahren nach der Bayes Regel mit einem Risiko von $B(\delta) = 1/4$ ist (s. DeGroot (1970) S. 123).

6) Zeigen Sie für die vorhergehende Aufgabe, daß das Bayes Risiko noch immer 1/4 ist, daß aber kein statistisches Verfahren nach der Bayes Regel existiert, wenn man die Menge der statistischen Verfahren auf $\Delta = (0; 1]$ einschränkt.

7) T sei eine suffiziente Statistik für ϑ und $f(\vartheta)$ eine Prioridichtefunktion für ϑ. Zeigen Sie, daß sowohl die Posterioriverteilung als auch jedes Verfahren nach der Bayes Regel eine Funktion von T ist. (s. Bamberg (1972) S. 108).

8) Für die statistischen Verfahren δ_1 und δ_2 sowie die Parameter ϑ_1 und ϑ_2 enthält folgende Tabelle die Nutzenwerte:

$u(\delta_i, \vartheta_j)$	ϑ_1	ϑ_2
δ_1	2	−1
δ_2	1	4

Zeigen Sie, daß das beste Verfahren nach der Minimax Regel δ_2 ist, wenn man die Opportunitätskosten verwendet.

9) Für die Risikotabelle

$r(\delta_i, \vartheta_j)$	ϑ_1	ϑ_2	$M(\delta_i)$
δ_1	0	5	5
δ_2	1	0	1

ist δ_2 das beste nichtrandomisierte statistische Verfahren nach der Minimax Regel mit einem maximalen Risiko von 1. Zeigen Sie, daß das maximale Risiko des randomisierten Verfahrens geringer ist, wenn δ_1 in 1/6 der Fälle und δ_2 in 5/6 der Fälle gewählt wird.

10) Zeigen Sie, daß

$$\frac{d}{da} L^a_{-\infty}(X) = F(a),$$

wenn

$$L^a_{-\infty}(X) = \int_{-\infty}^{a} (a - x) \cdot f(x)\,dx$$

die linke lineare Schadenfunktion ist.

11) Zeigen Sie, daß

$$E^a_{-\infty}(X) + E^{\infty}_a(X) = \begin{cases} E(X) + a \cdot f(a) & \text{für X diskret,} \\ E(X) & \text{für X stetig,} \end{cases}$$

wenn der Endpunkt a bei der Summation inkludiert wird.

12) Zeigen Sie, daß

$$E(X) = L_a^\infty(X) - L_{-\infty}^a(X) + a =$$
$$= E_{-\infty}^a(X) + E_a^\infty(X).$$

II. Testverfahren[1])

1. Beste Testfunktion

a) Bayes Risiko einer Testfunktion

Die Auswahl einer besten Testfunktion kann im Wald Modell nach der Bayes oder Minimax Regel erfolgen. Wenn man die Bayes Regel anwendet, werden die Testfunktionen nach ihrem Bayes Risiko beurteilt. Für Testfunktionen ist dieses Risiko

$$B(\delta) = E_\vartheta[r(\delta, \vartheta)] = \int_\Theta \int_{\mathfrak{X}} s(\delta(x), \vartheta) dF(x|\vartheta) dF(\vartheta) =$$

$$= \begin{cases} \int_{\Theta_0} r(\delta, \vartheta) dF(\vartheta) = \int_{\Theta_0} \int_C s(\delta(x), \vartheta) dF(x|\vartheta) dF(\vartheta), \\ \int_{\Theta_1} r(\delta, \vartheta) dF(\vartheta) = \int_{\Theta_1} \int_A s(\delta(x), \vartheta) dF(x|\vartheta) dF(\vartheta). \end{cases}$$

α_r, der Risikoerwartungswert der Aktion a_1, steht in der 1. Zeile des Klammerausdruckes und β_r, der Risikoerwartungswert der Aktion a_0, in der 2. Zeile.

Beispiel C-II-1

Sind die Prioriwahrscheinlichkeiten für H_0: $\pi = 0{,}4$ *gleich* 0,7 *und für* H_1: $\pi = 0{,}7$ *gleich* 0,3 *und unterstellt man die Testfunktion*

$$\delta_2(x) = \begin{cases} 0 & \text{für} \quad x \leq 1, \\ 1 & \text{für} \quad x > 1, \end{cases}$$

sowie die Schadenfunktion

$$s(a_0, \pi) = \begin{cases} 0 & \text{für} \quad \pi \in \Theta_0, \\ 5 & \text{für} \quad \pi \in \Theta_1, \end{cases}$$

$$s(a_1, \pi) = \begin{cases} 1 & \text{für} \quad \pi \in \Theta_0, \\ 0 & \text{für} \quad \pi \in \Theta_1, \end{cases}$$

so erhält man die Risikoerwartungswerte für die beiden Aktionen wie folgt (s. Figur 27):

$$\alpha_r = \sum_{\pi \in \Theta_0} \sum_{x \in C} s[\delta_2(x), \pi] \cdot f(x|\pi) \cdot f(\pi) = s[\delta_2(2), \pi_0] \cdot f(x = 2|\pi_0) \cdot f(\pi_0) =$$
$$= 1 \cdot 0{,}16 \cdot 0{,}7 = 0{,}112,$$

$$\beta_r = \sum_{\pi \in \Theta_1} \sum_{x \in A} s[\delta_2(x), \pi] \cdot f(x|\pi) \cdot f(\pi) = s[\delta_2(0), \pi_1] \cdot f(x = 0|\pi_1) \cdot f(\pi_1) +$$
$$+ s[\delta_2(1), \pi_1] \cdot f(x = 1|\pi_1) \cdot f(\pi_1) = 5 \cdot 0{,}09 \cdot 0{,}3 + 5 \cdot 0{,}42 \cdot 0{,}3 =$$
$$= 0{,}765.$$

---

1) Die hier behandelten Verfahren können für Probleme verallgemeinert werden, bei denen $\mathfrak{A}$ nicht nur zwei sondern eine endliche Zahl von Aktionen enthält. Solche Probleme nennt man Multientscheidungsprobleme. Vgl. De Groot (1970) S. 249.

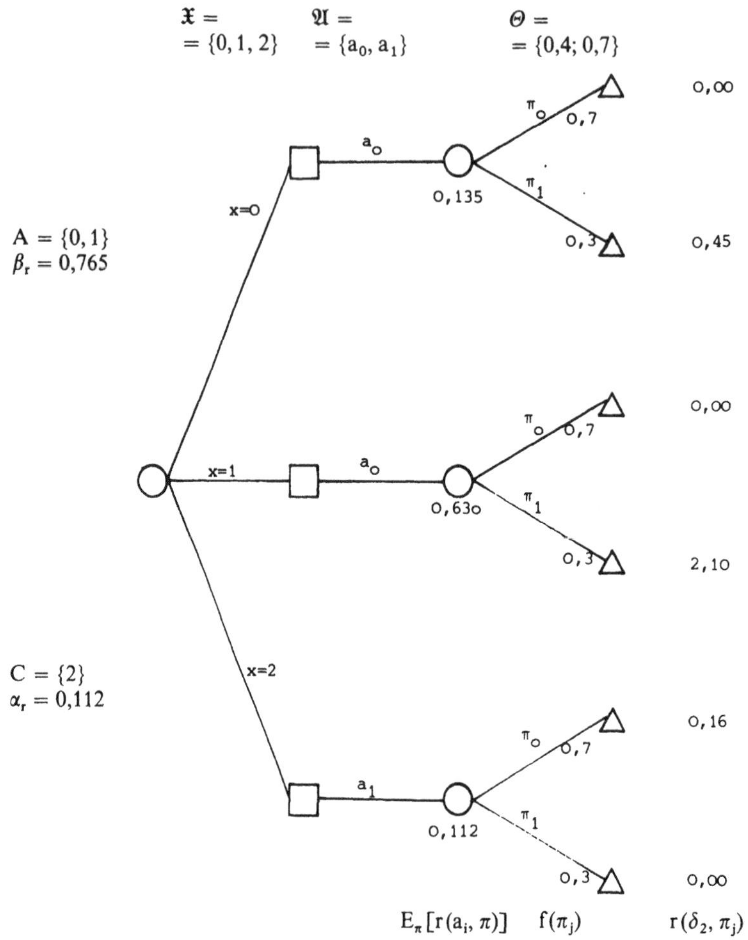

Figur 27: Berechnung der Risikoerwartungswerte für die Testfunktion δ_2 und eine $0 - s_i$ Schadenfunktion

Da das Bayes Risiko einer Testfunktion gleich der Summe aus den Risikoerwartungswerten der beiden Aktionen ist, erhält man

$$B(\delta_2) = \alpha_r + \beta_r = 0{,}112 + 0{,}765 = 0{,}877.$$

b) Beste Testfunktion nach der Bayes Regel

Beste Testfunktion nach der Bayes Regel ist jene mit minimalem Bayes Risiko.

Beispiel C-II-2

Für die zulässigen Testfunktionen von Beispiel A-II-7 erhält man folgende Bayes Risiken:

$r(\delta_i, \pi_j)$	Θ π_0	π_1	$B(\delta_i)$
δ_1	0,00	5,00	1,500
δ_2	0,16	2,55	0,877
Δ_{MV} δ_5	0,64	0,45	0,583
δ_6	0,52	2,10	0,994
δ_8	1,00	0,00	0,700
$f(\pi_j)$	0,70	0,30	

Mit Hilfe der Risikowerte $r(\delta_i, \pi_j)$ *und der Prioriwahrscheinlichkeiten* $f(\pi_j)$ *wird z. B.* $B(\delta_2)$ *folgendermaßen berechnet:*

$$B(\delta_2) = E_\pi[r(\delta_2, \pi)] = \sum_{j=0}^{1} r(\delta_2, \pi_j) \cdot f(\pi_j) =$$
$$= 0{,}16 \cdot 0{,}7 + 2{,}55 \cdot 0{,}3 = 0{,}877 .$$

Da

$$\min_{\delta \in \Delta} B(\delta) = 0{,}583 \quad \textit{ist,}$$

ist die Testfunktion δ_5 *die beste nach der Bayes Regel. In Figur 28 findet man den entsprechenden Entscheidungsbaum.*

c) Posteriorischadenerwartungswert und Roll Back Analyse

Da das Bayes Risiko proportional dem Posteriorischadenerwartungswert ist, kann man die Beurteilung von Testfunktionen auch nach diesem Erwartungswert vornehmen:

$$B(\delta) \propto E_{\vartheta|x}[s(a, \vartheta)] = \begin{cases} \int_{\Theta_0} s(a_1, \vartheta) dF(\vartheta|x) & \text{für} \quad \forall x \in C, \\ \int_{\Theta_1} s(a_0, \vartheta) dF(\vartheta|x) & \text{für} \quad \forall x \in A. \end{cases}$$

α_p (1. Zeile des Klammerausdruckes) und β_p (2. Zeile) sind die Posteriorischadenerwartungswerte für die beiden Aktionen des Testproblems. Beste Testfunktion ist jene mit minimalem Posteriorischadenerwartungswert für jedes $x \in \mathfrak{X}$.

Beispiel C-II-3

Die Posterioriverteilungen für die möglichen Stichprobenergebnisse des vorhergehenden Beispiels sind in folgender Tabelle zusammengestellt (vgl. den Wahrscheinlichkeitsbaum Figur 21):

π_j	$x = 0$	$x = 1$	$x = 2$
0,4	0,9032	0,7273	0,4324
0,7	0,0968	0,2727	0,5676

Die Posteriorischadenerwartungswerte für die möglichen Stichprobenergebnisse und

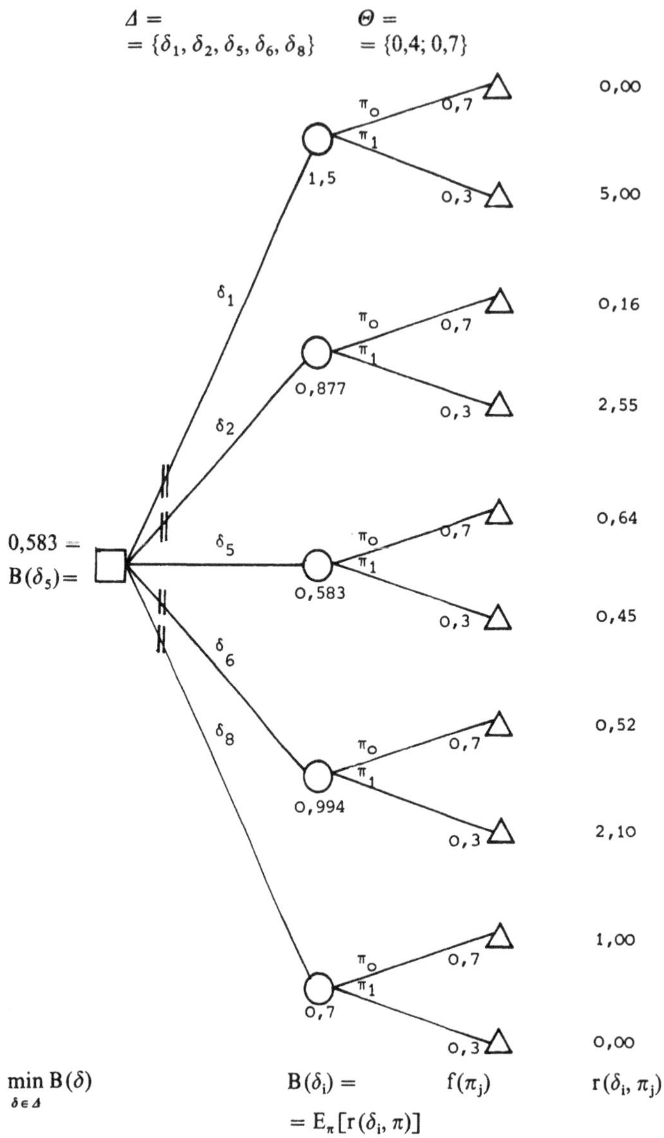

Figur 28: Beste Testfunktion nach der Bayes Regel

die beiden Fehlerarten werden z. B. für δ_2 folgendermaßen berechnet:

$$\alpha_p = s(a_1, \pi_0) \cdot f(\pi_0 | x = 2) = 1 \cdot 0{,}4324 = \\ = 0{,}4324,$$

$$\beta_p = s(a_0, \pi_1) \cdot f(\pi_1 | x = 0) + s(a_0, \pi_1) \cdot f(\pi_1 | x = 1) = \\ = 5 \cdot 0{,}0968 + 5 \cdot 0{,}2727 = 1{,}8475.$$

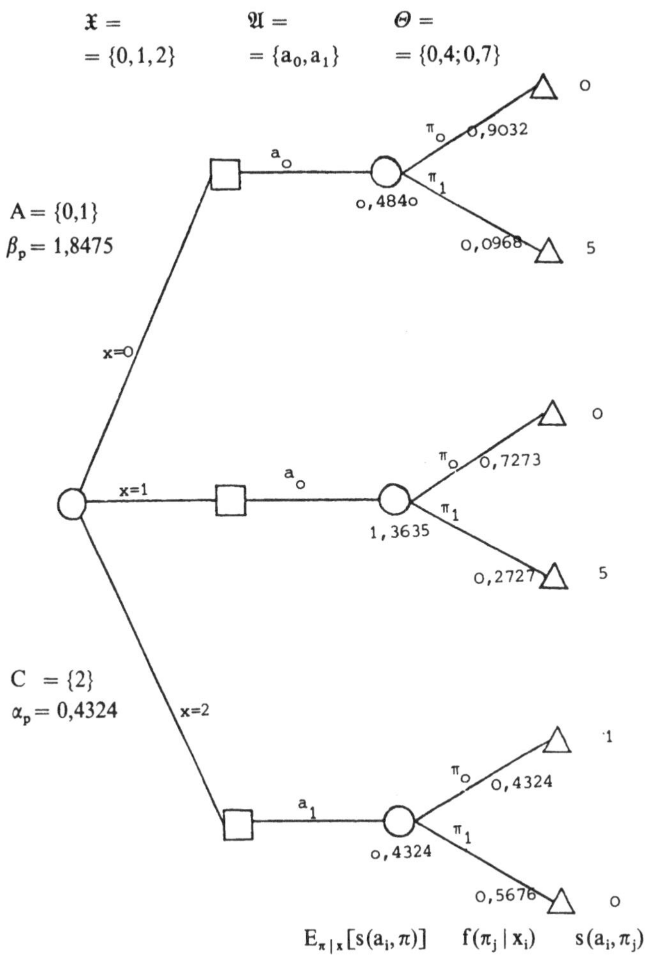

Figur 29: Posteriorischadenerwartungswerte für die Testfunktion δ_2 und eine $0 - s_i$ Schadenfunktion

Figur 29 zeigt die entsprechende Berechnung in Form eines Entscheidungsbaumes. Für die restlichen zulässigen Verfahren sind die Posteriorischadenerwartungswerte in folgender Tabelle zusammengestellt:

δ_i	α_p	β_p	$E_{\pi\|x}[s(\delta_i, \pi)]$
δ_1	0,0000	4,6855	4,6855
δ_2	0,4324	1,8475	2,2799
δ_5	1,1597	0,4840	1,6437
δ_6	1,3356	1,3635	2,6991
δ_8	2,0629	0,0000	2,0629

δ_5 hat nicht nur minimales Bayes Risiko unter den zulässigen Verfahren, sondern auch minimalen Posteriorischadenerwartungswert für jedes $x \in \mathfrak{X}$.

Mit Hilfe der Roll Back Analyse, die in Figur 30 dargestellt ist, kommt man auch zum Ergebnis, daß

$$\delta_5(x) = \begin{cases} 0 & \text{für} \quad x = 0, \\ 1 & \text{für} \quad x = 1, 2, \end{cases}$$

die beste Testfunktion ist. Dieser Figur kann man auch entnehmen, daß es keineswegs notwendig ist, alle möglichen Stichprobenergebnisse zu berücksichtigen, um die beste Testfunktion zu finden. Für jede mögliche Stichprobenrealisation gilt nämlich die Tatsache, daß a_0 und damit die Nullhypothese nur dann gewählt wird, wenn der Posteriorischadenerwartungswert dieser Aktion kleiner ist, als der der Aktion a_1.

d) Quotient aus den Posteriorischadenerwartungswerten

Wenn man aus den Posteriorischadenerwartungswerten der beiden Aktionen a_0 und a_1 einen Quotienten bildet, dann kann man die beste Testfunktion auch folgendermaßen darstellen:

$$\delta(x) = \begin{cases} 0 & \text{für} \quad \lambda(s|x) \le 1, \\ 1 & \text{für} \quad \lambda(s|x) > 1. \end{cases}$$

Mit

$$\lambda(s|x) = \frac{E_{\vartheta|x}[s(a_0, \vartheta)]}{E_{\vartheta|x}[s(a_1, \vartheta)]}$$

wird der Quotient aus den Posteriorischadenerwartungswerten bezeichnet. Die so formulierte beste Testfunktion nimmt keinen Bezug auf die möglichen Unterteilungen des Stichprobenraumes in Annahme- und kritischen Bereich, sondern nur auf die gegebene Stichprobenrealisation.

Beispiel C-II-4

Für die drei möglichen Stichprobenrealisationen des vorhergehenden Beispiels sind die Quotienten aus den Posteriorischadenerwartungswerten in folgender Tabelle zusammengestellt:

x_i	$E_{\pi\|x}[s(a_0, \pi)]$	$E_{\pi\|x}[s(a_1, \pi)]$	$\lambda(s\|x_i)$
0	0,4840	0,9032	0,5359
1	1,3635	0,7273	1,8747
2	2,8380	0,4324	6,5634

Der besten Testfunktion δ_5 entsprechend, ist $\lambda(s|x)$ lediglich für $x = 0$ kleiner als eins. Nur in diesem Fall wird die Aktion a_0 (= Annahme von H_0) gewählt.

e) Beste Testfunktion nach der Minimax Regel

Nach der Minimax Regel ist jene Testfunktion am besten, für die der maximal

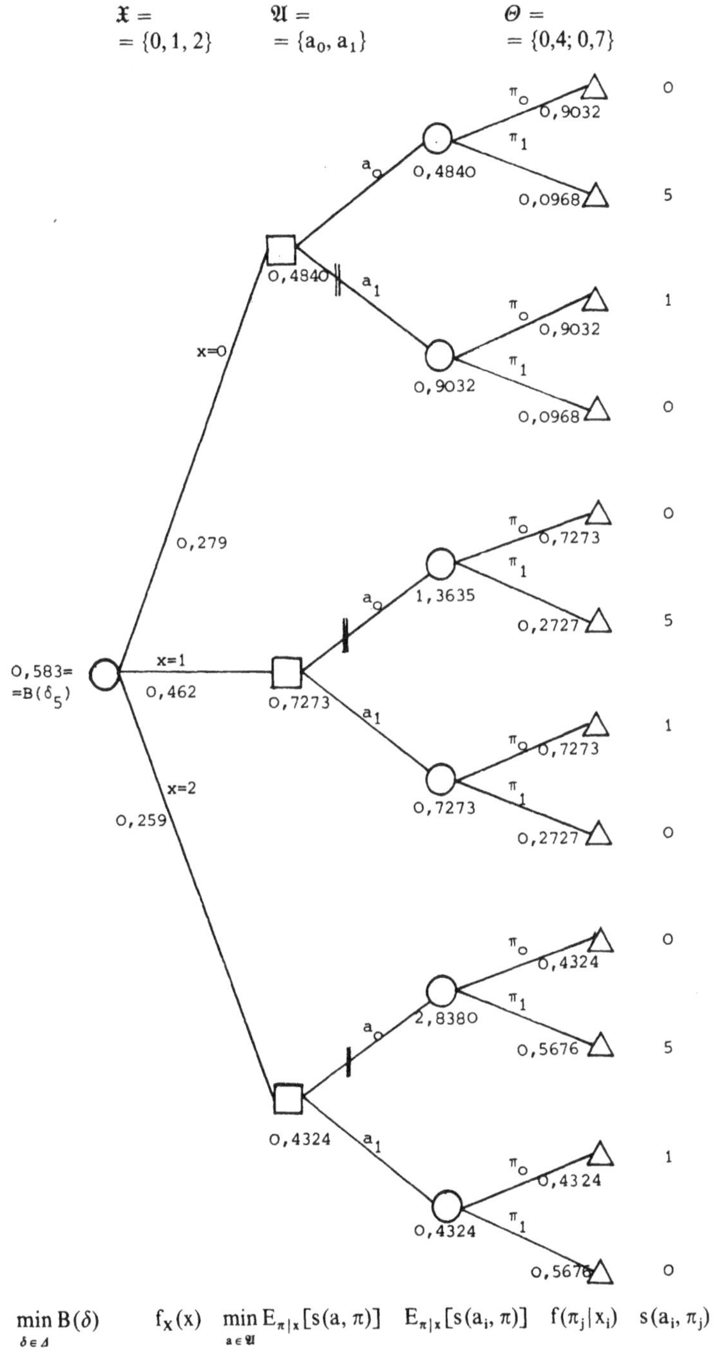

Figur 30: Roll Back Analyse zur Ermittlung der besten Testfunktion nach der Bayes Regel

mögliche Schaden minimal ist[2]). Die Auswahl einer nichtrandomisierten besten Testfunktion nach der direkten Methode ist möglich, wenn Θ und Δ endlich sind wie im vorhergehenden Beispiel. In der Menge der randomisierten Testfunktionen Δ^* kann jedoch eine bessere existieren.

Beispiel C-II-5

Für die zulässigen Testfunktionen von Beispiel C-II-2 sind die maximal möglichen Schäden

$r(\delta_i, \pi_j)$	Θ π_0	π_1	$M(\delta_i)$
δ_1	0,00	5,00	5,00
δ_2	0,16	2,55	2,55
Δ_{MV} δ_5	0,64	0,45	0,64
δ_6	0,52	2,10	2,10
δ_8	1,00	0,00	1,00

$M(\delta_6)$ *ist z. B.:*

$$\begin{aligned} M(\delta_6) &= \max_{\pi \in \Theta} [r(\delta_6, \pi)] = \\ &= \max(0{,}52;\ 2{,}10) = 2{,}10\,. \end{aligned}$$

Da

$$\min_{\delta \in \Delta} M(\delta) = 0{,}64 \quad \textit{ist,}$$

ist die Testfunktion

$$\delta_5(x) = \begin{cases} 0 & \text{für} \quad x = 0, \\ 1 & \text{für} \quad x = 1, 2, \end{cases}$$

in der Menge der nichtrandomisierten Testfunktionen Δ auch nach der Minimax Regel die beste. In der Menge der randomisierten Testfunktionen Δ^*, die die nichtrandomisierten Testfunktionen als Teilmenge enthält $\Delta \subset \Delta^*$, findet man mit

$$\delta_r(x) = \begin{cases} 0 & \text{für} \quad x = 0, \\ 0{,}9264 & \text{für} \quad x = 1, \\ 1 & \text{für} \quad x = 2 \end{cases}$$

eine bessere Testfunktion, da für δ_r mit $M(\delta_r) = 0{,}605$ *der maximal mögliche Schaden kleiner ist als der der besten nichtrandomisierten Testfunktion δ_5.*

In Figur 31 ist die Ermittlung der randomisierten Testfunktion δ_r dargestellt, wobei berücksichtigt wurde, daß eine beste Testfunktion nach der Minimax Regel eine kon-

---

2) Testverfahren nach der Minimax Regel werden u. a. von Basler (1967) und Uhlmann (1969) beschrieben.

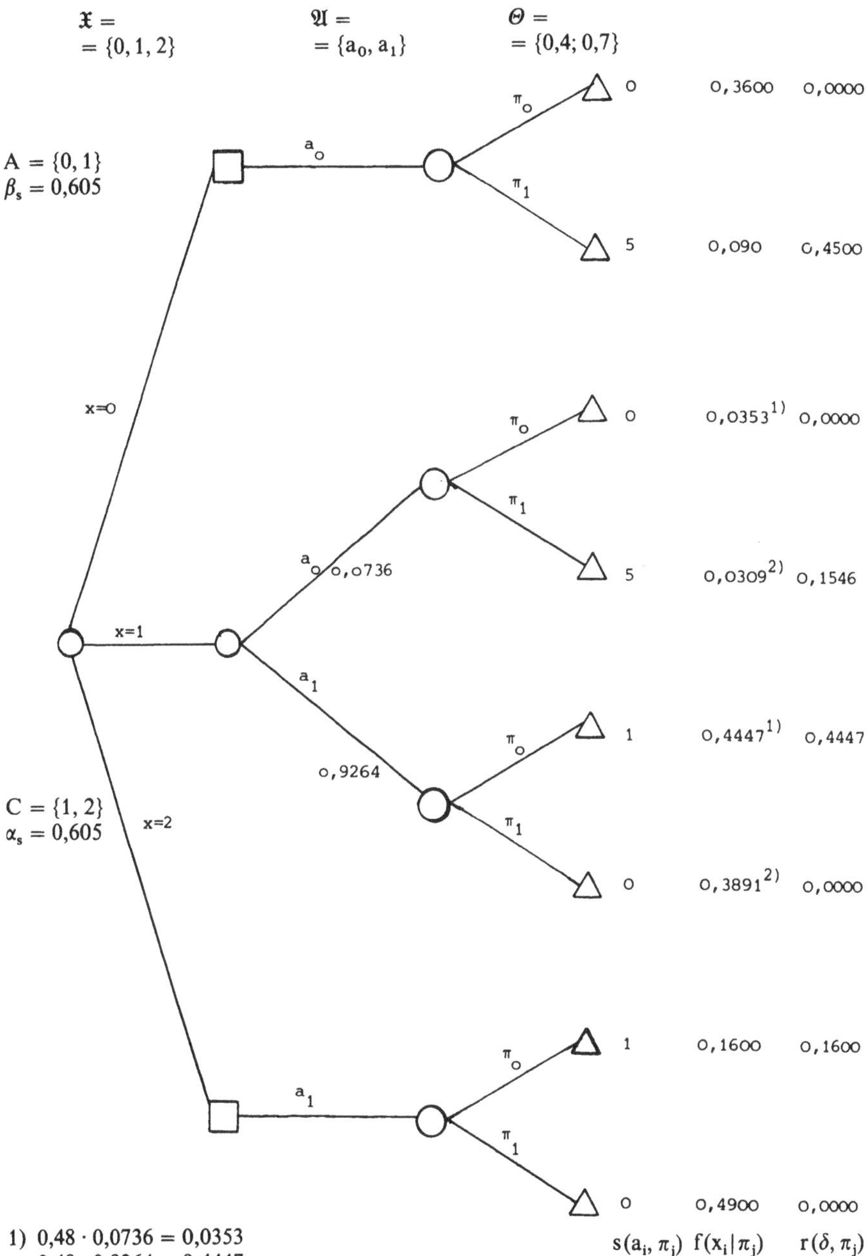

1) $0{,}48 \cdot 0{,}0736 = 0{,}0353$
   $0{,}48 \cdot 0{,}9264 = 0{,}4447$
2) $0{,}42 \cdot 0{,}0736 = 0{,}0309$
   $0{,}42 \cdot 0{,}9264 = 0{,}3891$

Figur 31: Beste Testfunktion nach der Minimax Regel

stante Risikofunktion besitzen muß:

$$s_1 \cdot W\{X \in C \mid \pi_0\} = s_2 \cdot W\{X \in A \mid \pi_1\}$$
$$0{,}16 + 0{,}48\gamma = 5 \cdot 0{,}09 + 5 \cdot 0{,}42(1-\gamma)$$
$$\gamma = 0{,}9264\,.$$

2. Einfache Hypothesen

a) Beste Testfunktion nach der Bayes Regel

Für einfache Hypothesen hat die $0 - s_i$ Schadenfunktion folgende Form:

$$s(a_0, \vartheta) = \begin{cases} 0 & \text{für} \quad \vartheta = \vartheta_0, \\ s_2 & \text{für} \quad \vartheta \neq \vartheta_0, \end{cases}$$

$$s(a_1, \vartheta) = \begin{cases} s_1 & \text{für} \quad \vartheta = \vartheta_0, \\ 0 & \text{für} \quad \vartheta \neq \vartheta_0. \end{cases}$$

s_1 ist der Schaden, der mit dem Fehler 1. Art verknüpft ist und s_2, der des Fehlers 2. Art. Die beste Testfunktion nach der Bayes Regel ist für die Realisation einer einfachen Stichprobe (s. S. 183)

$$\delta(x) = \begin{cases} 0 & \text{für} \quad \lambda(s \mid x) \leq 1, \\ 1 & \text{für} \quad \lambda(s \mid x) > 1. \end{cases}$$

$\lambda(s \mid x)$ ist der Quotient aus den Posteriorischadenerwartungswerten der beiden Aktionen und für einfache Hypothesen wie folgt definiert:

$$\begin{aligned} \lambda(s \mid x) &= E_{\vartheta \mid x}[s(a_0, \vartheta)]/E_{\vartheta \mid x}[s(a_1, \vartheta)] = \\ &= s(a_0, \vartheta) \cdot f(\vartheta_1 \mid x)/s(a_1, \vartheta) \cdot f(\vartheta_0 \mid x) = \\ &= s_2 \cdot f(\vartheta_1 \mid x)/s_1 \cdot f(\vartheta_0 \mid x)\,. \end{aligned}$$

Beispiel C-II-6

$X_1, \ldots, X_n$ *sei eine einfache Stichprobe mit* $X_i \sim B(1, \pi)$. *Für die einfachen Hypothesen* H_0: $\pi = \pi_0$ *und* H_1: $\pi = \pi_1$, *mit* $\pi_0 < \pi_1$ *und eine Realisation der einfachen Stichprobe ist*

$$\delta(x) = \begin{cases} 0 & \text{für} \quad \lambda(x) \leq s_1 \cdot f(\pi_0)/s_2 \cdot (1 - f(\pi_0)), \\ 1 & \text{für} \quad \lambda(x) > s_1 \cdot f(\pi_0)/s_2 \cdot (1 - f(\pi_0), \end{cases}$$

die beste Testfunktion, da

$$\begin{aligned} \lambda(s \mid x) &= s_2 \cdot f(\pi_1 \mid x)/s_1 \cdot f(\pi_0 \mid x) = \\ &= \lambda(\pi) \cdot \lambda(x) \cdot s_2/s_1\,. \end{aligned}$$

Der Likelihoodquotient ist

$$\lambda(x) = \left(\frac{\pi_1}{\pi_0}\right)^{\Sigma x_i} \cdot \left(\frac{1-\pi_1}{1-\pi_0}\right)^{n-\Sigma x_i}$$

und $f(\pi_0)$ *ist die Prioriwahrscheinlichkeit für* H_0.

Der Likelihoodquotient zur Prüfung der Hypothesen H_0: $\pi = 0{,}15$ *gegen* H_1: $\pi = 0{,}20$ *ist bei* $n = 10$ *und* $x = 1$

$$\lambda(x) = 0{,}7726 .$$

Wenn H_0 *und* H_1 *apriori gleichwahrscheinlich sind und der Schaden bei Ablehnung der richtigen* H_0 *doppelt so schwerwiegend ist wie der Schaden bei Annahme einer falschen* H_0, *dann wird* H_0 *nicht abgelehnt, da* $\lambda(x) = 0{,}7726 < 2 = (2 \cdot 0{,}5)/(1 \cdot 0{,}5)$.

b) Beste Testfunktion nach der Minimax Regel

Die beste Testfunktion nach der Minimax Regel hat folgende Form:

$$\delta(x) = \begin{cases} 0 & \text{für} \quad \lambda(x) \leq k, \\ 1 & \text{für} \quad \lambda(x) > k. \end{cases}$$

k wird so bestimmt, daß die Risikofunktion konstant ist, d.h.

$$s_1 \cdot W\{X \in C \mid \vartheta_0\} = s_2 \cdot W\{X \in A \mid \vartheta_1\} .$$

Beispiel C-II-7

$X_1, \ldots, X_n$ *sei eine einfache Stichprobe mit* $X_i \sim N(\mu, 1)$. *Für die beste Testfunktion nach der Minimax Regel und die einfachen Hypothesen* H_0: $\mu = \mu_0$, H_1: $\mu = \mu_1 > \mu_0$ *wird* c *und damit* k *so bestimmt, daß*

$$s_1 \cdot W\{\bar{X} \geq c \mid \mu_0\} = s_2 \cdot W\{\bar{X} < c \mid \mu_1\} .$$

Für die numerischen Angaben $\mu_0 = 4$, $\mu_1 = 5$, $n = 25$ *und* $s_1 = 2$, $s_2 = 1$ *ist diese Gleichung*

$$W\{\bar{X} < c \mid \mu_1\} = 2 \cdot W\{\bar{X} \geq c \mid \mu_0\} ,$$

oder

$$W\{n^{1/2} \cdot (\bar{X} - \mu_1) < 5(c-5) \mid \mu_1\} = 2 \cdot W\{n^{1/2} \cdot (X - \mu_0) > 5(c-4) \mid \mu_0\} .$$

Mit der Verteilungsfunktion F_Z *der Standardnormalverteilung ist dies*

$$F_Z(5c - 25) = 2[1 - F_Z(5c - 20)] .$$

Aus der Standardnormalverteilung findet man $c = 4{,}5245$. *Die beste Testfunktion nach der Minimax Regel ist daher*

$$\delta(x) = \begin{cases} 0 & \text{für} \quad \bar{x} \leq 4{,}5245, \\ 1 & \text{für} \quad \bar{x} > 4{,}5245. \end{cases}$$

Da die Wahrscheinlichkeiten $W\{\bar{X} \geq 4{,}5245 \mid \mu_0\} = 0{,}00436$ *und* $W\{\bar{X} < 4{,}5245 \mid \mu_1\} = 0{,}00872$ *sind, sind die entsprechenden Risiken*

$$r(\delta, \mu_0) = 2 \cdot 0{,}00436 = 0{,}00872,$$
$$r(\delta, \mu_1) = 1 \cdot 0{,}00872 = 0{,}00872.$$

3. Einseitige Hypothesen

a) $0 - s_i$ Schadenfunktion

Für die einseitigen Hypothesen H_0: $\vartheta \leq \vartheta_0$ und H_1: $\vartheta > \vartheta_0$, die $0 - s_i$ Schadenfunktion

$$s(a_0, \vartheta) = \begin{cases} 0 & \text{für} \quad \vartheta \leq \vartheta_0, \\ s_2 & \text{für} \quad \vartheta > \vartheta_0, \end{cases}$$

$$s(a_1, \vartheta) = \begin{cases} s_1 & \text{für} \quad \vartheta \leq \vartheta_0, \\ 0 & \text{für} \quad \vartheta > \vartheta_0, \end{cases}$$

und die Realisation einer einfachen Stichprobe ist die beste Testfunktion

$$\delta(x) = \begin{cases} 0 & \text{für} \quad \lambda(s|x) \leq 1, \\ 1 & \text{für} \quad \lambda(s|x) > 1. \end{cases}$$

Der Quotient aus den Posteriorischadenerwartungswerten $\lambda(s|x)$ wird über die Posterioriverteilung wie folgt bestimmt:

$$\lambda(s|x) = \frac{E_{\vartheta|x}[s(a_0, \vartheta)]}{E_{\vartheta|x}[s(a_1, \vartheta)]} = \frac{s_2 \cdot \int_{\Theta_1} dF(\vartheta|x)}{s_1 \cdot \int_{\Theta_0} dF(\vartheta|x)}.$$

Beispiel C-II-8

Die Posterioriwahrscheinlichkeit der Hypothese H_0: $\pi \leq 0{,}15$ *ist für* $\pi \sim Be(3; 12)$

$$W(\pi \leq 0{,}15) = \int_0^{0{,}15} f(\pi|x)d\pi = 0{,}35$$

(s. Bsp. B-II-8) und für die Hypothese H_1: $\pi > 0{,}15$

$$W(\pi > 0{,}15) = \int_{0{,}15}^{1} f(\pi|x)d\pi = 0{,}65.$$

Wenn der Schaden, der mit der Ablehnung einer richtigen Nullhypothese verknüpft ist, doppelt so groß ist wie der bei der Annahme einer falschen Nullhypothese, dann ist

$$\lambda(s|x) = 1 \cdot 0{,}65/2 \cdot 0{,}35 = 0{,}93.$$

Da der Wert dieses Quotienten kleiner als 1 ist, wird die Nullhypothese angenommen. Ihr Posteriorischadenerwartungswert ist kleiner als der der Alternativhypothese.

b) Lineare Schadenfunktion

Wenn die Schäden, die mit den möglichen Fehlentscheidungen verknüpft sind, nicht fix, sondern proportional zur Abweichung von ϑ_0 sind, dann hat die entsprechende lineare Schadenfunktion für die Hypothesen H_0: $\vartheta \leq \vartheta_0$ und H_1: $\vartheta > \vartheta_0$ folgende Form:

$$s(a_0, \vartheta) = \begin{cases} 0 & \text{für} \quad \vartheta \leq \vartheta_0, \\ s_2 \cdot (\vartheta - \vartheta_0) & \text{für} \quad \vartheta > \vartheta_0, \end{cases}$$

$$s(a_1, \vartheta) = \begin{cases} s_1 \cdot (\vartheta_0 - \vartheta) & \text{für} \quad \vartheta \leq \vartheta_0, \\ 0 & \text{für} \quad \vartheta > \vartheta_0. \end{cases}$$

Liegt ein Fehler 2. Art vor, wird also eine falsche Nullhypothese angenommen, so ist s_2 der Schaden pro Einheit Abweichung des wahren Parameters ϑ von ϑ_0, wobei $\vartheta > \vartheta_0$ ist. Für einen Fehler 1. Art gibt s_1 den Schaden pro Einheit Abweichung des wahren Parameters ϑ_0 von ϑ an. Der Quotient aus den Posteriorischadenerwartungswerten für a_0 und a_1 wird wie folgt berechnet:

$$\lambda(s|x) = \frac{E_{\vartheta|x}[s(a_0, \vartheta)]}{E_{\vartheta|x}[s(a_1, \vartheta)]} = \frac{s_2 \cdot L_{\vartheta_0}^{\infty}(\vartheta|x)}{s_1 \cdot L_{-\infty}^{\vartheta_0}(\vartheta|x)}.$$

Beispiel C-II-9

Die Posteriorverteilung von μ sei $\mu \sim N(3{,}87; 0{,}067)$. Zur Prüfung der Hypothesen H_0: $\mu \leq 4$ und H_1: $\mu > 4$ wird eine lineare Schadenfunktion mit $s_1 = 1$ und $s_2 = 10$ vorausgesetzt. Der Zähler des Quotienten $\lambda(s|x)$ ist

$$\begin{aligned} s_2 \cdot L_4^{\infty}(\mu|x) &= 10 \cdot \sigma'' \cdot L_{0,50}^{\infty}(z) = \\ &= 10 \cdot 0{,}067^{1/2} \cdot 0{,}1979 = 0{,}5123, \end{aligned}$$

da

$$z = (4 - 3{,}87)/0{,}067^{1/2} = 0{,}50$$

und

$$\begin{aligned} L_{0,50}^{\infty}(z) &= f_Z(0{,}50) - 0{,}50[1 - F_Z(0{,}50)] = 0{,}3521 - 0{,}5[1 - 0{,}6915] = \\ &= 0{,}1979. \end{aligned}$$

Analog dazu findet man für den Nenner des Quotienten $\lambda(s|x)$ den Wert 0,1806. Der Quotient aus den Posteriorischadenerwartungswerten ist daher

$$\lambda(s|x) = 0{,}5123/0{,}1806 = 2{,}84.$$

Da dieser Quotient größer als 1 ist, wird die Alternativhypothese angenommen. Ihr Posteriorischadenerwartungswert ist kleiner als der der Nullhypothese.

Wenn bei einer linearen Schadenfunktion $s_1 = s_2$ ist, dann vereinfacht sich die Berechnung des Posteriorischadenerwartungswertquotienten. Er ist in diesem Fall (s. S. 184):

$$\lambda(s|x) = E(\vartheta|x)/\vartheta_0.$$

Beispiel C-II-10

Die Posterioriverteilung von π *sei* $\pi \sim \text{Be}(3; 12)$. *Wenn man eine lineare Schadenfunktion mit* $s_1 = s_2$ *zur Prüfung der Hypothesen* $H_0\colon \pi \leq 0{,}15$ *gegen* $H_1\colon \pi > 0{,}15$ *unterstellt, dann wird die Alternativhypothese angenommen, da*

$$E(\pi|x) = 3/15 = 0{,}2 > \pi_0 = 0{,}15 .$$

Wenn man zur Prüfung der Hypothesen $H_0\colon \mu \leq 4$ *gegen* $H_1\colon \mu > 4$ *eine lineare Schadenfunktion mit* $s_1 = s_2$ *annimmt, bei der also die Schäden der möglichen Fehlentscheidungen proportional zur Abweichung von* $\mu_0 = 4$ *sind und besitzt die Posteriorinormalverteilung die Parameter* $\mu'' = 3{,}87$ *und* $\sigma''^2 = 1/15$, *dann ist die beste Testfunktion*

$$\delta(x) = \begin{cases} 0 & \text{für} \quad E(\mu|x) \leq 4, \\ 1 & \text{für} \quad E(\mu|x) > 4. \end{cases}$$

Da $E(\mu|x) = 3{,}87 < 4$ *ist, wird die Nullhypothese angenommen.*

4. Zweiseitige Hypothesen

a) $0 - s_i$ Schadenfunktion

Die $0 - s_i$ Schadenfunktion hat für die Hypothesen $H_0\colon \vartheta_1 \leq \vartheta \leq \vartheta_2$ und $H_1\colon \vartheta \notin [\vartheta_1, \vartheta_2]$ die Form

$$s(a_0, \vartheta) = \begin{cases} 0 & \text{für} \quad \vartheta \in [\vartheta_1, \vartheta_2], \\ s_2 & \text{für} \quad \vartheta \notin [\vartheta_1, \vartheta_2], \end{cases}$$

$$s(a_1, \vartheta) = \begin{cases} s_1 & \text{für} \quad \vartheta \in [\vartheta_1, \vartheta_2], \\ 0 & \text{für} \quad \vartheta \notin [\vartheta_1, \vartheta_2]. \end{cases}$$

Für die Realisation einer einfachen Stichprobe ist

$$\delta(x) = \begin{cases} 0 & \text{für} \quad \lambda(s|x) \leq 1, \\ 1 & \text{für} \quad \lambda(s|x) > 1 \end{cases}$$

die beste Testfunktion nach der Bayes Regel mit

$$\lambda(s|x) = \frac{E_{\vartheta|x}[s(a_0, \vartheta)]}{E_{\vartheta|x}[s(a_1, \vartheta)]} = \frac{s_2 \cdot [\int_{-\infty}^{\vartheta_1} dF(\vartheta|x) + \int_{\vartheta_2}^{\infty} dF(\vartheta|x)]}{s_1 \cdot \int_{\vartheta_1}^{\vartheta_2} dF(\vartheta|x)} .$$

Beispiel C-II-11

Der Posterioriwahrscheinlichkeitsquotient für die Hypothesen $H_0\colon \mu \in [3{,}9; 4{,}1]$ *und* $H_1\colon \mu \notin [3{,}9; 4{,}1]$ *ist* 2,77 *lt. Beispiel B-II-9. Sind die Schäden* $s_1 = 2$ *und* $s_2 = 1$, *dann ist*

$$\lambda(s|x) = \lambda(\mu|x) \cdot s_2/s_1 = 2{,}77 \cdot 1/2 = 1{,}385 .$$

Da der Quotient $\lambda(s|x)$ *größer als 1 ist, wird die Alternativhypothese angenommen. Der Posteriorischadenerwartungswert dieser Hypothese ist geringer als der der Nullhypothese.*

b) Lineare Schadenfunktion

Für die zweiseitigen Hypothesen H_0: $\vartheta_1 \leq \vartheta \leq \vartheta_2$, H_1: $\vartheta \notin [\vartheta_1, \vartheta_2]$ ist

$$s(a_0, \vartheta) = \begin{cases} 0 & \text{für } \vartheta \in [\vartheta_1, \vartheta_2], \\ s_2(\vartheta_1 - \vartheta) & \text{für } \vartheta < \vartheta_1, \\ s_2(\vartheta - \vartheta_2) & \text{für } \vartheta > \vartheta_2, \end{cases}$$

$$s(a_0, \vartheta) = \begin{cases} s_1 & \text{für } \vartheta \in [\vartheta_1, \vartheta_2], \\ 0 & \text{für } \vartheta \notin [\vartheta_1, \vartheta_2] \end{cases}$$

eine lineare Schadenfunktion und

$$\lambda(s|x) = \frac{E_{\vartheta|x}[s(a_0, \vartheta)]}{E_{\vartheta|x}[s(a_1, \vartheta)]} = \frac{s_2 \cdot [L_{-\infty}^{\vartheta_1}(\vartheta|x) + L_{\vartheta_2}^{\infty}(\vartheta|x)]}{s_1 \cdot \int_{\vartheta_1}^{\vartheta_2} dF(\vartheta|x)}$$

der Quotient aus den Posteriorischadenerwartungswerten der Aktionen a_0 und a_1.

Beispiel C-II-12

Für die Prüfung der Hypothesen H_0: $0{,}14 \leq \pi \leq 0{,}16$ *und* H_1: $\pi \notin [0{,}14; 0{,}16]$ *wird eine Posterioribetaverteilung von* π *mit* $x'' = 3$, $n'' - x'' = 12$ *und eine lineare Schadenfunktion vorausgesetzt. Wenn der Schaden pro Einheit Abweichung vom Intervall der Nullhypothese* $s_2 = 1$ *und der Schaden für die Ablehnung der richtigen Nullhypothese* $s_1 = 2$ *ist, dann ist*

$$\lambda(s|x) = 1 \cdot [L_0^{0,14}(\pi|x) + L_{0,16}^{1}(\pi|x)]/2 \cdot \int_{0,14}^{0,16} f(\pi|x)\,d\pi$$

der Quotient aus den Posteriorischadenerwartungswerten. Da

$$L_0^{0,14}(\pi|x) = 0{,}14 \cdot F_{Be}(0{,}14|3;12) - 0{,}2 \cdot F_{Be}(0{,}14|4;12) = \\ = 0{,}14 \cdot 0{,}3111 - 0{,}2 \cdot 0{,}1476 = 0{,}0140$$

und

$$L_{0,16}^{1}(\pi|x) = 0{,}2 \cdot [1 - F_{Be}(0{,}16|4;12)] - 0{,}16 \cdot [1 - F_{Be}(0{,}16|3;12)] = \\ = 0{,}2 \cdot 0{,}7908 - 0{,}16 \cdot 0{,}6068 = 0{,}0611$$

ist der Zähler von $\lambda(s|x)$ *gleich* 0,0751. *Die Posterioriwahrscheinlichkeit im Nenner ist* 0,0821, *da*

$$\int_{0,14}^{0,16} f(\pi|x)\,d\pi = \int_{0}^{0,16} f(\pi|x)\,d\pi - \int_{0}^{14} f(\pi|x)\,d\pi = \\ = 0{,}3932 - 0{,}3111 = 0{,}0821\,.$$

Mit 0,4574 *ist der Quotient aus den Posteriorischadenerwartungswerten*

$$\lambda(s|x) = 1 \cdot 0{,}0751/2 \cdot 0{,}0821 = 0{,}4574$$

kleiner als 1. Die Nullhypothese wird daher angenommen, da ihr Posteriorischadenerwartungswert geringer ist als der der Alternativhypothese.

c) Quadratische Schadenfunktion

Für die Punktnullhypothese H_0: $\vartheta = \vartheta_0$ gegen H_1: $\vartheta \neq \vartheta_0$ ist

$$s(a_0, \vartheta) = \begin{cases} 0 & \text{für} \quad \vartheta = \vartheta_0 \\ s_2(\vartheta - \vartheta_0)^2 & \text{für} \quad \vartheta \neq \vartheta_0 \end{cases}$$

$$s(a_1, \vartheta) = \begin{cases} s_1 & \text{für} \quad \vartheta = \vartheta_0 \\ 0 & \text{für} \quad \vartheta \neq \vartheta_0 \end{cases}$$

eine quadratische Schadenfunktion und

$$\lambda(s|x) = \frac{E_{\vartheta|x}[s(a_0, \vartheta)]}{E_{\vartheta|x}[s(a_1, \vartheta)]} = \frac{1 - p_0}{p_0} \cdot \frac{s_2 \cdot \int_{-\infty}^{\infty} (\vartheta - \vartheta_0)^2 f(\vartheta|x) d\vartheta}{s_1 \cdot f(\vartheta_0|x)}$$

der Quotient aus den Posteriorischadenerwartungswerten der Aktionen a_0 und a_1. Da $E(X - \vartheta_0)^2 = V(X) + [E(X) - \vartheta_0]^2$, kann man $\lambda(s|x)$ auch folgendermaßen schreiben:

$$\lambda(s|x) = \frac{1 - p_0}{p_0} \cdot \frac{s_2 \cdot \{V(\vartheta|x) + [E(\vartheta|x) - \vartheta_0]^2\}}{s_1 \cdot f(\vartheta_0|x)}$$

mit

$$f(\vartheta_0|x) = f(x|\vartheta_0) \cdot p_0/[f(x|\vartheta_0) \cdot p_0 + (1 - p_0) \cdot f_X(x)].$$

Beispiel C-II-13

Um die Hypothesen H_0: $\mu = 4$ *und* H_1: $\mu \neq 4$ *über den Parameter einer Normalverteilung auf Grund einer quadratischen Schadenfunktion zu prüfen, stehen folgende Informationen zur Verfügung*

$$\mu' = 2, \quad \sigma'^2 = 1, \quad n' = 1, \quad p_0 = 0{,}5,$$
$$\bar{x} = 4{,}8, \quad \sigma^2 = 1, \quad n = 10,$$
$$\mu'' = 4{,}546, \quad \sigma''^2 = 1/11, \quad n'' = 11,$$
$$s_1 = 2, \quad s_1 = 1.$$

Die Posterioriwahrscheinlichkeit von H_0 *ist*

$$f(\mu_0|\bar{x}) = 0{,}0514 \cdot 0{,}5/[0{,}0514 \cdot 0{,}5 + 0{,}5 \cdot 0{,}0108] = \\ = 0{,}8264.$$

Da $V(\mu|\bar{x}) = 1/11$ *und* $E(\mu|\bar{x}) = 4{,}546$ *sind, ist der Posteriorischadenerwartungswertquotient*

$$\lambda(s|x) = \frac{1 - 0{,}5}{0{,}5} \cdot \frac{[(1/11) + (4{,}546 - 4)^2]}{2 \cdot 0{,}8264} = 0{,}2354\,.$$

Auf Grund dieses Ergebnisses wird die Nullhypothese angenommen. Der Posteriorischadenerwartungswert dieser Hypothese ist geringer als der der Alternativhypothese.

5. Beziehungen zum Bayes und klassischen Modell

a) Bayes Modell als Spezialfall des Wald Modells und der Bayes Regel

Im Bayes Modell werden die Posterioriwahrscheinlichkeiten für die beiden Fehlerarten bestimmt und jene Aktion wird angenommen, die die geringere Wahrscheinlichkeit für die Annahme einer falschen Hypothese aufweist. Formal vergleicht man den Quotienten aus beiden Wahrscheinlichkeiten mit 1. $\lambda(\vartheta|x)$ ist größer als 1, wenn die Posterioriwahrscheinlichkeit für die Annahme einer falschen Nullhypothese größer ist als die für die Annahme einer falschen Alternativhypothese und $\lambda(\vartheta|x)$ ist kleiner 1 im gegenteiligen Fall.

Auch im Wald Modell werden die Posterioriwahrscheinlichkeiten für die beiden Fehlerarten nach der Bayes Regel verwendet. Da die Schäden, die mit den beiden Fehlerarten verknüpft sind, nicht unbedingt gleich 1 sind, stimmt der Quotient aus den Posteriorischadenerwartungswerten des Wald Modells mit dem Posterioriwahrscheinlichkeitsquotienten des Bayes Modells lediglich für die 0 – 1 Schadenfunktion überein. Die Testverfahren des Bayes Modells entsprechen daher einem Spezialfall des Wald Modells. Nur unter der Voraussetzung einer 0 – 1 Schadenfunktion kommt man mit Hilfe des Wald Modells und der Bayes Regel zu den selben Ergebnissen wie mit den Testverfahren des Bayes Modells.

b) Klassisches Modell als Spezialfall des Wald Modells und der Minimax Regel

Man kann die Minimax Testverfahren auch mit den Testverfahren des klassischen Modells vergleichen. Im klassischen Modell wird der Likelihoodquotient $\lambda(x)$ mit einer Konstanten k verglichen, die so bestimmt wird, daß sie der vorgegebenen Wahrscheinlichkeit für den Fehler 1. Art entspricht. Bei den Testverfahren nach der Minimax Regel wird $\lambda(x)$ ebenfalls mit einer Konstanten k verglichen. Diese wird jedoch so festgelegt, daß die beiden mit den Fehlerwahrscheinlichkeiten gewichteten Schäden gleich groß sind. Dadurch ist sichergestellt, daß der maximal mögliche Schaden minimal ist.

Aufgaben und weitere Ergebnisse

1) $X_1, \dots, X_n$ sei eine einfache Stichprobe mit $X_i \sim P(\lambda)$ und H_0: $\lambda = \lambda_0$, H_1: $\lambda = \lambda_1 > \lambda_0$. Bestimmen Sie die beste Testfunktion nach der Bayes Regel und nach der Minimax Regel für die $0 - s_i$ Schadenfunktion und eine Gammaprioriverteilung von λ.

2) $X_1, \dots, X_{15}$ sei eine einfache Stichprobe mit $X_i \sim B(1, \pi)$. Zeigen Sie, daß

$$\delta(x) = \begin{cases} 0 & \text{für} \quad \Sigma x_i < 5, \\ 0{,}44 & \text{für} \quad \Sigma x_i = 5, \\ 1 & \text{für} \quad \Sigma x_i > 5 \end{cases}$$

eine beste Testfunktion nach der Minimax Regel ist, wenn man die Daten $\pi_0 = 0{,}25$; $\pi_1 = 0{,}5$; $s_1 = 2$ und $s_2 = 1$ verwendet (s. Berger (1980) S. 218).

3) Ein einzelner Wert wird aus einer Verteilung mit der Dichtefunktion $f(x|\vartheta) = \vartheta \cdot x^{\vartheta - 1}$, $0 < x < 1$ entnommen, um die Hypothese H_0: $\vartheta = 2$ und H_1: $\vartheta = 4$ zu prüfen. Der Schaden, der mit einem α-Fehler verknüpft ist, sei 1 und der für den β-Fehler 2. Zeigen Sie, daß H_0 nach der Bayes Regel abgelehnt werden soll, wenn $x > 3^{1/2}/2$ ist, unter der Voraussetzung, daß die Prioriwahrscheinlichkeit für H_0 3/4 beträgt (s. Beaumont (1980) S. 138).

4) Zeigen Sie für die Angabe der vorhergehenden Aufgabe, daß H_0 nach der Minimax Regel abgelehnt werden soll, wenn $x > 1/2^{1/2}$ ist.

5) $X_1, \dots, X_5$ sei eine einfache Stichprobe mit $X_i \sim B(1, \pi)$. Die Prioriverteilung von π sei $Be(1; 1)$. Wird H_0: $\pi \leq 0{,}6$ oder H_1: $\pi > 0{,}6$ angenommen, wenn $\Sigma x_i = 4$ und der Schaden für einen Fehler 1. Art 3 Einheiten und 1 Einheit für den Fehler 2. Art beträgt?

6) $X_1, \dots, X_n$ sei eine einfache Stichprobe mit $X_i \sim Ex(\lambda)$ und H_0: $\lambda \leq \lambda_0$, H_1: $\lambda > \lambda_0$. Die Prioriverteilung von λ sei gammaverteilt und die Schadenfunktion linear. Bestimmen Sie die beste Testfunktion nach der Bayes Regel.

7) X hat die Dichtefunktion $f(x|\vartheta) = \vartheta \cdot \exp(-\vartheta x)$ und ϑ hat die Prioridichte $f(\vartheta) = \lambda \exp(-\lambda x)$ mit λ bekannt. Die Posterioridichte von ϑ ist dann

$$f(\vartheta|x) = (x + \lambda)^2 \cdot \vartheta \cdot \exp[-(x + \lambda)\vartheta].$$

Zeigen Sie, daß für die Hypothesen H_0: $\vartheta \leq \vartheta_0$ und H_1: $\vartheta > \vartheta_0$ die beste Testfunktion nach der Bayes Regel wie folgt lautet:

$$\delta(x) = \begin{cases} 0 & \text{für} \quad T(x) \leq s_1, \\ 1 & \text{für} \quad T(x) > s_2, \end{cases}$$

mit $T(x) = (s_1 + s_2)[1 + (x + \lambda)\vartheta_0]\exp[-(x + \lambda)\vartheta_0]$. s_1 und s_2 sind die Schäden, die mit den Fehlern 1. und 2. Art verknüpft sind. (s. Beaumont (1980) S. 168).

8) Zeigen Sie, daß für eine lineare Schadenfunktion (mit $s_1 = s_2 = 1$) und die Angaben der vorhergehenden Aufgabe

$$\delta(x) = \begin{cases} 0 & \text{für} \quad 2/(x + \lambda) \leq \vartheta_0, \\ 1 & \text{für} \quad 2/(x + \lambda) > \vartheta_0, \end{cases}$$

eine beste Testfunktion nach der Bayes Regel ist (s. Beaumont (1980) S. 169).

9) Zeigen Sie, daß gilt

$$\int_a^\infty (z - a) f(z) dz = f(z) - z[1 - F(z)].$$

f(z) und F(z) sind die Dichte- und Verteilungsfunktion der standardisierten Normalverteilung (s. La Valle (1970) S. 557).

10) Zeigen Sie, daß für eine beliebige Normalverteilung gilt

$$\int_b^\infty x \cdot f_N(x \mid \mu, \sigma^2)\,dx = \mu \cdot \left[1 - F_Z\left(\frac{b-\mu}{\sigma}\right)\right] + \sigma \cdot f_Z\left(\frac{b-\mu}{\sigma}\right).$$

f_Z und F_Z sind die Dichte- und Verteilungsfunktion der standardisierten Normalverteilung.

11) Berechnen Sie für die Hypothesen H_0: $\mu \in [3{,}9; 4{,}1]$, H_1: $\mu \notin [3{,}9; 4{,}1]$, sowie die Posteriorinormalverteilung von $\mu \sim N(3{,}87; 1/15)$ und eine lineare Schadenfunktion ($s_1 = s_2 = 1$) den Posteriorischadenerwartungswertquotienten.
(Antwort: $\lambda(s \mid x) = 0{,}55$).

12) Ein statistisches Verfahren δ bezeichnet man als unverzerrt, wenn gilt

$$E_\vartheta[s(\delta, \vartheta)] \leq E_\vartheta[s(\delta, \vartheta^*)], \qquad \forall \vartheta, \vartheta^* \in \Theta.$$

Zeigen Sie, daß für die $0-1$ Schadenfunktion eine Testfunktion genau dann in diesem Sinne unverzerrt ist, wenn die Gütefunktion folgende Bedingung erfüllt:

$$g(\delta, \vartheta^*) \geq \sup\{g(\delta, \vartheta) \mid \vartheta \in \Theta_0\}, \qquad \forall \vartheta^* \in \Theta_1,$$

(s. Bickel, Doksum (1977) S. 432).

III. Intervallschätzverfahren[1])

1. Intervallschätzfunktionen im Wald Modell

a) Schadenfunktion für Intervallschätzverfahren

Die Intervallschätzverfahren sind auch im Wald Modell als Spezialfall der Testverfahren darstellbar. Dies zeigen folgende Übereinstimmungen zwischen zweiseitig abgeschlossenen Schätzintervallen und zweiseitigen Hypothesen:

Glaubt man, daß das Schätzintervall den wahren Parameter ϑ überdeckt, wird kein Schaden auftreten, wenn dies tatsächlich der Fall ist. Wenn jedoch ϑ nicht im Schätzintervall liegt, entsteht ein Schaden s_l, der von der Intervallänge abhängt.

Wenn man jedoch der Ansicht ist, daß der wahre Parameter ϑ nicht im Schätzintervall liegt und dies trifft tatsächlich zu, dann entsteht kein Schaden. Ist der Parameter aber in Wirklichkeit größer als die Intervalluntergrenze T_u oder kleiner als die Intervallobergrenze T_0, so hat man mit den Schäden s_u, bzw. s_0 zu rechnen.

Die Schadenfunktion eines Intervallschätzverfahrens hat daher folgendes Aussehen:

$$s(a_0, \vartheta) = \begin{cases} 0 & \text{für} \quad \vartheta \in [T_u, T_0], \\ s_l & \text{für} \quad \vartheta \notin [T_u, T_0], \end{cases}$$

$$s(a_1, \vartheta) = \begin{cases} s_u & \text{für} \quad \vartheta \geq T_u, \\ s_0 & \text{für} \quad \vartheta \leq T_0, \\ 0 & \text{für} \quad \vartheta \notin [T_u, T_0]. \end{cases}$$

Mit dem Fehler 2. Art ist der Schaden s_l verknüpft und mit dem Fehler 1. Art die Schäden s_u und s_0. s_u kann als Schadenfunktion der Unterschätzung und s_0 als die der Überschätzung betrachtet werden. s_l reflektiert den Schaden, der mit der Intervallänge zusammenhängt. Eine große Intervallänge ist weniger informativ als eine kleine. Es ist daher vernünftig anzunehmen, daß der Schaden s_l eine zunehmende Funktion von $T_0 - T_u$ ist. Im Rahmen der Intervallschätzverfahren schreibt man daher obige Schadenfunktion wie folgt:

$$s(a, \vartheta) = s_u(T_u, \vartheta) + s_0(T_0, \vartheta) + s_l(T_u, T_0).$$

b) Beste Intervallschätzfunktion nach der Bayes Regel

Für die Intervallschätzfunktionen des Wald Modells wird kein Niveau vorgegeben. Nach der Bayes Regel werden die Intervallgrenzen so bestimmt, daß der der Schadenfunktion entsprechende Posteriorischadenerwartungswert

1) Intervallschätzverfahren nach der Bayes Regel werden für eine Reihe von Schadenfunktionen bei Winkler (1972) beschrieben, während Dixon (1976) den Zusammenhang zwischen Intervallschätzfunktionen und Testfunktionen hervorhebt. Intervallschätzfunktionen nach der Minimax Regel werden von Zehnwirth (1975) behandelt.

$$E_{\vartheta|x}[s(a, \vartheta)] = E_{-\infty}^{T_u}[s_u(T_u, \vartheta)] + E_{T_0}^{\infty}[s_0(T_0, \vartheta)] + s_l(T_0 - T_u)$$

minimal ist. Dieses Minimum existiert, wenn man voraussetzt, daß $s_u(T_u, \vartheta)$ und $s_0(T_0, \vartheta)$ keine konstanten, sondern monoton nichtfallende Funktionen in $|T - \vartheta|$ sind und $E_{\vartheta|x}[s(a, \vartheta)]$ endlich ist für alle $a \in \mathfrak{A}$ (s. Winker (1972) S. 187).

Die Berechnung von Intervallgrenzen nach der Minimax Regel wird hier nicht dargestellt. Vgl. dazu Zehnwirth (1975).

2. Spezielle Schadenfunktionen

a) Lineare Schadenfunktion

Für die lineare Schadenfunktion

$$s(a, \vartheta) = s_l(T_0 - T_u) + \begin{cases} s_u(T_u - \vartheta) & \text{für} \quad \vartheta < T_u, \\ s_0(\vartheta - T_0) & \text{für} \quad \vartheta > T_0 \end{cases}$$

wird der Posteriorischadenerwartungswert für eine Stichprobenrealisation minimiert, wenn die Grenzen des Intervalls aus der Posterioriverteilung von ϑ wie folgt bestimmt werden (s. S. 186):

$$F_{\vartheta|x}(T_u) = s_l/s_u,$$
$$F_{\vartheta|x}(T_0) = 1 - (s_l/s_0).$$

$F_{\vartheta|x}(T)$ ist die Verteilungsfunktion der Posterioriverteilung von ϑ. s_l ist der Schaden pro Einheit Intervallänge und s_u bzw. s_0 der Schaden pro Einheit Abweichung des wahren Parameters von der Intervallunter- bzw. -obergrenze. T_u ist das (s_l/s_u)-te Quantil der Posterioriverteilung und T_0 das $(1 - s_l/s_0)$-te Quantil. Eine Lösung existiert nur dann, wenn $(s_l/s_u) + (s_l/s_0) < 1$.

Beispiel C-III-1

Verhält sich z. B. der mit einer Einheit Intervallänge verknüpfte Schaden zu dem Schaden pro Einheit Über- oder Unterschätzung wie

$$\frac{s_l}{s_u} = \frac{s_l}{s_0} = \frac{1}{10},$$

dann ist $s_l/s_u = 0{,}1$ *und* $1 - s_l/s_0 = 0{,}9$. *Für die Posteriorinormalverteilung mit* $\mu'' = 3{,}87$ *und* $\sigma''^2 = 0{,}067$ *sind*

$$T_u = \mu'' - \sigma'' \cdot z_{(s_l/s_u)} = \\ = 3{,}87 - 0{,}067^{1/2} \cdot 1{,}28 = 3{,}54,$$

$$T_0 = \mu'' + \sigma'' \cdot z_{(1 - s_l/s_0)} = \\ = 3{,}87 + 0{,}067^{1/2} \cdot 1{,}28 = 4{,}20$$

die Intervallgrenzen für den unbekannten Parameter μ. *Der unbekannte Parameter* μ *liegt für die vorausgesetzte lineare Schadenfunktion im Intervall* (3,54; 4,20). *Der*

Posteriorischadenerwartungswert ist für dieses Intervall minimal. Das „Niveau" des Intervalls beträgt 0,8.

b) Lineare Schadenfunktion und fixe Intervallänge

Wenn die Intervallänge für eine lineare Schadenfunktion fix vorgegeben wird, dann werden die Intervallgrenzen so bestimmt, daß folgende Gleichung gilt:

$$F_{\vartheta|x}(T_u)/[1 - F_{\vartheta|x}(T_u + c)] = s_0/s_u$$

mit

$$c = T_0 - T_u .$$

Beispiel C-III-2

Die Posterioriverteilung von π *sei* Be(3; 12) *und* $s_0 = s_u$. *Wenn die Intervallänge mit* $c = 0{,}25$ *vorgegeben wird, dann muß gelten*

$$F_{\pi|x}(T_u) = 1 - F_{\pi|x}(T_u + 0{,}25) .$$

Mit Hilfe der Posterioribetaverteilung findet man (näherungsweise)

$$F_{\pi|x}(0{,}0815) = 1 - F_{\pi|x}(0{,}0815 + 0{,}25) = 0{,}10 .$$

Die Intervallgrenzen sind daher

$$T_u = 0{,}0815 \quad \textit{und} \quad T_0 = 0{,}3315 .$$

Man kann behaupten, daß der unbekannte Parameter π *für die vorausgesetzte lineare Schadenfunktion und die Intervallänge von* $T_0 - T_u = 0{,}25$ *im Intervall* (0,0815; 0,3315) *liegt. Der Posteriorischadenerwartungswert ist für diese Intervallgrenzen minimal. Das „Niveau" dieses Intervalls beträgt* 0,8.

c) Quadratische Schadenfunktion

Für die quadratische Schadenfunktion

$$s(a, \vartheta) = s_1(T_0 - T_u) + \begin{cases} s_u(T_u - \vartheta)^2 & \text{für} \quad \vartheta < T_u , \\ s_0(\vartheta - T_0)^2 & \text{für} \quad \vartheta > T_0 \end{cases}$$

werden die Grenzen des Schätzintervalls nach der Bayes Regel so bestimmt, daß für T_u und T_0 folgende Gleichungen gelten (s. S. 187):

$$T_u\text{:} \quad L_{-\infty}^{T_u}(\vartheta|x) = s_1/2s_u ,$$
$$T_0\text{:} \quad L_{T_0}^{\infty}(\vartheta|x) = s_1/2s_0 .$$

Der Schaden pro Einheit Intervallänge ist s_1 und s_u bzw. s_0 der Schaden pro Einheit quadratische Abweichung des wahren Parameters von der Intervallunter- bzw. -obergrenze.

Beispiel C-III-3

Auf Grund der Realisation einer einfachen Stichprobe mit $X_i \sim N(\mu, \sigma^2)$, σ^2 *bekannt, einer Priorinormalverteilung von* μ *und einer quadratischen Schadenfunktion soll ein Intervall für den unbekannten Parameter* μ *bestimmt werden. Für eine Posteriorinormalverteilung werden* T_u *und* T_0 *durch folgende Gleichungen bestimmt (s. S. 185):*

$$T_u\colon\ \sigma'' \cdot L_{-\infty}^{z_u}(Z) = s_l/2s_u, \quad \text{mit} \quad z_u = (T_u - \mu'')/\sigma'',$$
$$T_0\colon\ \sigma'' \cdot L_{z_0}^{\infty}(Z) = s_l/2s_0, \quad \text{mit} \quad z_0 = (T_0 - \mu'')/\sigma''.$$

Daraus folgt für die Intervallgrenzen, daß

$$T_u = \mu'' - \sigma'' \cdot L_{-\infty}^{z_u}(Z), \quad \text{mit} \quad z_u = -(s_l/2s_u)/\sigma'',$$
$$T_0 = \mu'' + \sigma'' \cdot L_{z_0}^{\infty}(Z), \quad \text{mit} \quad z_0 = (s_l/2s_0)/\sigma''.$$

Für die Posteriorinormalverteilung mit $\mu'' = 3{,}87$, $\sigma''^2 = 0{,}067$ *und eine quadratische Schadenfunktion mit* $s_l/s_u = s_l/s_0 = 1/10$ *ist*

$$\frac{s_l/2s_u}{\sigma''} = \frac{s_l/2s_0}{\sigma''} = \frac{1/(2 \cdot 10)}{0{,}067^{1/2}} = 0{,}19$$

und

$$L_{-\infty}^{-0,19}(z) = f_Z(-0{,}19) + (-0{,}19) \cdot F_Z(-0{,}19) = 0{,}31 = L_{0,19}^{\infty}(z).$$

Die Intervallunter- und -obergrenze ist daher

$$T_u = 3{,}87 - 0{,}067^{1/2} \cdot 0{,}31 = 3{,}79,$$
$$T_0 = 3{,}87 + 0{,}067^{1/2} \cdot 0{,}31 = 3{,}95.$$

Das „Niveau" dieses Intervalls ist 0,24.

3. Beziehungen zum Bayes Modell

Im Bayes Modell wird für die Bestimmung der besten Intervallschätzfunktion die Posterioriverteilung des unbekannten Parameters verwendet. Durch die Vorgabe des Niveaus $1 - \alpha$ und die Beschränkung auf HPD-Intervalle ist es im Rahmen des Bayes Modells möglich, beste Intervallschätzfunktionen anzugeben.

Weder eine Niveauvorgabe noch die Beschränkung auf HPD-Intervalle sind im Wald Modell notwendig, um beste Intervallschätzfunktionen nach der Bayes Regel auszuwählen. Die Intervallgrenzen der besten Intervallschätzfunktion werden für die gegebene Schadenfunktion so bestimmt, daß der entsprechende Posteriorischadenerwartungswert minimal ist.

Aufgaben und weitere Ergebnisse

1) Die Realisation einer einfachen Stichprobe mit $n = 4$ und $X_i \sim P(\lambda)$ liefert $\bar{x} = 2$. Der Aprioriinformation über λ entspricht eine Gammaverteilung mit $n' = 2$ und $x' = 7$. Berechnen Sie ein Intervall für λ nach der Bayes Regel, wobei eine lineare Schadenfunktion vorausge-

setzt wird. Der mit einer Einheit Intervallänge verknüpfte Schaden verhält sich zum Schaden der Unter- oder Überschätzung wie $s_l/s_u = s_l/s_0 = 10$.
(Antwort: (1,72; 3,36)).

2) Wenn die Intervallänge $T_0 - T_u = c$ fix vorgegeben wird, dann bestimmt man die beste Intervallschätzfunktion nach der Bayes Regel für eine lineare Schadenfunktion so, daß gilt

$$F(T_u)/[1 - F(T_u + c)] = s_0/s_u.$$

Das „Niveau" dieses Intervalls ist

$$1 - [(s_0 + s_u)/s_0] \cdot F(T_u).$$

Beweisen Sie dieses Ergebnis.

3) Benützen Sie die Formel der vorhergehenden Aufgabe, um ein Intervall der Länge 9 für den unbekannten Parameter μ zu bestimmen. μ hat eine Posteriorinormalverteilung mit $\mu'' = 100$ und $\sigma''^2 = 36$. Der Schaden pro Einheit Überschätzung beträgt 4, jener pro Einheit Unterschätzung 2. Wie groß ist das Niveau des Intervalls?
(Antwort: (97,06; 106,06), $1 - \alpha = 0{,}532$).

4) Bestimmen Sie ein Intervall der Länge 0,45 für den unbekannten Parameter π nach der Bayes Regel mit der Posterioribetaverteilung Be(8; 16) und eine lineare Schadenfunktion. Der Schaden pro Einheit Überschätzung beträgt 5 und der der Unterschätzung 3.
(Antwort: (0,50, 0,95)).

5) Bestimmen Sie in der vorhergehenden Aufgabe das Niveau des Intervalls.
(Antwort: 0,2).

6) $X_1, \ldots, X_{10}$ sei eine einfache Stichprobe mit $X_i \sim N(\mu, \sigma^2)$, μ bekannt. Die Realisation liefert $s^2 = 30$. Die Prioriverteilung von σ^2 entspricht einer Gammaverteilung mit $\sigma'^2 = 16$, $\nu' = 12$. Berechnen Sie für eine lineare Schadenfunktion mit $s_l/s_u = s_l/s_0 = 1/10$ ein Intervall für σ^2.
(Antwort: (15,97; 35,14)).

7) Für ein vorgegebenes Niveau $\gamma = 1 - \alpha$ und eine lineare Schadenfunktion werden die Intervallgrenzen einer besten Intervallschätzfunktion nach der Bayes Regel so bestimmt, daß folgende Gleichung gilt:

$$\lambda = [s_u \cdot F(T_u) - s_l]/f(T_u) = [s_0\{1 - F(T_u) - \gamma\} - s_1]/f(T_0)$$

(λ ist ein Lagrange Multiplikator). Beweisen Sie dieses Ergebnis.

8) Berechnen Sie unter Berücksichtigung der Ergebnisse der vorhergehenden Aufgabe für μ ein Intervall zum Niveau 0,8. μ hat eine Posteriorinormalverteilung mit $\mu'' = 50$ und $\sigma''^2 = 16$. Der Schaden pro Einheit Unterschätzung beträgt 2, der der Überschätzung 4 und der der Intervallänge 1 (s. Winkler (1972) S. 190).
(Antwort: (45,16; 55,44)).

9) Berechnen Sie für die numerischen Angaben der vorhergehenden Aufgabe ein Intervall für μ ohne Beschränkung des Niveaus und mit Berücksichtigung einer quadratischen Schadenfunktion (s. Winkler (1972) S. 190).
(Antwort: (45,40; 55,88), $1 - \alpha = 0{,}804$).

10) Zeigen Sie, daß für ein Intervall mit minimalem Posteriorischadenerwartungswert folgende Bedingungen erfüllt sein müssen:

1. $E_{-\infty}^{T_u}[s_u'(T_u, \vartheta)] = E_{T_0}^{\infty}[s_0'(T_0, \vartheta)] = s_1$.
2. $E_{-\infty}^{T_u}[s_u''(T_u, \vartheta)] + s_u'(0) \cdot f(T_u) \geq 0$,
   $E_{T_0}^{\infty}[s_u''(T_0, \vartheta)] + s_0'(0) \cdot f(T_0) \geq 0$.

s'_u, s'_0 bzw. s''_u, s''_0 sind hier die ersten bzw. zweiten Ableitungen der entsprechenden Schadenfunktionen nach T_u bzw. T_0.

11) Zeigen Sie, daß man für eine quadratische Schadenfunktion ein optimales Intervall fixer Länge $c = T_0 - T_u$ so bestimmt, daß gilt

$$[T_u \cdot F(T_u) - E_{-\infty}^{T_u}(\vartheta|x)]/[E_{T_u+c}^{\infty}(\vartheta|x) - (T_u + c) \cdot \{1 - F(T_u + c)\}] = s_0/s_u$$

(vgl. Winkler (1972) S. 188).

12) Für ein vorgegebenes Niveau $F(T_0) - F(T_u) = \gamma = 1 - \alpha$ und eine quadratische Schadenfunktion werden die Intervallgrenzen einer besten Intervallschätzfunktion nach der Bayes Regel so bestimmt, daß folgende Gleichung gilt:

$$[2s_u\{T_u \cdot F(T_u) - E_{-\infty}^{T_u}(\vartheta|x)\} - s_l]/f(T_u) = [2s_0\{E_{T_0}^{\infty}(\vartheta|x) - T_0(1 - F(T_0) - \gamma)\} - s_l]/f(T_0).$$

Beweisen Sie dieses Ergebnis.

IV. Punktschätzverfahren[1])

1. Beste Punktschätzfunktionen nach der Bayes Regel

Punktschätzfunktionen werden der Bayes Regel entsprechend nach ihrem Bayes Risiko

$$B(\delta) = E_\vartheta[r(\delta, \vartheta)] = \int_\Theta r(\delta, \vartheta)\, dF(\vartheta) =$$
$$= E_\vartheta\{E_{x|\vartheta}[s(\delta(X), \vartheta)]\} = \int_\Theta \int_{\mathfrak{X}} s(\delta(x), \vartheta)\, dF(x|\vartheta)\, dF(\vartheta)$$

beurteilt. Da dieses Risiko proportional dem Posteriorischadenerwartungswert ist

$$B(\delta) \propto E_{\vartheta|x}[s(a, \vartheta)] = \int_\Theta s(a, \vartheta)\, dF(\vartheta|x),$$

besitzt die beste Punktschätzfunktion nach der Bayes Regel nicht nur minimales Bayes Risiko, sondern auch minimalen Posteriorischadenerwartungswert für jedes $x \in \mathfrak{X}$.

Beispiel C-IV-1

Für die diskrete Posterioriverteilung von π,

$$f(\pi|x) = \begin{cases} 0{,}25 & \text{für} \quad \pi = 0{,}10, \\ 0{,}33 & \text{für} \quad \pi = 0{,}15, \\ 0{,}42 & \text{für} \quad \pi = 0{,}20, \end{cases}$$

können aus der Menge der möglichen Punktschätzfunktionen $\Delta = \{\delta_1, \delta_2, \delta_3 \ldots\}$ folgende drei als Beispiel dienen:

$$\delta_1 = E(\pi|x) = 0{,}16 = a_1,$$
$$\delta_2 = \mathrm{Med}(\pi|x) = 0{,}15 = a_2,$$
$$\delta_3 = \mathrm{Mod}(\pi|x) = 0{,}20 = a_3.$$

Für die Schadenfunktion

$$s(a, \pi) = \begin{cases} 0 & \text{für} \quad a = \pi, \\ 1 & \text{für} \quad a \neq \pi, \end{cases}$$

sind die möglichen Schäden und Posteriorischadenerwartungswerte in folgender Tabelle zusammengestellt:

$s(a_i, \pi_j)$	π_1	π_2	π_3	$E_{\pi\|x}[s(a_i, \pi)]$
a_1	1	1	1	1,00
a_2	1	0	1	0,67
a_3	1	1	0	0,58

1) Punktschätzverfahren werden z. B. bei Blackwell, Girshick (1954), Raiffa, Schlaifer (1961) und De Groot (1970) behandelt. Interessante Ergebnisse im Hinblick auf die Nichtzulässigkeit einiger Standardschätzfunktionen findet man bei James, Stein (1960) und Stein (1964).

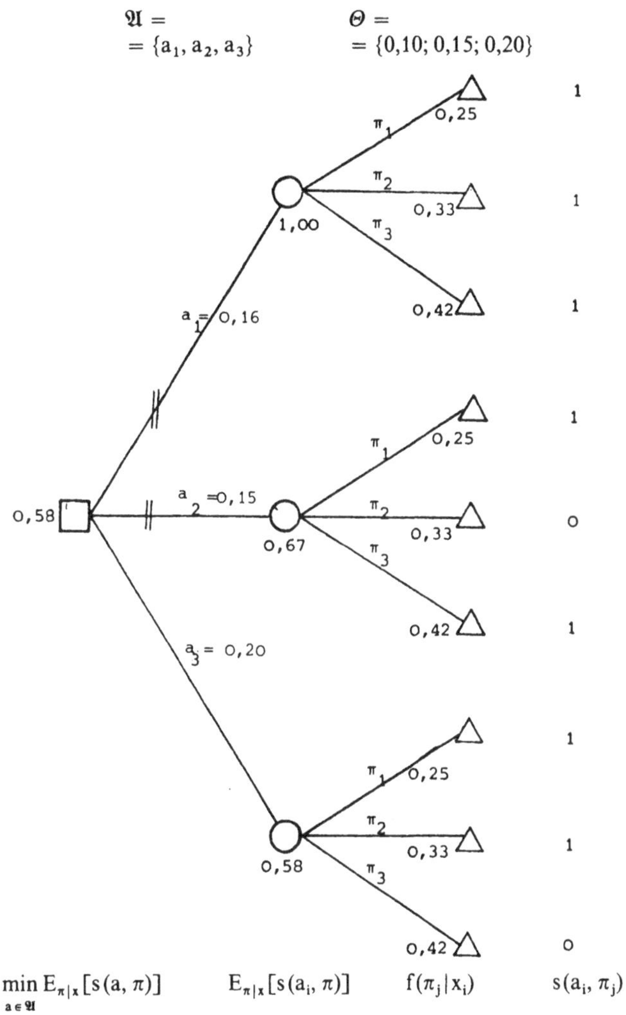

Figur 32: Der Modus als beste Punktschätzfunktion nach der Bayes Regel

Die Posteriorischadenerwartungswerte erhält man als Summe der mit den Posteriori-wahrscheinlichkeiten gewichteten Schäden. Z. B. ist

$$E_{\pi|x}[s(a_2, \pi)] = \sum_j s(a_2, \pi_j) \cdot f(\pi_j|x) = $$
$$= 1 \cdot 0{,}25 + 0 \cdot 0{,}32 + 1 \cdot 0{,}42 = $$
$$= 0{,}67\,.$$

Für die angeführte Schadenfunktion ist $\min_{a \in \mathfrak{A}} E_{\pi|x}[s(a, \pi)] = 0{,}58$. *Daher ist der Modus der Posterioriverteilung der beste von den drei Schätzwerten (vgl. Fig. 32).*

Verwendet man die lineare Schadenfunktion

$$s(a, \pi) = \begin{cases} 0 & \text{für} \quad a = \pi, \\ |a - \pi| & \text{für} \quad a \neq \pi, \end{cases}$$

so erhält man folgende Schadentabelle:

$s(a_i, \pi_j)$	π_1	π_2	π_3	$E_{\pi\|x}[s(a_i, \pi)]$
a_1	0,06	0,01	0,04	0,0351
a_2	0,05	0,00	0,05	0,0335
a_3	0,10	0,05	0,00	0,0415

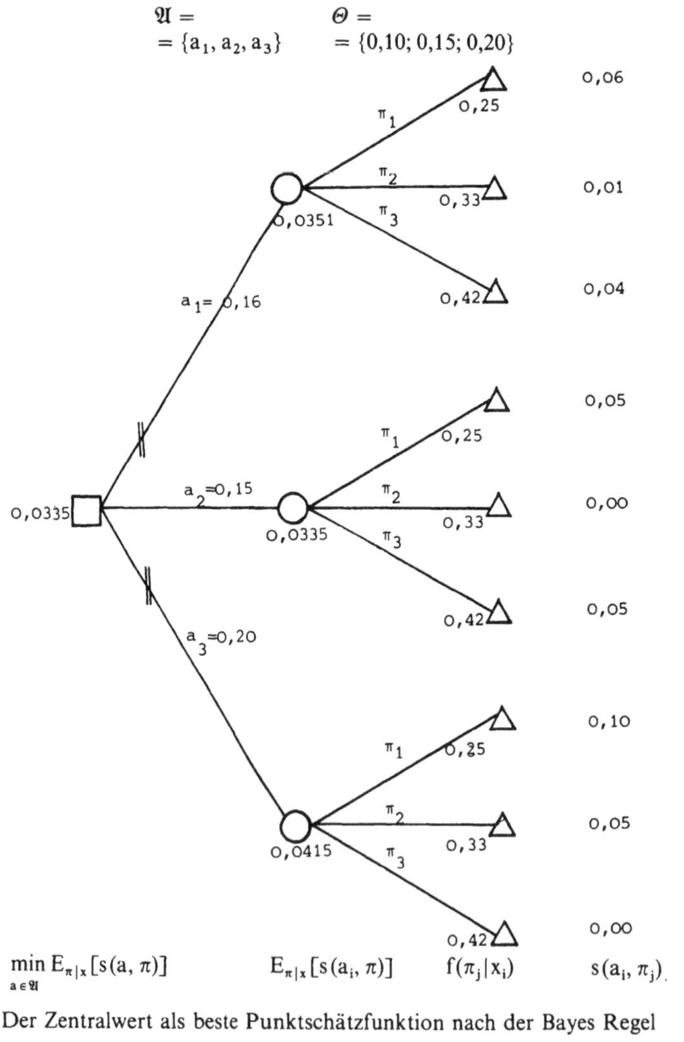

Figur 33: Der Zentralwert als beste Punktschätzfunktion nach der Bayes Regel

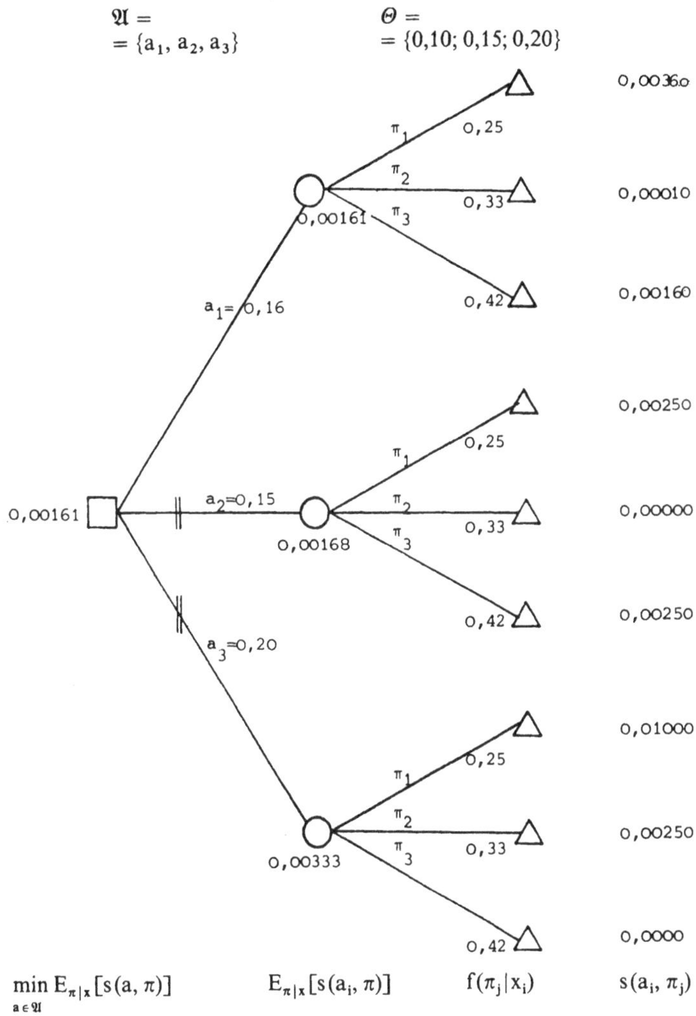

Figur 34: Der Erwartungswert als beste Punktschätzfunktion nach der Bayes Regel

Der Zentralwert der Posterioriverteilung a_2 *ist in diesem Fall der beste der drei Schätzwerte (vgl. Figur 33).*

Für die quadratische Schadenfunktion

$$s(a, \pi) = \begin{cases} 0 & \text{für} \quad a = \pi, \\ (a - \pi)^2 & \text{für} \quad a \neq \pi, \end{cases}$$

ist die Schadentabelle (gekürzt um 10^2*):*

$s(a_i, \pi_j)$	π_1	π_2	π_3	$E_{\pi\|x}[s(a_i, \pi)]$
a_1	0,360	0,010	0,160	0,161
a_2	0,250	0,000	0,250	0,168
a_3	1,000	0,250	0,000	0,333

Für die quadratische Schadenfunktion ist $\min_{a \in \mathfrak{A}} E_{\pi|x}[s(a, \pi)] = 0{,}161$. *Daher ist der Erwartungswert* a_1 *der Posterioriverteilung der beste von den drei Schätzwerten (vgl. Fig. 34).*

Wie das Beispiel zeigt, ist im Wald Modell die Schadenfunktion ausschlaggebend, ob z. B. der Erwartungswert, Zentralwert oder Modus der Posterioriverteilung als bester Schätzwert für den unbekannten Parameter verwendet wird. Daß dies nicht nur für diskrete Posterioriverteilungen, sondern allgemein gilt, wird im folgenden Abschnitt gezeigt.

2. Spezielle Schadenfunktionen

a) 0 – 1 Schadenfunktion und Modus

Die Schadenfunktion

$$s(a, \vartheta) = \begin{cases} 0 & \text{für } |a - \vartheta| < \varepsilon; \quad \varepsilon > 0, \\ 1 & \text{sonst} \end{cases}$$

besagt, daß der Schaden 0 ist, wenn der Schätzwert nicht mehr als ε, eine kleine Zahl > 0, von ϑ abweicht. Im anderen Fall ist er 1. Bei dieser Schadenfunktion wird der Posteriorischadenerwartungswert minimiert, wenn man den Modus der Posterioriverteilung

$$\text{Mod}(\vartheta | x) = \check{\mu}''$$

als Punktschätzfunktion verwendet (vgl. Melsa, Cohn (1978) S. 188).

Beispiel C-IV-2

Für die Stichproben- und Aprioriinformationen sei die Posterioriverteilung von π *gleich* Be(3; 12). *Der beste Punktschätzwert für* π *ist dann* 0,154, *da*

$$\text{Mod}(\pi | x) = (x'' - 1)/(n'' - 2) = (3 - 1)/(15 - 2) = \\ = 0{,}154\,.$$

b) Lineare Schadenfunktion und Zentralwert

Für die lineare Schadenfunktion

$$s(a, \vartheta) = \begin{cases} 0 & \text{für } a = \vartheta, \\ s|a - \vartheta| & \text{für } a \neq \vartheta, \quad s > 0, \end{cases}$$

bei der der Schaden der Überschätzung gleich dem der Unterschätzung ist[2]), wird der Posteriorischadenerwartungswert minimiert, wenn man als Punktschätzfunktion

$$\mathrm{Med}(\vartheta|x) = \tilde{\mu}''$$

den Zentralwert (Median) der Posterioriverteilung von ϑ wählt (s. S. 187). s ist der Schaden pro Einheit Abweichung des Schätzwertes vom wahren Parameterwert. Der Posteriorischadenerwartungswert ist durch die Formel

$$E_{\vartheta|x}[s(a, \vartheta)] = E_{\tilde{\mu}}^{\infty}(\vartheta|x) - E_{-\infty}^{\tilde{\mu}}(\vartheta|x)$$

bestimmt.

Beispiel C-IV-3

Für $\mu \sim N(\mu'', \sigma''^2)$ *und die lineare Schadenfunktion* $s(a, \mu) = |a - \mu|$ *ist die beste Punktschätzfunktion*

$$\tilde{\mu}'' = E(\mu|x) = n''^{-1}.(n' \cdot \mu' + n \cdot \bar{x}),$$

da der Zentralwert einer Normalverteilung mit dem arithmetischen Mittel übereinstimmt. Der Posteriorischadenerwartungswert ist in diesem Fall

$$E_{\mu|x}[s(a, \mu)] = (2/\pi)^{1/2} \cdot \sigma'' = 0{,}7979 \cdot \sigma'',$$

da

$$z = (\tilde{\mu} - \mu)/\sigma = 0 \quad \text{und} \quad E_{\tilde{\mu}}^{\infty}(\mu|x) = \sigma'' \cdot f_Z(z) = \sigma'' \cdot f_Z(0),$$
$$E_{-\infty}^{\tilde{\mu}}(\mu|x) = -\sigma'' \cdot f_Z(z) = -\sigma'' \cdot f_Z(0).$$

Für die Informationen $n = 10$, $\bar{x} = 4{,}8$, $\sigma^2 = 1$ *und* $\mu \sim N(\mu' = 2; \sigma'^2 = 0{,}2)$ *ist der Zentralwert der Posteriorinormalverteilung*

$$\tilde{\mu}'' = 15^{-1} \cdot (5 \cdot 2 + 10 \cdot 4{,}8) = 3{,}87,$$

der beste Punktschätzwert und

$$E_{\mu|x}[s(a, \mu)] = 0{,}7979 \cdot 0{,}2582 = 0{,}2060$$

der entsprechende Posteriorischadenerwartungswert.

Für die Informationen $n = 10$, $x = 1$, $n' = 5$, $x' = 2$ *ist mit* 0,1869 *der Zentralwert der Posterioribetaverteilung der beste Punktschätzwert für* π. *Der Posteriorischadenerwartungswert ist für den Zentralwert der Posterioribetaverteilung* (0,1869 *gerundet auf* 0,19) *gegeben durch*

$$E_{\pi|x}[s(a, \pi)] = E_{0,19}^{1}(\pi|x) - E_{0}^{0,19}(\pi|x) = 0{,}0742,$$

da

$$E_{0,19}^{1}(\pi|x) = E(\pi|x) \cdot [1 - F_{Be}(0{,}19|4; 12)] = 0{,}2 \cdot 0{,}6854 = 0{,}1371$$

und

$$E_{0}^{0,19}(\pi|x) = E(\pi|x) \cdot F_{Be}(0{,}19|4; 12) = 0{,}2 \cdot 0{,}3146 = 0{,}629.$$

---

2) Eigenschaften des Zentralwertes bei linearer Schadenfunktion untersucht z. B. Drygas (1973).

c) Lineare Schadenfunktion und Quantile

Eine lineare Schadenfunktion, bei der der Schaden der Unterschätzung nicht gleich dem der Überschätzung ist, hat folgende allgemeine Form:

$$s(a, \vartheta) = \begin{cases} 0 & \text{für} \quad a = \vartheta, \\ s_O(\vartheta - a) & \text{für} \quad a < \vartheta, \\ s_u(a - \vartheta) & \text{für} \quad a > \vartheta. \end{cases}$$

s_u ist der Schaden pro Einheit Unterschätzung und s_O der pro Einheit Überschätzung. Für diese lineare Schadenfunktion ist das $(s_O/(s_u + s_O))$-te Quantil der Posterioriverteilung von ϑ die beste Punktschätzfunktion nach der Bayes Regel (s. S. 187). a wird also so bestimmt, daß folgende Gleichung gilt:

$$F_{\vartheta|x}(a) = s_O/(s_O + s_u).$$

Der Posteriorischadenerwartungswert der besten Punktschätzfunktion ist gegeben durch die Formel (vgl. Pratt, Raiffa, Schlaifer (1965) 12.7.4)

$$E_{\vartheta|x}[s(a, \vartheta)] = s_O \cdot E_a^{\infty}(\vartheta|x) - s_u \cdot E_{-\infty}^{a}(\vartheta|x).$$

Beispiel C-IV-4

Wenn der Schaden pro Einheit Unterschätzung doppelt so schwerwiegend ist, wie der der Überschätzung, dann ist das 33.-te Perzentil der Posterioriverteilung die beste Punktschätzfunktion für den unbekannten Parameter ϑ, da

$$s_O/(s_u + s_O) = 1/(2 + 1) = 1/3.$$

Für die Posteriorinormalverteilung von μ mit $\mu'' = 3{,}87$ und $\sigma''^2 = 1/15$, ist

$$a = 3{,}76 = 3{,}87 - 0{,}43/15^{1/2}$$

der beste Punktschätzwert für μ bei der angeführten linearen Schadenfunktion, da 3,76 das 33.-te Perzentil dieser Posteriorinormalverteilung ist. Der Posteriorischadenerwartungswert wird für die Normalverteilung nach der Formel

$$E_{\mu|x}[s(a, \mu)] = s_O \cdot E_a^{\infty}(\mu|x) - s_u \cdot E_{-\infty}^{a}(\mu|x) = \\ = (s_O + s_u) \cdot f_Z(z_a) \cdot \sigma''$$

berechnet. Da $z_a = 0{,}43$ ist, ist

$$E_{\mu|x}[s(a, \mu)] = (1 + 2) \cdot f_Z(0{,}43) \cdot (1/15)^{1/2} = \\ = 3 \cdot 0{,}3637 \cdot 0{,}2582 = 0{,}2817$$

der Posteriorischadenerwartungswert des besten Punktschätzwertes.

d) Quadratische Schadenfunktion und Erwartungswert

Eine quadratische Schadenfunktion liegt vor, wenn

$$s(a, \vartheta) = \begin{cases} 0 & \text{für} \quad a = \vartheta, \\ s(a - \vartheta)^2 & \text{für} \quad a \neq \vartheta, \quad s > 0. \end{cases}$$

s ist der Schaden pro Einheit Abweichung des Schätzwertes vom wahren Parameterwert. Der Schaden einer Überschätzung ist bei dieser Schadenfunktion zwar gleich dem einer Unterschätzung, aber die Fehlschätzung von z. B. 2 Einheiten ist viermal so kostspielig, wie die von einer Einheit. Für eine quadratische Schadenfunktion wird der Posteriorischadenerwartungswert minimiert, wenn man als Punktschätzfunktion den Erwartungswert der Posterioriverteilung von ϑ

$$\mu'' = E(\vartheta | x)$$

wählt (s. S. 188). Der entsprechende Posteriorischadenerwartungswert ist gleich der s-fachen Varianz der Posterioriverteilung

$$E_{\vartheta|x}[s(a, \vartheta)] = s \cdot V(\vartheta | x) = s \cdot \sigma''^2 .$$

Beispiel C-IV-5

Für eine quadratische Schadenfunktion ist der Erwartungswert der Posteriorinormalverteilung, gegeben durch die Formel

$$\mu'' = E(\mu | x) = n''^{-1} \cdot (n' \cdot \mu' + n \cdot \bar{x}),$$

die beste Punktschätzfunktion für μ. *Den Posteriorischadenerwartungswert berechnet man für* $s = 1$ *mit Hilfe der Formel*

$$E_{\mu|x}[s(a, \mu)] = V(\mu | x) = \sigma^2/(n' + n) = (n/\sigma^2 + 1/\sigma'^2)^{-1} .$$

Für die Angaben $n = 10$, $\bar{x} = 4{,}8$, $X_i \sim N(\mu, 1)$, $\mu \sim N(2; 0{,}2)$ *ist*

$$\mu'' = E(\mu | x) = 15^{-1} \cdot (5 \cdot 2 + 10 \cdot 4{,}8) = 3{,}87$$

der beste Punktschätzwert für den unbekannten Parameter μ *und*

$$E_{\mu|x}[s(a, \mu)] = (10/1 + 1/0{,}2)^{-1} = 0{,}067$$

der Posteriorischadenerwartungswert.

Für die Informationen $n = 10$, $x = 1$, *eine Prioribetaverteilung mit* $n' = 5$ *und* $x' = 2$, *sowie eine quadratische Schadenfunktion mit* $s = 1$, *ist*

$$\pi'' = E(\pi | x) = \frac{x''}{n''} = \frac{1 + 2}{10 + 5} = 0{,}2$$

der beste Punktschätzwert für π. *Der Posteriorischadenerwartungswert ist*

$$E_{\pi|x}[s(a, \pi)] = V(\pi | x) = \frac{x'' \cdot (n'' - x'')}{n''^2 \cdot (n'' + 1)} = \frac{3 \cdot (15 - 3)}{15^2 \cdot (15 + 1)} = 0{,}01 .$$

3. Beste Punktschätzfunktion nach der Minimax Regel

Nach der Minimax Regel wird eine beste Punktschätzfunktion δ so bestimmt, daß δ eine konstante Risikofunktion für alle $\vartheta \in \Theta$ besitzt. Für eine quadratische Schadenfunktion[3]) und eine binomialverteilte Zufallsvariable wird die Vorgangsweise im folgenden Beispiel gezeigt.

Beispiel C-IV-6

$X \sim B(n, \pi)$. *Für π wird eine beste Punktschätzfunktion der Form $\delta = aX + b$ für eine quadratische Schadenfunktion nach der Minimax Regel gesucht. Die Risikofunktion ist*

$$\begin{aligned} r(\delta, \pi) &= E[aX + b - \pi]^2 = \\ &= E[a(X - n\pi) + \{b + (a \cdot n - 1)\pi\}]^2 = \\ &= a^2 \cdot n\pi(1 - \pi) + \{b + (an - 1)\pi\}^2 = \\ &= \pi^2[-a^2 \cdot n + (a \cdot n - 1)^2] + \pi[a^2 \cdot n + 2b(an - 1)] + b^2 . \end{aligned}$$

Damit die Risikofunktion konstant ist für alle $\pi \in \Theta$, müssen $-a^2 \cdot n + (a \cdot n - 1)^2 = 0$ und $a^2 \cdot n + 2 \cdot b \cdot (a \cdot n - 1) = 0$ sein. Wenn man diese Gleichungen nach a und b auflöst, erhält man

$$a = (n + \sqrt{n})^{-1} \quad \textit{und} \quad b = \sqrt{n}/[2(n + \sqrt{n})] .$$

Daher ist

$$\delta^* = aX + b = \frac{X + \sqrt{n}/2}{n + \sqrt{n}} .$$

δ^* ist eine beste Punktschätzfunktion für π nach der Minimax Regel wenn man noch zeigt, daß diese Schätzfunktion auch nach der Bayes Regel eine beste Punktschätzfunktion für eine bestimmte Prioriverteilung ist.

Für eine Posterioribetaverteilung von π und eine quadratische Schadenfunktion ist bekanntlich der Erwartungswert der Posterioribetaverteilung

$$E(\pi | x) = \frac{x + x'}{n + n'}$$

die beste Punktschätzfunktion für π nach der Bayes Regel. Daher ist δ^* eine beste Punktschätzfunktion nach der Bayes Regel für die Prioribetaverteilung mit $x' = \sqrt{n}/2$ und $n' = \sqrt{n}$. Das konstante Risiko dieser Punktschätzfunktion ist

$$r(\delta^*, \pi) = [4(1 + \sqrt{n})^2]^{-1}, \qquad \forall \pi \in (0; 1) .$$

4. Beziehungen zum Bayes und klassischen Modell

Sowohl im klassischen als auch im Bayes Modell wird als Beurteilungskriterium das mittlere Fehlerquadrat der Punktschätzfunktion δ verwendet. Im Wald Modell entspricht diesem Kriterium der Spezialfall der quadratischen Schadenfunktion.

---

3) Punktschätzfunktionen nach der Minimax Regel für quadratische Schadenfunktionen findet man allgemein beschrieben bei Berger (1975).

Da die Auswahl einer besten Punktschätzfunktion von der Form der Schadenfunktion abhängt, sind die Ergebnisse der klassischen und Bayes Punktschätzverfahren nur für quadratische Schadenfunktionen gültig, nicht aber für andere Schadenfunktionen.

Aufgaben und weitere Ergebnisse

1) Bestimmen Sie die beste Punktschätzfunktion nach der Bayes Regel für den unbekannten Parameter λ, wenn $X \sim P(\lambda)$, die Prioriverteilung von λ gammaverteilt ist und eine $0-1$ Schadenfunktion unterstellt wird.
(Antwort: $(x' + x - 1)/(n' + n)$).

2) Berechnen Sie den besten Schätzwert für die vorhergehende Aufgabe mit den numerischen Angaben $n = 4$, $\bar{x} = 2$, $n' = 2$, $x' = 7$.
(Antwort: 2,33)

3) Berechnen Sie für eine lineare Schadenfunktion mit $s_u = s_0$ den besten Punktschätzwert nach der Bayes Regel für λ, den Parameter einer Poissonverteilung, wenn $n = 4$, $\bar{x} = 2$ und die Prioriverteilung von λ gammaverteilt ist mit $n' = 2$, $x' = 7$.
(Antwort: 2,44).

4) X sei poissonverteilt mit dem Parameter λ. Zeigen Sie, daß

$$(x' + x)/(n' + 1)$$

die beste Punktschätzfunktion für λ ist, wenn man eine quadratische Schadenfunktion und eine gammaverteilte Prioriverteilung für λ voraussetzt.

5) X sei binomialverteilt, die Prioriverteilung von π sei gleichverteilt und die Schadenfunktion sei $s(a, \pi) = (a - \pi)^2$. Zeigen Sie durch direkte Berechnung, daß

$$(x + 1)/(n + 2)$$

die beste Punktschätzfunktion für π nach der Bayes Regel ist.

6) Zeigen Sie, daß

$$B(\delta) = (1/6) \cdot (n + 2)$$

das Bayes Risiko für die Punktschätzfunktion der vorhergehenden Aufgabe ist.

7) Zeigen Sie, daß $X + 1$ die beste Punktschätzfunktion für ϑ nach der Bayes Regel ist, wenn man voraussetzt, daß $\Theta = \mathfrak{A} = (0; \infty)$, $s(a, \vartheta) = (a - \vartheta)^2$, $X \sim G(0, \vartheta)$ und ϑ folgende Prioridichte besitzt: $f(\vartheta) = \vartheta \exp(-\vartheta)$, $\vartheta > 0$. (s. Bickel, Doksum (1977) S. 434).

8) $\delta_1 = X$ und $\delta_2 = X/2$ sind zwei Punktschätzfunktionen für den unbekannten Parameter λ^{-1} einer Exponentialverteilung. Zeigen Sie für eine quadratische Schadenfunktion, daß

$$r(\delta_1, \lambda) = \int_0^\infty s(\delta_1, \lambda) f(x|\lambda) dx = 1/\lambda^2,$$

$$r(\delta_2, \lambda) = \int_0^\infty s(\delta_2, \lambda) \cdot f(x|\lambda) dx = 1/2\lambda^2.$$

Ist δ_1 zulässig? (s. Beaumont (1980) S. 53).

9) Das Risiko der besten Punktschätzfunktion δ^* für den Parameter π der Binomialverteilung nach der Minimax Regel für die quadratische Schadenfunktion ist

$$r(\delta^*, \pi) = [4(1 + \sqrt{n})^2]^{-1}.$$

Für die erwartungstreue Schätzfunktion $\delta = X/n$ des klassischen Modells ist das Risiko

$$r(\delta, \pi) = \pi \cdot (1 - \pi)/n.$$

Zeigen Sie, für welchen Bereich die Minimax Schätzfunktion der klassischen Schätzfunktion überlegen ist.

10) Zeigen Sie, daß $\bar{X}$ eine beste Punktschätzfunktion nach der Minimax-Regel ist, wenn eine quadratische Schadenfunktion unterstellt wird und $X_i \sim N(\mu, \sigma^2)$.

(Hinweis: $f_n = N(\mu', \sigma'^2)$; $n = \sigma'^2$; $B_n(\bar{X}) = \sigma^2/n$; $\inf_{\delta} B_n(\delta) = [\sigma'^2/(1 + \sigma'^2)] \cdot (\sigma^2/n)$.

11) X sei binomialverteilt mit n und $0 < \pi < 1$. Zeigen Sie, daß $\delta = X/n$ eine Minimax Schätzfunktion für π ist mit dem konstanten Risiko $1/n$, wenn man folgende Schadenfunktion verwendet:

$$s(a, \pi) = (a - \pi)^2/[\pi \cdot (1 - \pi)].$$

12) Zeigen Sie, daß $\delta = X$ eine Minimax Schätzfunktion für λ ist, wenn $X \sim P(\lambda)$, $\Theta = (0, \infty)$, $\mathfrak{A} = [0, \infty)$ und $s(a, \lambda) = (a - \lambda)^2/\lambda$.

13) Ein statistisches Verfahren δ bezeichnet man als unverzerrt, wenn gilt

$$E_\vartheta[s(\delta, \vartheta)] \leq E_\vartheta[s(\delta, \vartheta^*)], \quad \forall \vartheta, \vartheta^* \in \Theta.$$

Zeigen Sie, daß für $(s(a, \vartheta) = (a - \vartheta)^2$ diese Definition mit der einer unverzerrten Schätzfunktion im klassischen Modell übereinstimmt. (s. Bickel, Doksum (1977) S. 43).

14) Zeigen Sie, daß für eine lineare Schadenfunktion und den besten Punktschätzwert a aus $F_x(a) = s_0/(s_0 + s_u)$ der Posteriorischadenerwartungswert

$$E_{\vartheta|x}[s(a, \vartheta)] = s_0 \cdot L_a^\infty(\vartheta|x) + s_u \cdot L_{-\infty}^a(\vartheta|x)$$

auch nach der Formel

$$E_{\vartheta|x}[s(a, \vartheta)] = s_0 \cdot E_a^\infty(\vartheta|x) + s_u \cdot E_{-\infty}^a(\vartheta|x)$$

berechnet werden kann.

15) Zeigen Sie, daß für die Schadenfunktion

$$s(a, \vartheta) = (a - \vartheta)^2$$

der Schadenerwartungswert gleich

$$E_\vartheta[s(a, \vartheta)] = V(\vartheta) + [E(\vartheta) - a]^2$$

ist und daher $a = E(\vartheta)$ die beste Aktion ist mit einem Schadenerwartungswert von $V(\vartheta)$.

16) μ sei normalverteilt mit $\mu'' = 103$ und $\sigma''^2 = 100$. Bestimmen Sie den besten Schätzwert für μ, wenn

$$s(a, \mu) = 10^3 \cdot (a - \mu)^2.$$

Wie groß ist der Posteriorischadenerwartungswert?

17) Bestimmen Sie für die vorhergehende Aufgabe den besten Punktschätzwert für μ, wenn

$$s(a, \mu) = \begin{cases} 10^3 \cdot (\mu - a) & \text{für } \mu \geq a, \\ 5 \cdot 10^2 \cdot (a - \mu) & \text{für } a > \mu. \end{cases}$$

Wie groß ist der Posteriorischadenerwartungswert? (vgl. Pratt, Raiffa, Schlaifer (1965) S. 16. E.1).

18) Zeigen Sie, daß gilt

$$\begin{aligned} E_{\mu|x}[s(a, \mu)] &= s_0 \cdot E_a^\infty(\mu|x) - s_u \cdot E_{-\infty}^a(\mu|x) = \\ &= (s_0 + s_u) \cdot f_Z(z_a) \cdot \sigma''. \end{aligned}$$

z_a wird so bestimmt, daß $F_Z(z_a) = s_0/(s_0 + s_u)$ (vgl. Pratt, Raiffa, Schlaifer (1965) S. 16.9.1).

Anhang

I. Einige Beweise

1. Faktorisationstheorem von Fisher und Neyman für diskrete Zufallsvariablen

a) $f(x|\vartheta) = W(X = x)$. T sei eine suffiziente Stichprobenstatistik für ϑ. Da die bedingte Verteilung von X gegeben T, unabhängig ist von ϑ, kann man schreiben

$$W\{X = x\} = W\{X = x, T = t(x)\} = W\{T = t(x)\} \cdot W\{X = x | T = t(x)\}.$$

Da der zweite Faktor unabhängig ist von ϑ, setzt man

$$h(x) = W\{X = x | T = t(x)\}$$

und

$$g(t|\vartheta) = W\{T = t(x)\}.$$

Das Faktorisationstheorem ist daher

$$f(x|\vartheta) = g(t|\vartheta) \cdot h(x).$$

b) Setzt man voraus, daß das Faktorisationstheorem gilt und $T = t_0$ ist, dann ist

$$W\{X = x, T = t_0\} = \begin{cases} W\{X = x\} = g(t_0)h(x) & \text{für} \quad t(x) = t_0, \\ 0 \quad \text{sonst} \end{cases}$$

und

$$W\{T = t_0\} = \sum_{t(x) = t_0} W\{X = x\} = \sum_{t(x) = t_0} g(t_0)h(x) = g(t_0) \sum_{t(x) = t_0} h(x).$$

Daher ist

$$W\{X = x | T = t_0\} = \begin{cases} g(t_0) \cdot h(x)/g(t_0) \cdot \sum\limits_{t(x) = t_0} h(x) & \text{für } t(x) = t_0, \\ 0 \quad \text{sonst}. \end{cases}$$

Dieser Ausdruck ist unabhängig von ϑ (vgl. Ferguson (1967) S. 115).

Das Theorem gilt auch für stetige Zufallsvariablen. Für den allgemeinen Beweis siehe Halmos, Savage (1949) oder Lehmann (1959).

2. Neyman-Pearson Theorem

a) Für die beste Testfunktion zur Prüfung der einfachen Hypothesen H_0: $\vartheta = \vartheta_0$, H_1: $\vartheta = \vartheta_1$ soll nach Neyman und Pearson aus allen kritischen Bereichen C, für die gilt

$$W\{X \in C | \vartheta_0\} = \alpha$$

jener ausgewählt werden, für den die Macht

$$W\{X \in C | \vartheta_1\} = 1 - \beta$$

maximal ist. Um die Zielfunktion $1 - \beta$ unter der Nebenbedingung α zu maximieren, verknüpft man die Nebenbedingung mit der Zielfunktion durch den Lagrange'schen Multiplikator k zur erweiterten Zielfunktion G:

$$G = W\{X \in C | \vartheta_1\} - k[W\{X \in C | \vartheta_0\} - \alpha].$$

Der Langrange'sche Multiplikator wird so gewählt, daß er die Nebenbedingung erfüllt.

b) Für eine Stichprobe im Umfang n = 1 aus einer stetigen Verteilung kann man G auch folgendermaßen schreiben:

$$\begin{aligned} G &= \int_C f(x|\vartheta_1)\,dx - k[\int_C f(x|\vartheta_0)\,dx - \alpha] = \\ &= \int_C [f(x|\vartheta_1) - k \cdot f(x|\vartheta_0)]\,dx + k\alpha. \end{aligned}$$

Um G zu maximieren, faßt man in C alle x-Werte zusammen, für die der Integrand positiv ist. C ist daher gegeben durch

$$C = \{x | [f(x|\vartheta_1) - k \cdot f(x|\vartheta_0)] > 0\}$$

und der Annahmebereich A durch

$$A = \{x | [f(x|\vartheta_1) - k \cdot f(x|\vartheta_0)] \leq 0\}.$$

Setzt man

$$\lambda(x) = f(x|\vartheta_1)/f(x|\vartheta_0),$$

dann kann man den kritischen Bereich C der besten Testfunktion zum Niveau α auch folgendermaßen schreiben:

$$C = \{x | \lambda(x) > k\}$$

und $\delta(x)$ ist

$$\delta(x) = \begin{cases} 0 & \text{für} \quad \lambda(x) \leq k, \\ 1 & \text{für} \quad \lambda(x) > k. \end{cases}$$

k ist so zu wählen, daß die Nebenbedingung erfüllt ist:

$$W\{X \in C | \vartheta_0\} = \alpha = \int_C f(x|\vartheta_0)\,dx$$

(vgl. Melsa, Cohn (1978) S. 28).

c) Durch die Verwendung randomisierter Testfunktionen kann man die Gültigkeit des Theorems auch für diskrete Wahrscheinlichkeitsverteilungen nachweisen. Eine allgemeinere Darstellung des Theorems, in der sowohl stetige als auch diskrete Verteilungen berücksichtigt werden, findet man z. B. bei Ferguson (1967).

3) Beste Testfunktion für zweiseitige Hypothesen

Die beste Testfunktion zum Niveau α zur Prüfung der Hypothesen H_0: $\vartheta = \vartheta_0$, H_1: $\vartheta = \vartheta^* \neq \vartheta_0$ hat einen kritischen Bereich C_1, der aus jenen x besteht, für die gilt

$$C_1 = \{x | [f(x|\vartheta^*) - \{k_1 \cdot f(x|\vartheta_0) + k_2[df(x|\vartheta)/d\vartheta]_{\vartheta_0}\} > 0\},$$

bzw.

$$C_1 = \{x \mid f(x \mid \vartheta^*) > k_1 \cdot f(x \mid \vartheta_0) + k_2 \cdot [df(x \mid \vartheta)/d\vartheta]_{\vartheta_0}\}.$$

Der Ausdruck $[df(x \mid \vartheta)/d\vartheta]_{\vartheta_0}$ gibt die Steigung der Gütefunktion an der Stelle ϑ_0 an.

Ist C_2 ein anderer Bereich mit den Eigenschaften

$$W\{X \in C_2 \mid \vartheta_0\} = W\{X \in C_1 \mid \vartheta_0\}$$

und

$$\left[\frac{d}{d\vartheta} W\{X \in C_2 \mid \vartheta\}\right]_{\vartheta_0} = \left[\frac{d}{d\vartheta} W\{X \in C_1 \mid \vartheta\}\right]_{\vartheta_0},$$

dann ist

$$\begin{aligned} & W\{X \in C_1 \mid \vartheta^*\} - W\{X \in C_2 \mid \vartheta^*\} = \\ & = W\{X \in (C_1 \wedge \neg\, C_2) \mid \vartheta^*\} - W\{X \in (C_2 \wedge \neg\, C_1) \mid \vartheta^*\} > \\ & > k_1 W\{X \in (C_1 \wedge \neg\, C_2) \mid \vartheta_0\} + k_2 \left[\frac{d}{d\vartheta} W\{X \in (C_1 \wedge \neg\, C_2) \mid \vartheta\}\right]_{\vartheta_0} - \\ & - k_1 W\{X \in (C_2 \wedge \neg\, C_1) \mid \vartheta_0\} - k_2 \left[\frac{d}{d\vartheta} W\{X \in (C_2 \wedge \neg\, C_1) \mid \vartheta\right]_{\vartheta_0} = \\ & = k_1 [W\{X \in C_1 \mid \vartheta_0\} - W\{X \in C_2 \mid \vartheta_0\}] + k_2 \left(\frac{d}{d\vartheta} [W\{X \in C_1 \mid \vartheta\} - \right. \\ & \left. - W\{X \in C_2 \mid \vartheta\}]\right)_{\vartheta_0}. \end{aligned}$$

Da der letzte Ausdruck gleich Null ist, wenn die geforderten Eigenschaften für C_2 zutreffen, ist C_1 mindestens so gut wie jeder andere kritische Bereich. Kann man zusätzlich voraussetzen, daß die Gütefunktion an der Stelle ϑ_0 ihr Minimum annimmt, dann ist C_1 der kritische Bereich der besten Testfunktion in der Teilmenge der unverzerrten Testfunktionen (vgl. Beaumont (1980) S. 147).

4. Einparametrige Exponentialfamilie und beste Testfunktion für zweiseitige Hypothesen

Für Verteilungen der einparametrigen Exponentialfamilie kann der kritische Bereich für die Prüfung der Hypothesen H_0: $\vartheta = \vartheta_0$, H_1: $\vartheta = \vartheta^* \neq \vartheta_0$ immer so bestimmt werden, daß für jedes $x \in C$ gilt:

$$f(x \mid \vartheta^*) - \{k_1 \cdot f(x \mid \vartheta_0) + k_2 [df(x \mid \vartheta)/d\vartheta]_{\vartheta_0} > 0$$

bzw.

$$f(x \mid \vartheta^*) > k_1 \cdot f(x \mid \vartheta_0) + k_2 [df(x \mid \vartheta)/d\vartheta]_{\vartheta_0}.$$

Die Dichte- bzw. Wahrscheinlichkeitsfunktion und deren Ableitung nach ϑ für eine Verteilung der Exponentialfamilie sind

$$\begin{aligned} & f(x \mid \vartheta) = c(\vartheta) \cdot d(x) \cdot \exp(\vartheta x), \\ & df(x \mid \vartheta)/d\vartheta = c'(\vartheta) \cdot d(x) \cdot \exp(\vartheta x) + c(\vartheta) \cdot d(x) \cdot \exp(\vartheta x) x. \end{aligned}$$

Setzt man diese Ausdrücke in obige Ungleichung ein, so ist

$$\begin{aligned} & c(\vartheta^*) \cdot d(x) \cdot \exp(\vartheta^* x) > k_1 \cdot c(\vartheta_0) \cdot d(x) \cdot \exp(\vartheta_0 x) + \\ & + k_2 [c'(\vartheta_0) \cdot d(x) \cdot \exp(\vartheta_0 x) + c(\vartheta_0) \cdot d(x) \cdot \exp(\vartheta_0 x) x] \end{aligned}$$

oder umgestellt

$$\begin{aligned} & \exp[x(\vartheta^* - \vartheta_0)] > [k_1 \cdot c(\vartheta_0) + k_2 c'(\vartheta_0) + k_2 c(\vartheta_0) \cdot x]/c(\vartheta^*) = \\ & = k_1^* + k_2^* \cdot x . \end{aligned}$$

Für $x < x_1$ oder $x > x_2$ kann man k_1^* und k_2^* immer so wählen, daß diese Ungleichung für jedes $\vartheta^* \neq \vartheta_0$ erfüllt ist. Man muß daher für eine stetige Verteilung der einparametrigen Exponentialfamilie x_1 und x_2 nur so bestimmen, daß

$$W\{X \leq x_1 \quad \text{oder} \quad X \geq x_2 | \vartheta_0\} = \alpha$$

und

$$\left[\frac{d}{d\vartheta} W\{X \leq x_1 \quad \text{oder} \quad X \geq x_2 | \vartheta\}\right]_{\vartheta_0} = 0$$

(vgl. Beaumont (1980) S. 148, Ferguson (1967) S. 222).

5. Cramer-Rao Theorem

a) Wegen der Schwartz'schen Ungleichung gilt allgemein für zwei Zufallsvariablen S, T:

$$V(S) \cdot V(T) \geq [C(S, T)]^2$$

bzw.

$$V(T) \geq [C(S, T)]^2 / V(S) .$$

Ist T eine Punktschätzfunktion δ für ϑ, so gilt

$$E(\delta) = \int \delta \cdot f(x | \vartheta) dx = \vartheta + b(\vartheta) .$$

$b(\vartheta)$ ist die Verzerrung der Schätzfunktion, die für eine unverzerrte Punktschätzfunktion gleich Null ist. Wenn man beide Seiten dieser Gleichung nach ϑ ableiten kann und wenn die Integration im Hinblick auf x und die Differentiation im Hinblick auf ϑ austauschbar sind, dann erhält man

$$\frac{\partial}{\partial \vartheta} \int \delta \cdot f(x | \vartheta) dx = \int \delta \frac{\partial}{\partial \vartheta} f(x | \vartheta) dx = 1 + b'(\vartheta)$$

bzw.

$$1 + b'(\vartheta) = \int \delta \left[\frac{\partial}{\partial \vartheta} \ln f(x | \vartheta)\right] f(x | \vartheta) dx = E\left[\delta \cdot \frac{\partial \ln f(x | \vartheta)}{\partial \vartheta}\right].$$

Setzt man $T = \delta$ und $S = \partial \ln f(x | \vartheta) / \partial \vartheta$, dann ist

$$E(T \cdot S) = 1 + b'(\vartheta) .$$

Der Erwartungswert von S ist

$$E(S) = \int \left[\frac{\partial}{\partial \vartheta} \ln f(x \mid \vartheta) \right] f(x \mid \vartheta) dx = \frac{\partial}{\partial \vartheta} \int f(x \mid \vartheta) dx = 0$$

da $\int f(x \mid \vartheta) dx = 1$. Daher ist

$$C(S, T) = E(S \cdot T) - E(S) \cdot E(T) = E(S \cdot T) = 1 + b'(\vartheta)$$

und

$$V(S) = E(S^2) - [E(S)]^2 = E(S^2).$$

Für T und S in die Schwartz'sche Ungleichung eingesetzt, gilt daher

$$V(\delta) \geq [1 + b'(\vartheta)]^2 / E[(\partial \ln f(x \mid \vartheta)/\partial \vartheta]^2.$$

b) $E[\partial \ln f(x \mid \vartheta)/\partial \vartheta]^2$ bezeichnet Fisher als Informationsmaß I. Ist $X = (X_1, \ldots, X_n)$ eine einfache Stichprobe, dann ist

$$\sum_i E[\partial \ln f(x_i \mid \vartheta)/\partial \vartheta]^2 = nE[\partial \ln f(x \mid \vartheta)/\partial \vartheta]^2 = n \cdot I$$

und

$$V(\delta) \geq [1 + b'(\vartheta)]^2 / n \cdot I.$$

c) Die Ungleichheit

$$V(S) \cdot V(T) \geq [C(S, T)]^2$$

ist nur dann eine Gleichheit, wenn zwischen T und S eine Korrelation von 1 besteht. Dies ist genau dann der Fall, wenn T und S voneinander linear abhängen:

$$S - E(S) = a(\vartheta) \cdot [T - E(T)].$$

Wegen $E(S) = 0$ und $E(T) = \vartheta + b(\vartheta) = c(\vartheta)$ ist

$$S = a(\vartheta)[T - c(\vartheta)]$$

oder

$$\partial \ln f(x \mid \vartheta)/\partial \vartheta = a(\vartheta)[\delta - c(\vartheta)] \quad \text{mit} \quad T = \delta.$$

Darüber hinaus ist in diesem Fall

$$1 = C(S, T) = V(S)/a(\vartheta)$$

und daher

$$a(\vartheta) = V(S) = I.$$

6. Blackwell Rao Theorem

Wenn $\delta = \delta(X_1, \ldots, X_n)$ eine unverzerrte Punktschätzfunktion für ϑ ist und $t = t(X_1, \ldots, X_n)$ eine suffiziente Stichprobenstatistik für ϑ, dann gilt

$$V(\delta^*) \leq V(\delta) \quad \text{mit} \quad \delta^* = E(\delta \mid t).$$

Die Varianz von δ kann man wie folgt schreiben:

$$V(\delta) = E(\delta - \vartheta)^2 = E(\delta - \delta^* + \delta^* - \vartheta)^2 =$$
$$= E(\delta^* - \vartheta)^2 + E(\delta - \delta^*)^2 + 2E[(\delta - \delta^*) \cdot (\delta^* - \vartheta)].$$

Da

$$E[(\delta - \delta^*) \cdot (\delta^* - \vartheta)] = E\{E[(\delta - \delta^*) \cdot (\delta^* - \vartheta) | t]\} =$$
$$= E\{(\delta^* - \vartheta) \cdot E[(\delta - \delta^*) | t]\} =$$
$$= E[(\delta^* - \vartheta) \cdot (\delta^* - \delta^*)] = 0 \text{ ist,}$$

ist

$$V(\delta) = V(\delta^*) + E(\delta - \delta^*)^2.$$

Da aber $E(\delta - \delta^*)^2$ nicht negativ sein kann, gilt

$$V(\delta) \geq V(\delta^*)$$

(vgl. Krutschkoff (1970) S. 197).

7. Konstruktion konjugierter Verteilungsfamilien

a) Auf Grund des Faktorisationstheorems gilt

$$f(x | \vartheta) = g(t | \vartheta) \cdot h(x).$$

Daher ist die Posterioridichte

$$f(\vartheta | x) \propto f(x | \vartheta) \cdot f(\vartheta) = g(t | \vartheta) \cdot h(x) \cdot f(\vartheta).$$

Da $h(x)$ nicht von ϑ abhängt, kann $h(x)$ von der Proportionalitätskonstante absorbiert werden:

$$f(\vartheta | x) \propto g(t | \vartheta) \cdot f(\vartheta) \propto f(\vartheta | t).$$

Als Prioriverteilung wählt man daher eine Verteilungsfamilie, die proportional zu $g(t | \vartheta)$ ist.

b) Um sicherzustellen, daß Priori- und Posterioriverteilungen zur selben Familie gehören, betrachtet man zwei unabhängige Stichproben $(X_1, \ldots, X_n)$ und $(Y_1, \ldots, Y_m)$. Da T suffizient ist, gilt

$$f(x_1, \ldots, x_n, y_1, \ldots, y_m | \vartheta) = f(x_1, \ldots, x_n | \vartheta) \cdot f(y_1, \ldots, y_m | \vartheta) =$$
$$= g[t(x_1, \ldots, y_m) | \vartheta] h(x_1, \ldots, y_m) = g[t(x_1, \ldots, x_n) | \vartheta] \cdot h(x_1, \ldots, x_n) \cdot$$
$$\cdot g[t(y_1, \ldots, y_m) | \vartheta] \cdot h(y_1, \ldots, y_m)$$

oder

$$g(t_{m+n} | \vartheta) \propto g(t_n | \vartheta) \cdot g(t_m | \vartheta).$$

Damit ist bewiesen, daß die Familie abgeschlossen ist unter der Multiplikation, wenn sie eine suffiziente Stichprobenstatistik besitzt.

c) Für Verteilungsfamilien mit suffizienter Statistik fixer Dimension findet man daher konjugierte Familien folgendermaßen: Man bestimmt eine Familie von Dichtefunktionen für ϑ so, daß die Likelihoodfunktion proportional zu einer der Dichtefunktionen der Familie ist. Weiters zeigt man, daß die Familie im Hinblick auf die Multiplikation abgeschlossen ist (vgl. DeGroot (1970) S. 162).

8. Testfunktion mit minimalem Risikoerwartungswert für einfache Hypothesen

Für die beste Testfunktion wird der kritische Bereich C so bestimmt, daß die gewichteten Fehlerwahrscheinlichkeiten

$$E_\vartheta[r(\delta, \vartheta)] = W\{\vartheta_0\} \cdot W\{X \in C | \vartheta_0\} + W\{\vartheta_1\} \cdot W\{X \in A | \vartheta_1\}]$$

minimal sind.

Für eine Stichprobe im Umfang n = 1 aus einer stetigen Verteilung kann man den Risikoerwartungswert auch folgendermaßen schreiben:

$$\begin{aligned} E_\vartheta[r(\delta, \vartheta)] &= f(\vartheta_0) \cdot \int_C f(x|\vartheta_0)dx + f(\vartheta_1) \cdot [1 - \int_C f(x|\vartheta_1)dx] = \\ &= f(\vartheta_1) + \int_C [f(\vartheta_0) \cdot f(x|\vartheta_0) - f(\vartheta_1) \cdot f(x|\vartheta_1)]dx . \end{aligned}$$

Die Prioriwahrscheinlichkeit für H_0 ist hier $W\{\vartheta_0\} = f(\vartheta_0)$ und die für H_1 $W\{\vartheta_1\} = f(\vartheta_1)$. Die Wahrscheinlichkeit für den Fehler 1. Art ist $\int_C f(x|\vartheta_0)dx$ und die für den Fehler 2. Art $1 - \int_C f(x|\vartheta_1)dx$, da

$$\begin{aligned} W\{X \in A|\vartheta_1\} &= \int_A f(x|\vartheta_1)dx = \\ &= \int_A f(x|\vartheta_1)dx + \int_C f(x|\vartheta_1)dx - \int_C f(x|\vartheta_1)dx = \\ &= 1 - \int_C f(x|\vartheta_1)dx . \end{aligned}$$

Der Risikoerwartungswert wird minimiert, wenn man im kritischen Bereich C jene Werte von x zusammenfaßt, die negativ sind. C ist daher

$$C = \{x | [f(\vartheta_0) \cdot f(x|\vartheta_0) - f(\vartheta_1) \cdot f(x|\vartheta_1)] < 0\} .$$

Im Annahmebereich A sind die restlichen x:

$$A = \{x | [f(\vartheta_0) \cdot f(x|\vartheta_0) - f(\vartheta_1) \cdot f(x|\vartheta_1)] \geq 0\} .$$

Setzt man

$$\lambda(x) = f(x|\vartheta_1)/f(x|\vartheta_0)$$

und

$$\lambda(\vartheta) = f(\vartheta_1)/f(\vartheta_0),$$

dann kann man den kritischen Bereich der besten Testfunktion auch wie folgt schreiben:

$$C = \{x | \lambda(x) > 1/\lambda(\vartheta)]$$

oder auch

$$C = \{x | \lambda(x) \cdot \lambda(\vartheta) = \lambda(\vartheta|x) > 1]$$

und $\delta(x)$ ist

$$\delta(x) = \begin{cases} 0 & \text{für} \quad \lambda(\vartheta|x) \leq 1, \\ 1 & \text{für} \quad \lambda(\vartheta|x) > 1 \end{cases}$$

(vgl. Melsa, Cohn (1978) S. 38).

9. Posterioriwahrscheinlichkeitsquotient für eine Punktnullhypothese

$p_0 > 0$ sei die Prioriwahrscheinlichkeit für die Punktnullhypothese H_0: $\vartheta = \vartheta_0$ und $1 - p_0$ die Restwahrscheinlichkeit für die stetige Prioriverteilung von ϑ. Die Prioriverteilung ist also

$$f(\vartheta) = \begin{cases} p_0 & \text{für} \quad \vartheta = \vartheta_0, \\ (1 - p_0) \cdot f_1(\vartheta) & \text{für} \quad \vartheta \neq \vartheta_0. \end{cases}$$

Die gemeinsame Verteilung von X und ϑ ist

$$f(x, \vartheta) = \begin{cases} f(x|\vartheta_0) \cdot p_0 & \text{für} \quad \vartheta = \vartheta_0, \\ f(x|\vartheta) \cdot (1 - p_0) \cdot f_1(\vartheta) & \text{für} \quad \vartheta \neq \vartheta_0 \end{cases}$$

und die Randverteilung von X

$$g(x) = f(x|\vartheta_0) \cdot p_0 + (1 - p_0) \cdot \int_{\vartheta \neq \vartheta_0} f(x|\vartheta) f_1(\vartheta) d\vartheta .$$

Die Integration wird durch den Ausschluß von ϑ_0 nicht beeinflußt. Man kann daher auch schreiben

$$g(x) = f(x|\vartheta_0) \cdot p_0 + (1 - p_0) \cdot f_X(x) .$$

Die Posterioriverteilung von ϑ ist dann

$$f(\vartheta|x) = \begin{cases} \dfrac{f(x, \vartheta_0)}{g(x)} = \dfrac{f(x|\vartheta_0) \cdot p_0}{f(x|\vartheta_0) \cdot p_0 + (1 - p_0) \cdot f_X(x)} & \text{für} \quad \vartheta = \vartheta_0, \\[2ex] \dfrac{f(x, \vartheta)}{g(x)} = \dfrac{f(x|\vartheta) \cdot (1 - p_0) \cdot f_1(\vartheta)}{f(x|\vartheta_0) \cdot p_0 + (1 - p_0) \cdot f_X(x)} & \text{für} \quad \vartheta \neq \vartheta_0 \end{cases}$$

und der Posterioriwahrscheinlichkeitsquotient wegen $W\{H_1|x\} = 1 - W\{H_0|x\}$

$$\lambda(\vartheta|x) = \frac{1 - f(\vartheta_0|x)}{f(\vartheta_0|x)} = \frac{(1 - p_0) \cdot f_X(x)}{P_0 \cdot f(x|\vartheta_0)}$$

(vgl. Berger (1980) S. 106).

10. Bayes Intervall mit minimaler Länge

Wenn $T_u = a$ und $T_o = b$ die Unter- und Obergrenze des Bayes Intervalls sind, dann sucht man jene Intervallschätzfunktion für die die Intervallänge

$$l = b - a$$

unter der Nebenbedingung

$$F(b) - F(a) = \int_a^b f(\vartheta | x) d\vartheta = 1 - \alpha$$

minimal ist (stetige, unimodale Posterioriverteilung vorausgesetzt). Die Ableitungen der erweiterten Zielfunktion

$$L = b - a + \lambda[F(b) - F(a) - 1 + \alpha]$$

sind

$$\partial L / \partial a = -1 - f(a),$$
$$\partial L / \partial b = \ \ 1 + f(b).$$

Daraus folgt, daß das Minimum der Intervallänge vorliegt, wenn a und b so bestimmt werden, daß

$$f(a) = f(b).$$

Für symmetrische Verteilungen ist T_u daher das ($\alpha/2$)-te und T_0 das ($1 - \alpha/2$)-te Quantil der Posterioriverteilung.

11. Punktschätzfunktion mit minimalem Risikoerwartungswert

Wenn man für den Risikoerwartungswert

$$E[r(\delta, \vartheta)] = E[(\delta - \vartheta)^2] = E\{E[(\delta - \vartheta)^2 | x]\}$$

die Punktschätzfunktion $\delta = \delta(X) = \delta(X_1, \ldots, X_n)$ so wählt, daß sie $E[(\delta - \vartheta)^2 | x]$ für jedes $X_1, \ldots, X_n$ minimiert, dann minimiert sie auch den Risikoerwartungswert. Setzt man

$$t = E(\vartheta | x),$$

so erhält man

$$E[(\delta - \vartheta)^2 | x] = E[(\delta - t + t - \vartheta)^2 | x] =$$
$$= E[(\delta - t)^2 | x] + E[(t - \vartheta)^2 | x] + 2E[(\delta - t)(t - \vartheta) | x].$$

δ und t sind beide Funktionen von $X = X_1, \ldots, X_n$. Für eine gegebene Realisation sind daher δ und t Konstanten. Daher ist

$$E[(\delta - t)(t - \vartheta) | x] = (\delta - t) E[t - \vartheta | x] = (\delta - t)[t - E(\vartheta | x)] = 0$$

und

$$E[(\delta - \vartheta)^2 | x] = E[(\delta - t)^2 | x] + E[(t - \vartheta)^2 | x] \geq E[(t - \vartheta)^2 | x].$$

Daraus folgt, daß $t = E(\vartheta | x)$ nicht nur $E[(\delta - \vartheta)^2 | x]$ minimiert, sondern auch den Risikoerwartungswert (vgl. Ross (1980) S. 360).

12. Bayes Regel

Die Ermittlung eines besten statistischen Verfahrens nach der Bayes Regel erfordert die Minimierung des Bayes Risikos, das für den stetigen Fall folgende Form besitzt:

$$B(\delta) = E_\vartheta[r(\delta, \vartheta)] =$$
$$= \int_\Theta \int_{\mathfrak{X}} s(\delta(x), \vartheta) \cdot f(x|\vartheta) \cdot f(\vartheta) dx d\vartheta .$$

Da $s(a, \vartheta) \geq -K > -\infty$, kann man voraussetzen, daß die Vertauschung der Integrationsreihenfolge zulässig ist (Fubini-Theorem). Für das Bayes Risiko folgt

$$B(\delta) = \int_{\mathfrak{X}} [\int_\Theta s(\delta(x), \vartheta) \cdot f(x|\vartheta) f(\vartheta) d\vartheta] dx .$$

$\delta(x)$ ist in diesem Ausdruck keine einfache Variable, sondern eine Funktion auf $\mathfrak{X}$. Die Minimierung von $\delta(x)$ ist daher in dieser sogenannten Normalform nicht einfach. Es ist klar, daß zur Minimierung des Bayes Risikos $\delta(x)$ so gewählt werden soll, daß

$$\int_\Theta s(\delta(x), \vartheta) \cdot f(x|\vartheta) \cdot f(\vartheta) d\vartheta$$

für jedes $x \in \mathfrak{X}$ minimiert wird. Es ist aber auch einsichtig, daß eine Aktion a, die den Ausdruck

$$\int_\Theta s(a, \vartheta) \cdot f(x|\vartheta) \cdot f(\vartheta) d\vartheta$$

minimiert, auch folgenden Ausdruck minimiert:

$$[f_X(x)]^{-1} \cdot \int_\Theta s(a, \vartheta) \cdot f(x|\vartheta) \cdot f(\vartheta) d\vartheta = \int_\Theta s(a, \vartheta) \cdot f(\vartheta|x) d\vartheta = E_{\vartheta|x}[s(a, \vartheta)] .$$

$E_{\vartheta|x}[s(a, \vartheta)]$ ist der Posteriorischadenerwartungswert der Aktion a, d. h. der erwartete Schaden im Hinblick auf die Posterioriverteilung von ϑ für ein gegebenes x. Ein bestes statistisches Verfahren findet man daher auch dadurch, daß man für eine gegebene Stichprobenrealisation jene Aktion a wählt, die den Posteriorischadenerwartungswert minimiert (vgl. Berger (1980) S. 108).

13. Minimax Regel

a) Wenn δ^* ein nach der Bayes Regel bestimmtes statistisches Verfahren mit konstanter Risikofunktion ist, dann ist δ^* auch ein bestes statistisches Verfahren nach der Minimax Regel.

Da δ^* konstantes Risiko besitzt, gilt

$$\sup_\vartheta r(\delta^*, \vartheta) \leq E[r(\delta^*, \vartheta^*)] = B(\delta^*) .$$

Für jedes konkurrierende Verfahren δ erhält man

$$\inf_\delta r(\delta, \vartheta^*) \geq E[r(\delta, \vartheta^*)] = B(\delta) .$$

δ^* ist das beste Verfahren nach der Bayes Regel. Daher ist

$$B(\delta^*) \leq B(\delta)$$

bzw.

$$\sup_{\vartheta} r(\delta^*, \vartheta) \leq B(\delta^*) \leq B(\delta) \leq \inf_{\delta} r(\delta, \vartheta^*).$$

Daraus folgt obige Behauptung.

b) Für einen nicht abgeschlossenen Parameterraum Θ benötigt man oft folgendes Lemma, um ein bestes statistisches Verfahren nach der Minimax Regel nachzuweisen: $\{f_n\}$ sei eine Folge von Prioriverteilungen und $B_n(\delta)$ das Bayes Risiko für das Verfahren δ und die Prioriverteilung f_n .B_n sei das kleinste Bayes Risiko dieser Folge:

$$B_n = \inf_{\delta} B_n(\delta).$$

Wenn nun ein statistisches Verfahren δ^* mit konstantem Risiko existiert, für das gilt

$$\lim_{n \to \infty} |B_n(\delta^*) - B_n| = 0,$$

dann ist δ^* ein bestes Verfahren nach der Minimax Regel. Dies kann man wie folgt begründen:

Wegen der Konstanz des Risikos ist

$$\sup_{\vartheta} r(\delta^*, \vartheta) = B_n + o(1),$$

wobei $o(1) \to 0$, wenn $n \to \infty$. Für jedes konkurrierende Verfahren δ gilt

$$\sup_{\vartheta} r(\delta, \vartheta) \geq E_{f_n}[r(\delta, \vartheta)] \geq B_n = \sup_{\vartheta} r(\delta^*, \vartheta) - o(1).$$

Wenn $n \to \infty$, bleibt die linke Seite unverändert, die rechte strebt nach $\sup_{\vartheta} r(\delta^*, \vartheta)$ (vgl. Bickel, Doksum (1977) S. 426).

14. Beste Testfunktion für einfache Hypothesen nach der Bayes Regel

Die Posterioriverteilung für die einfachen Hypothesen H_0: $\vartheta = \vartheta_0$ und H_1: $\vartheta = \vartheta_1 > \vartheta_0$ ist gegeben durch

$$f(\vartheta | x) = \begin{cases} \dfrac{f(\vartheta_0) \cdot f(x | \vartheta_0)}{f(\vartheta_0) \cdot f(x | \vartheta_0) + f(\vartheta_1) \cdot f(x | \vartheta_1)} & \text{für} \quad \vartheta = \vartheta_0, \\[2ex] \dfrac{f(\vartheta_1) \cdot f(x | \vartheta_1)}{f(\vartheta_0) \cdot f(x | \vartheta_0) + f(\vartheta_1) \cdot f(x | \vartheta_1)} & \text{für} \quad \vartheta = \vartheta_1. \end{cases}$$

Für die Schadenfunktion

$$s(a_0, \vartheta) = \begin{cases} 0 & \text{für} \quad \vartheta = \vartheta_0, \\ s_2 & \text{für} \quad \vartheta = \vartheta_1, \end{cases}$$

$$s(a_1, \vartheta) = \begin{cases} s_1 & \text{für} \quad \vartheta = \vartheta_0, \\ 0 & \text{für} \quad \vartheta = \vartheta_1 \end{cases}$$

sind die Posteriorischadenerwartungswerte

$$E_{\vartheta|x}[s(a,\vartheta)] = \begin{cases} s_1 \cdot f(\vartheta_0|x) & \text{für} \quad \delta(x) = a_1 \quad \text{und} \quad \vartheta = \vartheta_0, \\ s_2 \cdot f(\vartheta_1|x) & \text{für} \quad \delta(x) = a_0 \quad \text{und} \quad \vartheta = \vartheta_1. \end{cases}$$

Daraus folgt, daß H_0 nicht abgelehnt wird, also $\delta(x) = a_0$, wenn

$$s_2 \cdot f(\vartheta_1|x) \le s_1 \cdot f(\vartheta_0|x).$$

Dies ist genau dann der Fall, wenn

$$s_2 \cdot f(\vartheta_1) \cdot f(x|\vartheta_1) \le s_1 \cdot f(\vartheta_0) \cdot f(x|\vartheta_0)$$

oder nach einigen Umformungen

$$\lambda(x) \le [\lambda(\vartheta)]^{-1} \cdot s_1/s_2,$$

mit

$$\lambda(x) = f(x|\vartheta_1)/f(x|\vartheta_0)$$

und

$$\lambda(\vartheta) = f(\vartheta_1)/f(\vartheta_0).$$

15. Beste Testfunktion für einseitige Hypothesen nach der Bayes Regel und für eine lineare Schadenfunktion

Für die einseitigen Hypothesen H_0: $\vartheta \le \vartheta_0$, H_1: $\vartheta > \vartheta_0$ und die Schadenfunktion

$$s(a_0,\vartheta) = \begin{cases} 0 & \text{für} \quad \vartheta \le \vartheta_0, \\ s_2(\vartheta - \vartheta_0) & \text{für} \quad \vartheta > \vartheta_0, \end{cases}$$

$$s(a_1,\vartheta) = \begin{cases} s_1(\vartheta_0 - \vartheta) & \text{für} \quad \vartheta \le \vartheta_0, \\ 0 & \text{für} \quad \vartheta > \vartheta_0, \end{cases}$$

sind die Posteriorischadenerwartungswerte für eine stetige Posterioriverteilung

$$E_{\vartheta|x}[s(a,\vartheta)] = \begin{cases} \int\limits_{-\infty}^{\vartheta_0} s_1(\vartheta_0 - \vartheta) \cdot f(\vartheta|x)\,d\vartheta & \text{für} \quad \delta(x) = a_1 \quad \text{und} \quad \vartheta \le \vartheta_0, \\ \int\limits_{\vartheta_0}^{\infty} s_2(\vartheta - \vartheta_0) \cdot f(\vartheta|x)\,d\vartheta & \text{für} \quad \delta(x) = a_0 \quad \text{und} \quad \vartheta > \vartheta_0. \end{cases}$$

Daraus folgt, daß H_0 nicht abgelehnt wird, wenn

$$s_2 \cdot \int\limits_{\vartheta_0}^{\infty} (\vartheta - \vartheta_0) \cdot f(\vartheta|x)\,d\vartheta \le s_1 \cdot \int\limits_{-\infty}^{\vartheta_0} (\vartheta_0 - \vartheta) \cdot f(\vartheta|x)\,d\vartheta.$$

Für $s_1 = s_2$ erhält man

$$\int\limits_{\vartheta_0}^{\infty} \vartheta \cdot f(\vartheta|x)\,d\vartheta - \vartheta_0 \cdot \int\limits_{\vartheta_0}^{\infty} f(\vartheta|x)\,d\vartheta \le \vartheta_0 \cdot \int\limits_{-\infty}^{\vartheta_0} f(\vartheta|x)\,d\vartheta - \int\limits_{-\infty}^{\vartheta_0} \vartheta \cdot f(\vartheta|x)\,d\vartheta$$

bzw.

$$\int\limits_{-\infty}^{\infty} \vartheta \cdot f(\vartheta|x)\,d\vartheta \le \vartheta_0 \cdot \int\limits_{-\infty}^{\infty} f(\vartheta|x)\,d\vartheta.$$

Da $\int_{-\infty}^{\infty} f(\vartheta | x) d\vartheta$ gleich eins ist, wird H_0 angenommen, wenn

$$E(\vartheta | x) \leq \vartheta_0 .$$

16. Lineare Schadenintegrale

a) Für eine stetige Zufallsvariable X kann der Erwartungswert wie folgt in zwei partielle Erwartungswerte aufgeteilt werden:

$$E(X) = \int_{-\infty}^{\infty} x \cdot f(x) dx = \int_{-\infty}^{a} x \cdot f(x) dx + \int_{a}^{\infty} x \cdot f(x) dx =$$
$$= E_{-\infty}^{a}(X) + E_{a}^{\infty}(X) .$$

$E_{-\infty}^{a}(X)$ bezeichnet man als linken partiellen Erwartungswert und $E_{a}^{\infty}(X)$ als rechten. Analog zu den partiellen Erwartungswerten kann man für eine stetige Zufallsvariable X ein linkes und rechtes lineares Schadenintegral definieren:

$$L_{-\infty}^{a}(X) = \int_{-\infty}^{a} (a - x) \cdot f(x) dx$$

und

$$L_{a}^{\infty}(X) = \int_{a}^{\infty} (x - a) \cdot f(x) dx .$$

Mit Hilfe der partiellen Erwartungswerte kann man die linearen Schadenintegrale auch folgendermaßen ausdrücken:

$$L_{-\infty}^{a}(X) = a \cdot \int_{-\infty}^{a} f(x) dx - \int_{-\infty}^{a} x \cdot f(x) dx = a \cdot F(a) - E_{-\infty}^{a}(X)$$

und

$$L_{a}^{\infty}(X) = \int_{a}^{\infty} x \cdot f(x) dx - a \cdot \int_{a}^{\infty} f(x) dx = E_{a}^{\infty}(X) - a[1 - F(a)] .$$

b) Für die Standardnormalverteilung sind

$$E_{-\infty}^{a}(Z) = \int_{-\infty}^{a} z \cdot f(z) dz = -f_Z(a)$$

und

$$E_{a}^{\infty}(Z) = \int_{a}^{\infty} z \cdot f(z) dz = f_Z(a)$$

die partiellen Erwartungswerte. Linkes und rechtes lineares Schadenintegral sind daher

$$L_{-\infty}^{a}(Z) = a \cdot F_Z(a) + f_Z(a)$$

bzw.

$$L_{a}^{\infty}(Z) = f_Z(a) - a[1 - F_Z(a)] .$$

Wenn man berücksichtigt, daß $z = (a - \mu)/\sigma$ ist, dann erhält man für eine beliebige normalverteilte Zufallsvariable X

$$E_{-\infty}^{a}(X) = \mu \cdot F_Z(z) - \sigma \cdot f_Z(z)$$

und

$$E_a^{\infty}(X) = \mu \cdot [1 - F_Z(z)] + \sigma \cdot f_Z(z)$$

als partielle Erwartungswerte und

$$L_{-\infty}^{a}(X) = \int_{-\infty}^{a} (a - x) \cdot f_N(x|\mu, \sigma^2)dx = \sigma \cdot L_{-\infty}^{z}(Z)$$

bzw.

$$L_a^{\infty}(X) = \int_{a}^{\infty} (x - a) \cdot f_N(x|\mu, \sigma^2)dx = \sigma \cdot L_z^{\infty}(Z)$$

als linkes bzw. rechtes lineares Schadenintegral.

c) Für die Betaverteilung der Zufallsvariablen π mit den Parametern $\alpha = x$ und $\beta = n - x$ sind

$$\begin{aligned} E(\pi) = \int_0^a \pi \cdot f(\pi)d\pi + \int_a^1 \pi \cdot f(\pi)d\pi &= E(\pi) \cdot F_{Be}(a|x + 1; n - x) + \\ &+ E(\pi) \cdot [1 - F_{Be}(a|x + 1; n - x)] = E_0^a(\pi) + E_a^1(\pi) \end{aligned}$$

die beiden partiellen Erwartungswerte. Linkes und rechtes Schadenintegral sind daher

$$L_0^a(\pi) = a \cdot F_{Be}(a|x; n - x) - E(\pi) \cdot F_{Be}(a|x + 1; n - x)$$

bzw.

$$L_a^1(\pi) = E(\pi) \cdot [1 - F_{Be}(a|x + 1, n - x)] - a \cdot [1 - F_{Be}(a|x, n - x)]\,.$$

17. Beste Intervallschätzfunktion für eine lineare und quadratische Schadenfunktion nach der Bayes Regel

a) Für die lineare Schadenfunktion

$$s(a, \vartheta) = s_l(T_0 - T_u) + \begin{cases} s_u(T_u - \vartheta) & \text{für} \quad \vartheta < T_u, \\ s_0(\vartheta - T_0) & \text{für} \quad \vartheta > T_0 \end{cases}$$

und eine stetige Posterioridichtefunktion $f(\vartheta|x)$ ist der Posteriorischadenerwartungswert

$$\begin{aligned} E_{\vartheta|x}[s(a, \vartheta)] &= s_l \cdot (T_0 - T_u) + s_u \cdot \int_{\infty}^{T_u} (T_u - \vartheta) \cdot f(\vartheta|x)d\vartheta + \\ &\quad + s_0 \cdot \int_{T_0}^{\infty} (\vartheta - T_0) \cdot f(\vartheta|x)d\vartheta = \\ &= s_l \cdot (T_0 - T_u) + s_u \cdot T_u \cdot F(T_u) - s_0 \cdot T_0 \cdot [1 - F(T_0)] - \\ &\quad - s_u \cdot \int_{-\infty}^{T_u} \vartheta \cdot f(\vartheta|x)d\vartheta + s_0 \cdot \int_{T_0}^{\infty} \vartheta \cdot f(\vartheta|x)d\vartheta\,. \end{aligned}$$

Die Grenzen T_u, T_0 der Intervallschätzfunktion δ, für die dieser Ausdruck minimal ist, findet man durch partielles Ableiten nach T_u und T_0:

$$\partial E/\partial T_u = -s_l + s_u \cdot F(T_u),$$
$$\partial E/\partial T_0 = s_l - s_0 + s_0 \cdot F(T_0).$$

Nullsetzen und Auflösen dieser Gleichungen liefert

$$F(T_u) = s_l/s_u,$$
$$F(T_0) = 1 - s_l/s_0.$$

Da die Hesse'sche Matrix positiv definit ist, ist an der Stelle $F(T_u)$ und $F(T_0)$ ein Minimum (vgl. La Valle (1970) S. 544).

b) Für die quadratische Schadenfunktion

$$s(a, \vartheta) = s_l(T_0 - T_u) + \begin{cases} s_u(T_u - \vartheta)^2 & \text{für} \quad \vartheta < T_u, \\ s_0(\vartheta - T_0)^2 & \text{für} \quad \vartheta > T_0 \end{cases}$$

und eine stetige Posterioridichtefunktion $f(\vartheta|x)$ ist der Posteriorischadenerwartungswert

$$E_{\vartheta|x}[s(a, \vartheta)] = s_l \cdot (T_0 - T_u) + s_u \cdot \int_{-\infty}^{T_u} (T_u - \vartheta)^2 \cdot f(\vartheta|x)d\vartheta + $$
$$+ s_0 \cdot \int_{T_0}^{\infty} (\vartheta - T_0)^2 \cdot f(\vartheta|x)d\vartheta.$$

Die Grenzen T_u, T_0 der Intervallschätzfunktion δ, für die dieser Ausdruck minimal ist, findet man wieder durch partielles Ableiten nach T_u und T_0:

$$\partial E/\partial T_u = -s_l + 2s_u \cdot \int_{-\infty}^{T_u} (T_u - \vartheta) \cdot f(\vartheta|x)d\vartheta,$$

$$\partial E/\partial T_0 = s_l - 2s_0 \cdot \int_{T_0}^{\infty} (\vartheta - T_0) \cdot f(\vartheta|x)d\vartheta.$$

T_u und T_0 müssen so bestimmt werden, daß folgende Gleichungen erfüllt sind:

$$T_u\colon \int_{-\infty}^{T_u} (T_u - \vartheta) \cdot f(\vartheta|x)d\vartheta = s_l/2s_u,$$

$$T_0\colon \int_{T_0}^{\infty} (\vartheta - T_0) \cdot f(\vartheta|x)d\vartheta = s_l/2s_0.$$

An den so bestimmten Grenzen hat die Posteriorischadenfunktion ein Minimum, da die Hesse'sche Matrix positiv definit ist.

18. Beste Punktschätzfunktion für eine lineare und quadratische Schadenfunktion nach der Bayes Regel

a) Für die lineare Schadenfunktion

$$s(a, \vartheta) = \begin{cases} s_u(a - \vartheta) & \text{für} \quad \vartheta < a, \\ 0 & \text{für} \quad \vartheta = a, \\ s_0(\vartheta - a) & \text{für} \quad \vartheta > a \end{cases}$$

und eine stetige Posterioriverteilung ist der Posteriorischadenerwartungswert

$$E_{\vartheta|x}[s(a,\vartheta)] = s_u \cdot \int_{-\infty}^{a} (a-\vartheta)\cdot f(\vartheta|x)d\vartheta + s_0 \cdot \int_{a}^{\infty} (\vartheta - a)\cdot f(\vartheta|x)d\vartheta =$$
$$= s_u \cdot a \cdot F(a) - s_0 \cdot a[1-F(a)] - s_u \cdot \int_{-\infty}^{a} \vartheta \cdot f(\vartheta|x)d\vartheta +$$
$$+ s_0 \cdot \int_{a}^{\infty} \vartheta \cdot f(\vartheta|x)d\vartheta .$$

Den Wert von a, der diesen Ausdruck minimiert, findet man durch Ableiten nach a und Nullsetzen:

$$dE/da = s_u \cdot F(a) - s_0 + s_0 \cdot F(a) = 0,$$
$$F(a) = s_0/(s_u + s_0).$$

Da die zweite Ableitung positiv ist, muß $F(a) = s_0/(s_0 + s_u)$ ein Minimum sein. Für $s_0 = s_u$ ist $F(a) = 1/2$. Der Zentralwert der Posterioriverteilung ist in diesem Fall die beste Punktschätzfunktion.

b) Für eine quadratische Schadenfunktion

$$s(a,\vartheta) = \begin{cases} s_u(a-\vartheta)^2 & \text{für} \quad \vartheta < a, \\ 0 & \text{für} \quad \vartheta = a, \\ s_0(\vartheta - a)^2 & \text{für} \quad \vartheta > a \end{cases}$$

und eine stetige Posterioriverteilung ist der Posteriorischadenerwartungswert

$$E_{\vartheta|x}[s(a,\vartheta)] = s_u \cdot \int_{-\infty}^{a} (a-\vartheta)^2 \cdot f(\vartheta|x)d\vartheta + s_0 \cdot \int_{a}^{\infty} (\vartheta - a)^2 \cdot f(\vartheta|x)d\vartheta .$$

Setzt man der Einfachheit halber $s_u = s_0 = 1$, so ist

$$E_{\vartheta|x}[s(a,\vartheta)] = \int_{-\infty}^{\infty} (a-\vartheta)^2 \cdot f(\vartheta|x)d\vartheta .$$

Das Minimum dieses Ausdrucks findet man durch Ausquadrieren, Ableiten und Nullsetzen:

$$0 = \frac{d}{da}\left[\int_{-\infty}^{\infty} \vartheta^2 \cdot f(\vartheta|x)d\vartheta - 2a \cdot \int_{-\infty}^{\infty} \vartheta f(\vartheta|x)d\vartheta + a^2 \cdot \int_{-\infty}^{\infty} f(\vartheta|x)d\vartheta\right] =$$
$$= -2E(\vartheta|x) + 2a .$$

Die Auflösung nach a liefert

$$a = E(\vartheta|x).$$

Da die zweite Ableitung positiv ist, muß $a = E(\vartheta|x)$ eine Minimalstelle sein.

II. Definitionen aus der Wahrscheinlichkeitstheorie

1. Wahrscheinlichkeit

a) Die Menge aller möglichen Ergebnisse ω_i eines Zufallsvorganges nennt man Stichprobenraum Ω:

$$\Omega = \{\omega_1, \omega_2, \ldots\}.$$

b) Eine Teilmenge A von Ω heißt Ereignis

$$A = \{\omega_i, \omega_j, \ldots\} \subset \Omega.$$

Ein Elementarereignis enthält nur ein Element von Ω:

$$A = \{\omega_i\}.$$

Ω und $\emptyset$ sind ebenfalls Ereignisse und zwar das sichere und das unmögliche.

Eine Zerlegung des Stichprobenraumes Ω liegt vor, wenn gilt:

$$\bigcup_{i=0}^{\infty} A_i = \Omega \quad \text{und} \quad A_i \cap A_k = \emptyset; \qquad \forall i, k; \quad i \neq k.$$

Eine Menge von Ereignissen ist ein Ereignisraum R

$$R \subseteq \{A \mid A \subset \Omega\},$$

wenn gilt

1. $\Omega \in R$,
2. $A \in R \rightarrow A^c \in R$,
3. $\bigcup_{i=0}^{\infty} A_i \in R$, falls $A_i \in R \, \forall_i$.

Ein System von Mengen für die 1.–3. gilt, heißt auch σ-Algebra. Die Potenzmenge von Ω ist immer eine σ-Algebra.

c) Die Abbildung W des Ereignisraumes R in das Intervall [0; 1]

$$W : R \rightarrow [0; 1]$$

ist ein Wahrscheinlichkeitsmaß, wenn folgende nach Kolmogoroff benannten Axiome gelten:

1. Nichtnegativität: $W(A) \geq 0$,
2. Normierung: $W(\Omega) = 1$,
3. Additivität: $W(\bigcup_{i=0}^{\infty} A_i) = \sum_{i=0}^{\infty} W(A_i)$ für $A_i \cap A_j = \emptyset$, $\forall i \neq j$.

2. Bedingte Wahrscheinlichkeit

a) Die Wahrscheinlichkeit für das Ereignis A_i unter der Bedingung, daß das Ereignis B_j eingetreten ist, wird wie folgt bezeichnet und berechnet:

$$W(A_i | B_j) = W(A_i \cap B_j)/W(B_j).$$

b) Zwei Ereignisse A_i und B_j sind (stochastisch) unabhängig wenn gilt:

$$W(A_i | B_j) = W(A_i)$$

bzw.

$$W(B_j | A_i) = W(B_j).$$

3. Gemeinsame Wahrscheinlichkeit

a) Die gemeinsame Wahrscheinlichkeit der Ereignisse A_i und B_j wird wie folgt bezeichnet und berechnet:

$$\begin{aligned} W(A_i, B_j) = W(A_i \cap B_j) &= \\ &= W(A_i | B_j) \cdot W(B_j) = \\ &= W(B_j | A_i) \cdot W(A_i). \end{aligned}$$

Die Berechnungsformeln folgen aus der Definition der bedingten Wahrscheinlichkeit.

b) Die stochastische Unabhängigkeit zweier Ereignisse A_i und B_j kann auch folgendermaßen geprüft werden:

$$W(A_i, B_j) = W(A_i) \cdot W(B_j).$$

4. Randwahrscheinlichkeit

a) Aus der gemeinsamen Wahrscheinlichkeit für die Ereignisse A_i und B_j kann die Wahrscheinlichkeit für das Ereignis A_i, die in diesem Zusammenhang als Randwahrscheinlichkeit bezeichnet wird, wie folgt berechnet werden:

$$W(A_i) = \sum_j W(A_i, B_j) = \sum_j W(A_i | B_j) \cdot W(B_j)$$

vorausgesetzt $A_i \subseteq \bigcup_j B_j$ und B_j disjunkt.

b) Berechnet man die in der Definition der bedingten Wahrscheinlichkeit

$$W(A_i | B_j) = W(A_i \cap B_j)/W(B_j)$$

enthaltene Wahrscheinlichkeit für B_j über die entsprechende Randwahrscheinlichkeit, dann bezeichnet man diese Formel als Bayes'sches Theorem:

$$W(A_i | B_j) = \frac{W(B_j | A_i) \cdot W(A_i)}{\sum_k W(B_j | A_k) \cdot W(A_k)}.$$

5. Verteilungsfunktion

a) Die Abbildung des Stichprobenraumes Ω in die Menge der reellen Zahlen bezeichnet man als Zufallsvariable

$$X: \Omega \rightarrow \mathbb{R}.$$

Obwohl die Zufallsvariable X eine Funktion ist, schreibt man üblicherweise nur X für $X(\omega)$. Realisationen der Zufallsvariablen X werden mit Kleinbuchstaben $x_1, x_2, \ldots$ gekennzeichnet.

b) Durch die Zufallsvariable, die Ω eindeutig in die Menge der reellen Zahlen abbildet, wird der neue Ereignisraum durch die Menge der halboffenen Intervalle (a, b] erzeugt:

Die Bedingungen einer σ-Algebra sind erfüllt, da

1. $\mathbb{R} \in R$,
2. $(-\infty, a] \in R \rightarrow (-\infty, a]^c = (a, \infty) \in R$,
3. R ist gegenüber der mengentheoretischen Vereinigung aller halboffenen Intervalle abgeschlossen.

c) Die Abbildung des neuen Ereignisraumes R in das Intervall [0; 1] erfolgt durch die Verteilungsfunktion F:

$$F: \mathbb{R} \rightarrow [0, 1].$$

Sie gibt die Wahrscheinlichkeit dafür an, daß die Zufallsvariable X höchstens den Wert x annimmt:

$$F(x) = W(X \leq x).$$

Die Verteilungsfunktion erfüllt die Axiome von Kolmogoroff, da

1. $F(x) \geq 0, \qquad \forall x \in (-\infty, \infty)$,
2. $\lim\limits_{x \to \infty} F(x) = 1$,
3. $W((-\infty, a]) + W((a, b]) = W((-\infty, b])$, da $\{(-\infty, a]\} \cap \{(a, b]\} = \Theta$.

   Daraus folgt

   $W(a < X \leq b) = W((a, b]) = F(b) - F(a)$.

d) Eine Zufallsvariable X ist diskret, wenn X nur eine endliche oder abzählbar unendliche Menge von Realisationen $x_1, x_2, \ldots$ annehmen kann. Die Verteilungsfunktion einer diskreten Zufallsvariablen ist

$$F(x_0) = \sum_{x \leq x_0} f(x), \qquad \forall x \in (-\infty, \infty),$$

wobei f(x) die sogenannte Wahrscheinlichkeitsfunktion, wie folgt bestimmt ist:

$$f(x_i) = F(x_i) - F(x_{i-1}).$$

f(x), gibt bei einer diskreten Zufallsvariablen X die Wahrscheinlichkeit dafür an, daß die Zufallsvariable X genau den Wert x annimmt:

$$f(x) = W(X = x).$$

e) Eine Zufallsvariable X ist stetig, wenn für jedes reelle x die Verteilungsfunktion wie folgt bestimmt ist:

$$F(x_0) = \int_{-\infty}^{x_0} f(x)dx; \qquad \forall x \in (-\infty, \infty),$$

wobei f(x) eine nichtnegative Funktion ist, die man Dichtefunktion nennt.

Ist f an der Stelle x stetig, dann gilt

$$f(x) = F'(x) = \frac{dF(x)}{dx}.$$

Da die Wahrscheinlichkeit dafür, daß eine stetige Zufallsvariable X genau den Wert x annimmt, immer Null ist, entspricht nicht der Funktionswert f(x) der Wahrscheinlichkeit X = x, sondern $f(x) \cdot \Delta x$:

$$f(x) = F'(x) = \lim_{\Delta x \to 0} \frac{F(x + \Delta x) - F(x)}{\Delta x} = \lim_{\Delta x \to 0} \frac{W(x < X \leq x + \Delta x)}{\Delta x}.$$

6. Gemeinsame Verteilung

Wenn man den Stichprobenraum Ω zweifach in die Menge der reellen Zahlen abbildet

$$X: \Omega \to \mathbb{R} \quad \text{und} \quad Y: \Omega \to \mathbb{R},$$

dann nennt man die Variable (X, Y) eine zweidimensionale Zufallsvariable. Die gemeinsame Verteilungsfunktion dieser Zufallsvariablen gibt die Wahrscheinlichkeit dafür an, daß die Zufallsvariable X höchstens gleich x und die Zufallsvariable Y höchstens gleich y ist:

$$F(x, y) = W(X \leq x \wedge Y \leq y).$$

Für zwei diskrete bzw. stetige Zufallsvariablen gilt folgende Beziehung:

$$F(x_0, y_0) = \begin{cases} \sum\limits_{x \leqq x_0} \sum\limits_{y \leqq y_0} f(x, y) & \text{diskret,} \\ \int\limits_{-\infty}^{x_0} \int\limits_{-\infty}^{y_0} f(x, y)dydx & \text{stetig,} \end{cases}$$

mit der gemeinsamen Wahrscheinlichkeits- bzw. Dichtefunktion

$$f(x, y) = \begin{cases} f(x_i, y_j) = [F(x_i, y_j) + F(x_{i-1}, y_{j-1})] - [F(x_{i-1}, y_j) + F(x_i, y_{j-1})] & \text{diskret,} \\ \dfrac{\partial^2}{\partial x \partial y} F(x, y) & \text{stetig.} \end{cases}$$

7. Randverteilung

a) Aus der gemeinsamen Wahrscheinlichkeits- bzw. Dichtefunktion f(x, y) kann man die beiden eindimensionalen Randwahrscheinlichkeits- bzw. Randdichtefunktionen wie folgt bestimmen:

$$f_X(x) = \begin{cases} \sum_{j=0}^{\infty} f(x_i, y_j), \\ \int_{-\infty}^{\infty} f(x, y)\,dy, \end{cases} \qquad f_Y(y) = \begin{cases} \sum_{i=0}^{\infty} f(x_i, y_j), \\ \int_{-\infty}^{\infty} f(x, y)\,dx. \end{cases}$$

b) Zwei Zufallsvariablen X und Y sind (stochastisch) unabhängig, wenn ihre gemeinsame Wahrscheinlichkeits- bzw. Dichtefunktion gleich dem Produkt aus ihren Randwahrscheinlichkeits- bzw. Randdichtefunktionen ist:

$$f(x, y) = f_X(x) \cdot f_Y(y), \qquad \forall x, y.$$

8. Bedingte Verteilung

a) Die bedingte Wahrscheinlichkeits- bzw. Dichtefunktion f(x|y) kann aus der gemeinsamen und Randwahrscheinlichkeits- bzw. -dichtefunktion wie folgt bestimmt werden:

$$f(x|y) = \frac{f(x, y)}{f_Y(y)} = \begin{cases} f(x, y) / \sum_{i=0}^{\infty} f(x_i, y), \\ f(x, y) / \int_{-\infty}^{\infty} f(x, y)\,dx. \end{cases}$$

b) Die stochastische Unabhängigkeit zweier Zufallsvariablen kann auch über die bedingte Wahrscheinlichkeits- bzw. Dichtefunktion geprüft werden. Zwei Zufallsvariablen sind unabhängig, wenn gilt

$$f(x|y) = f_X(x) \quad \text{oder} \quad f(y|x) = f_Y(y) \quad \forall x, y.$$

9. Momente um Null

a) Für eine eindimensionale Zufallsvariable X sind die Momente um Null folgendermaßen definiert:

$$E(X^r) = \mu_r = \begin{cases} \sum_{i=0}^{\infty} x_i^r \cdot f(x_i) & \text{diskret,} \\ \int_{-\infty}^{\infty} x^r \cdot f(x)\,dx & \text{stetig,} \end{cases}$$

$$r = 1, 2, \ldots$$

Wenn r = 1 ist, dann bezeichnet man $E(X) = \mu$ als Erwartungswert der Zufallsvariablen X.

Eigenschaften von μ:

1. $E(aX) = a \cdot E(X)$,
2. $E(X_1 + \ldots + X_n) = E(\sum_{i=1}^{n} X_i) = \sum_{i=1}^{n} E(X_i)$,
3. $E(a + bX) = a + bE(X)$,
4. $E(X \cdot Y) = E(X) \cdot E(Y)$ wenn X, Y unabhängig.

b) Das unvollständige erste Moment um Null für eine eindimensionale Zufallsvariable X ist wie folgt definiert:

$$\mu_1(a) = \begin{cases} \sum_{i=0}^{a} x_i \cdot f(x_i) & \text{diskret,} \\ \int_{-\infty}^{a} x \cdot f(x)\,dx & \text{stetig.} \end{cases}$$

Man bezeichnet dieses unvollständige Moment auch als partiellen Erwartungswert der Zufallsvariablen X:

$$\mu_1(a) = E_{-\infty}^{a}(X).$$

c) Für eine zweidimensionale Zufallsvariable (X, Y) sind die Momente um Null

$$E(X^r Y^s) = \mu_{rs} = \begin{cases} \sum_i \sum_j x_i^r \cdot y_j^s \cdot f(x_i y_j) & \text{diskret,} \\ \int_{-\infty}^{\infty} \int_{-\infty}^{\infty} x^r \cdot y^s \cdot f(xy)\,dy\,dx & \text{stetig.} \end{cases}$$

E(XY) ist der Erwartungswert von XY.

10. Zentrale Momente

a) Für eine Zufallsvariable X sind die zentralen Momente

$$E(X - \mu)^r = \begin{cases} \sum_{i=0}^{\infty} (x_i - \mu)^r \cdot f(x_i) & \text{diskret,} \\ \int_{-\infty}^{\infty} (x - \mu)^r \cdot f(x)\,dx & \text{stetig,} \end{cases}$$

$r = 2, 3, \ldots$

Das zweite zentrale Moment einer Zufallsvariablen X bezeichnet man als Varianz

$$E(X - \mu)^2 = \sigma^2 = V(X)$$

und

$$\sigma = \sqrt{V(X)}$$

als Standardabweichung von X.

Eigenschaften von σ^2:

1. $V(X) = E(X^2) - \mu^2$,
2. $V(aX) = a^2 \cdot V(X)$,
3. $V(a + X) = V(X)$,
4. $V(\sum_{i=1}^{n} X_i) = \sum_{i=1}^{n} V(X_i)$ wenn $X_1, \ldots, X_n$ unabhängig.

b) Für eine zweidimensionale Zufallsvariable (X, Y) sind die zentralen Momente

$$E[(X - \mu_X)^r (Y - \mu_Y)^s] = \begin{cases} \sum_{i=0}^{\infty} \sum_{j=0}^{\infty} (x_i - \mu_X)^r \cdot (y_j - \mu_Y)^s \cdot f(x_i, y_j) & \text{diskret,} \\ \int_{-\infty}^{\infty} \int_{-\infty}^{\infty} (x - \mu_X)^r \cdot (y - \mu_Y)^s \cdot f(x, y) \, dy \, dx & \text{stetig,} \end{cases}$$

$r = 1, 2, \ldots$

Für $r = 1$ und $s = 1$ erhält man die sogenannte Kovarianz von X und Y

$$C(XY) = \sigma_{XY}.$$

Eigenschaften von σ_{XY}:

1. $C(X, Y) = E(XY) - E(X) \cdot E(Y)$
2. X, Y unabhängig $\Rightarrow C(X, Y) = 0$,
3. $C(X, Y) \neq 0 \Rightarrow$ X, Y sind abhängig,
4. $V(X + Y) = V(X) + V(Y) + 2C(X, Y)$.

c) Die auf $[-1; 1]$ normierte Kovarianz von X und Y bezeichnet man als Korrelationskoeffizienten ϱ_{XY}:

$$\varrho_{XY} = \sigma_{XY}/\sigma_X \cdot \sigma_Y = E\left[\frac{(X - \mu_X)}{\sigma_X} \cdot \frac{(Y - \mu_Y)}{\sigma_Y}\right].$$

Eigenschaften von ϱ_{XY}:

1. $-1 \leq \varrho_{XY} \leq 1$,
2. $\varrho_{XY} < 0 \Leftrightarrow \sigma_{XY} < 0 \Rightarrow$ X, Y variieren gegenläufig,
3. $\varrho_{XY} > 0 \Leftrightarrow \sigma_{XY} > 0 \Rightarrow$ X, Y variieren gleichläufig,
4. $\varrho_{XY} = |1| \Leftrightarrow$ zwischen X und Y besteht eine lineare Relation.

11. Quantile

$x_{[q]}$ ist das q-te Quantil der Zufallsvariablen X, wenn gilt

$$q - f(x_q) \leq F(x_q) \leq q \quad \text{X ist diskret,}$$
$$F(x_q) = q = W(X \leq x_q) \quad \text{X ist stetig,} \quad 0 < q < 1.$$

Das Quantil der Zufallsvariablen X für das gilt $q = 1/2$, nennt man Zentralwert:

$$x_{[1/2]} = \mu .$$

$x_{[1/4]}$ ist das 1. Quartil und $x_{[3/4]}$ das 3. Quartil.

Neben den Quartilen sind die Perzentile häufig berechnete Quantile einer Zufallsvariablen. Für sie gilt $q = i/100$ und $i = 1, 2, \ldots, 100$.

12. Tschebyscheff'sche Ungleichung

Für eine Zufallsvariable X mit $E(X) = \mu < \infty$ und $V(X) = \sigma^2 > 0$ gilt folgende Ungleichung

$$W(|X - \mu| \geq c) \leq \sigma^2/c^2, \qquad c > 0 .$$

Die Tschebyscheff'sche Ungleichung erlaubt Wahrscheinlichkeitsaussagen im Hinblick auf die absolute Abweichung einer Zufallsvariablen von ihrem Erwartungswert. Für die Bestimmung dieser Wahrscheinlichkeit benötigt man nicht die Kenntnis der Verteilungsfunktion, sondern nur die der beiden Momente μ und σ^2.

13. Gesetze der großen Zahl

a) Schwaches Gesetz der großen Zahl von Bernoulli. Für eine Folge von unabhängigen und identisch, aber beliebig verteilten Zufallsvariablen,

$$X_1, \ldots, X_n$$

mit dem Erwartungswert

$$E(X_1) = \ldots = E(X_n) = \mu$$

und der Varianz

$$V(X_1) = \ldots = V(X_n) = \sigma^2$$

gilt für alle $c > 0$

$$\lim_{n \to \infty} W(|\bar{X}_n - \mu| < c) = 1 .$$

Das arithmetische Mittel $\bar{X}_n$ ist wie folgt definiert:

$$\bar{X}_n = n^{-1} \cdot (X_1 + \ldots + X_n) = n^{-1} \cdot \sum_{i=1}^{n} X_i .$$

Für jede Verteilung der X_i kann die Wahrscheinlichkeit, daß das arithmetische Mittel $\bar{X}_n$ in ein beliebig kleines Intervall $[\mu - c; \mu + c]$ fällt, durch hinreichend großes n dem Wert 1 beliebig angenähert werden.

b) Starkes Gesetz der großen Zahl von Borel. Die Wahrscheinlichkeit, daß die Folge der Zufallsvariablen $\bar{X}_1, \ldots, \bar{X}_n, \ldots$ gegen μ konvergiert, ist gleich 1:

$$W(\lim_{n \to \infty} \bar{X}_n = \mu) = 1 .$$

Das starke Gesetz der großen Zahl besagt nicht, daß die Wahrscheinlichkeit für die Abweichung $|\bar{X}_n - \mu| < c$ gegen 1 konvergiert (schwaches Gesetz der großen Zahl), sondern daß die Zufallsvariablen $\bar{X}_n$ selbst gegen μ streben mit der Wahrscheinlichkeit 1 (s. Giri I (1974) S. 144).

14. Zentrale Grenzwertsätze

Die zentralen Grenzwertsätze beinhalten generell die Feststellung, daß die Verteilungsfunktionen einer Folge von Zufallsvariablen

$$Z_1, \ldots, Z_n, \ldots$$

mit $n \to \infty$ gegen die Standardnormalverteilung konvergieren. Bezeichnet man mit F_n die Verteilungsfunktion der Zufallsvariablen Z_n, so gilt

$$\lim_{n \to \infty} F_n \sim F_Z.$$

F_Z ist die Verteilungsfunktion der Standardnormalverteilung.

Die Grenzwertsätze unterscheiden sich in der Definition von Z_n.

a) Lokaler Grenzwertsatz von De Moivre und Laplace: De Moivre und Laplace beweisen die Konvergenz für unabhängige und identisch bernoulliverteilte Zufallsvariablen. Z_n ist wie folgt definiert:

$$Z_n = \frac{X - n \cdot \pi}{[n \cdot \pi(1 - \pi)]^{1/2}}$$

mit $X = \sum_{i=1}^{n} X_i$.

b) Zentraler Grenzwertsatz von Lindeberg und Lévy: Lindeberg und Lévy beweisen die Konvergenz für unabhängige und identisch, aber beliebig verteilte Zufallsvariablen mit demselben Erwartungswert μ und derselben Varianz σ^2. Z_n ist wie folgt definiert:

$$Z_n = \frac{\sum_{i=1}^{n} (X_i - \mu)}{\sigma \cdot n^{1/2}}.$$

c) Zentraler Grenzwertsatz von Liapunoff: Liapunoff beweist die Konvergenz für unabhängige, aber nicht notwendig identisch verteilte Zufallsvariablen. Es wird nur vorausgesetzt, daß

$$E(X_n) = \mu_n \quad \text{und} \quad V(X_n) = \sigma_n^2$$

existieren und

$$\lim_{n \to \infty} B_n/C_n = 0 \quad \text{ist}.$$

Wenn das dritte zentrale Moment mit

$$\beta_n = E|X_n - \mu_n|^3 < \infty$$

bezeichnet wird, dann ist

$$B_n = (\sum_{i=1}^{n} \beta_i)^{1/3} \quad \text{und} \quad C_n = (\sum_{i=1}^{n} \sigma_i^2)^{1/2}.$$

Z_n ist dann wie folgt definiert:

$$Z_n = \frac{\sum_{i=1}^{n} (X_i - \mu_i)}{(\sum_{i=1}^{n} \sigma_i^2)^{1/2}}$$

(s. Giri I (1974) S. 164).

III. Verteilungen

1. Bernoulliverteilung: $X \sim B(1, \pi)$

Eine diskrete Zufallsvariable X mit dem Parameter π $(0 < \pi < 1)$ und der Wahrscheinlichkeitsfunktion

$$f(x|\pi) = \pi^x \cdot (1-\pi)^{1-x}, \qquad x = 0, 1.$$

$E(X) = \pi$, $V(X) = \pi.(1-\pi)$.

2. Binomialverteilung: $X \sim B(n, \pi)$

Eine diskrete Zufallsvariable X mit den Parametern n $(n = 1, 2, \ldots)$, $\pi (0 < \pi < 1)$ und der Wahrscheinlichkeitsfunktion

$$f_B(x|\pi, n) = \binom{n}{x} \cdot \pi^x \cdot (1-\pi)^{n-x}, \qquad x = 0, 1, \ldots, n.$$

$$E(X) = n.\pi, V(X) = n.\pi.(1-\pi), E_0^a(X) = E(X). F_B(a-1|\pi, n-1).$$

3. Poissonverteilung: $X \sim P(\lambda)$

Eine diskrete Zufallsvariable X mit dem Parameter $\lambda (\lambda > 0)$ und der Wahrscheinlichkeitsfunktion

$$f_P(x|\lambda) = \lambda^x \cdot \exp(-\lambda)/x!, \qquad x = 0, 1, \ldots$$

$E(X) = \lambda = V(X)$, $E_0^a(X) = E(X) \cdot F_P(a-1|\lambda)$.

4. Gleichverteilung: $X \sim G(\alpha, \beta)$

Eine stetige Zufallsvariable X mit den Parametern α, β und der Dichtefunktion

$$f_G(x|\alpha, \beta) = 1/(\beta - \alpha), \quad -\infty < \alpha < x < \beta < \infty$$

$E(X) = (\alpha + \beta)/2$, $V(X) = (\beta - \alpha)^2/12$, $E_\alpha^a(X) = (a^2 - \alpha^2)/2(\beta - \alpha)$.

5. Normalverteilung: $X \sim N(\mu, \sigma^2)$

Eine stetige Zufallsvariable X mit den Parametern μ, σ^2 $(-\infty < \mu < \infty, \sigma^2 > 0)$ und der Dichtefunktion

$$f_N(x|\mu, \sigma^2) = (2\pi\sigma^2)^{-1/2} \cdot \exp[-(x-\mu)^2/2\sigma^2], \quad -\infty < x < \infty.$$

$E(X) = \mu$, $V(X) = \sigma^2$, $E_{-\infty}^a(X) = E(X) \cdot F_Z[(a-\mu)/\sigma] - \sigma \cdot f_Z[(a-\mu)/\sigma]$.

6. Standardnormalverteilung: $Z \sim N(0; 1)$

Eine stetige Zufallsvariable Z mit den Parametern $\mu = 0$, $\sigma^2 = 1$ und der Dichtefunktion

$$f_Z(z|0; 1) = (2\pi)^{-1/2} \cdot \exp[-z^2/2], \qquad -\infty < z < \infty.$$

$E(Z) = 0$, $V(Z) = 1$, $E^{a}_{-\infty}(Z) = -f_Z(z)$
$F_N(x|\mu, \sigma^2) = F_Z(z|0; 1)$ mit $z = (x - \mu)/\sigma$.

7. Gammaverteilung: $X \sim \Gamma(\alpha, \beta)$

Eine stetige Zufallsvariable X mit den Parametern α, β ($\alpha, \beta > 0$) und der Dichtefunktion

$$f_\Gamma(x|\alpha, \beta) = (\beta \cdot x)^{\alpha-1} \cdot \exp(-\beta \cdot x)/\Gamma(\alpha), \quad x > 0.$$

$E(X) = \alpha/\beta$, $V(X) = \alpha/\beta^2$, $E^{a}_{0}(X) = E(X) \cdot F_\Gamma(x \cdot \beta|\alpha + 1)$.

8. Standardgammaverteilung: $Y \sim \Gamma(\alpha)$

Eine stetige Zufallsvariable Y mit dem Parameter α ($\alpha > 0$) und der Dichtefunktion

$$f_\Gamma(y|\alpha) = y^{\alpha-1} \cdot \exp(-y)/\Gamma(\alpha), \quad y > 0.$$

$E(Y) = \alpha = V(Y)$, $E^{a}_{0}(Y) = E(Y) \cdot F_\Gamma(y|\alpha + 1)$,
$F_\Gamma(x|\alpha, \beta) = F_\Gamma(y|\alpha)$ mit $y = \beta \cdot x$.

9. Exponentialverteilung: $X \sim Ex(\lambda)$

Eine stetige Zufallsvariable X mit dem Parameter λ ($\lambda > 0$) und der Dichtefunktion

$$f_{Ex}(x|\lambda) = \lambda \cdot \exp(-\lambda x), \quad x > 0.$$

$E(X) = 1/\lambda$, $V(X) = 1/\lambda^2$, $E^{a}_{0}(X) = E(X) \cdot F_{Ex}(x|\lambda)$,
$F_{Ex}(x|\lambda) = F_\Gamma(x|\alpha, \beta)$ mit $\alpha = 1$ und $\beta = \lambda$.

10. Chiquadratverteilung: $X \sim \chi^2(\nu)$

Eine stetige Zufallsvariable X mit dem Parameter ν ($\nu = 1, 2, \ldots$) und der Dichtefunktion

$$f_{\chi^2}(x|\nu) = (x/2)^{(\nu/2)-1} \cdot \exp(-x/2)/\Gamma(\nu/2), \quad x > 0.$$

$E(X) = \nu$, $V(X) = 2\nu$, $E^{a}_{0}(X) = E(X) \cdot F_{\chi^2}(x/2|(\nu + 2)/2)$,
$F_{\chi^2}(x|\nu) = F_\Gamma(x|\alpha, \beta)$ mit $\alpha = \nu/2$ und $\beta = 1/2$.

11. Betaverteilung: $Y \sim Be(\alpha, \beta)$

Eine stetige Zufallsvariable Y mit den Parametern α, β ($\alpha, \beta > 0$) und der Dichtefunktion

$$f_{Be}(y|\alpha, \beta) = y^{\alpha-1} \cdot (1 - y)^{\beta-1}/B(\alpha, \beta), \quad 0 < y < 1.$$

$E(Y) = \alpha/(\alpha + \beta)$, $\quad V(Y) = \alpha\beta/(\alpha + \beta)^2 \cdot (\alpha + \beta + 1)$,
$E^{a}_{0}(Y) = E(Y) \cdot F_{Be}(y|\alpha + 1, \beta + 1)$.
Eine alternative Parametrisierung ist $\alpha = x$ und $\beta = n - x$.

A)	$F_P(x\|\lambda)$	$F_\Gamma(y\|\alpha)$	$F_{\chi^2}(x^2\|\nu)$
$F_P(x\|\lambda)$	$\sum_{i=0}^{x} \lambda^i \cdot \exp(-\lambda)/i!$	$1 - F_\Gamma(\lambda\|x+1)$	$1 - F_{\chi^2}(2\lambda\|2(x+1))$
$F_\Gamma(y\|\alpha)$	$1 - F_P(\alpha - 1\|y)$	$[\Gamma(\alpha)]^{-1} \cdot \int_0^y x^{\alpha-1} \cdot e^{-x} dx$	$F_{\chi^2}(2y\|2\alpha)$
$F_{\chi^2}(x^2\|\nu)$	$1 - F_P((\nu-2)/2\|x^2/2)$	$F_\Gamma(x^2/2\|\nu/2)$	$[2\Gamma(\nu/2)]^{-1} \cdot \int_0^{x^2} (x/2)^{(\nu/2)-1} \cdot e^{-x/2} dx$

B)	$F_B(x\|\pi, n)$	$F_{Be}(y\|\alpha, \beta)$	$F_F(f\|\nu_1, \nu_2)$
$F_B(x\|\pi, n)$	$\sum_{i=0}^{x} \binom{n}{i} \pi^i (1-\pi)^{n-i}$	$1 - F_{Be}(\pi\|x+1, n-x)$	$1 - F_F(f\|\nu_1 = 2(x+1),\ \nu_2 = 2(n-x))$ mit $f = \nu_2 \cdot \pi/\nu_1 \cdot (1-\pi)$
$F_{Be}(y\|\alpha, \beta)$	$1 - F_B(\alpha - 1\|y, \alpha + \beta - 1)$	$[B(\alpha, \beta)]^{-1} \int_0^y x^{\alpha-1}(1-x)^{\beta-1} dx$	$F_F(f\|2\alpha, 2\beta)$ mit $f = \beta y/\alpha(1-y)$
$F_F(f\|\nu_1, \nu_2)$	$1 - F_B((\nu_1 - 2)/2\|\pi, [(\nu_1 + \nu_2)/2] - 1)$ mit $\pi = \nu_1 \cdot f/(\nu_1 \cdot f + \nu_2)$	$F_{Be}(y\|\nu_1/2, \nu_2/2)$ mit $y = \nu_1 \cdot f/(\nu_1 \cdot f + \nu_2)$	$\frac{\nu_1^{\nu_1/2} \cdot \nu_2^{\nu_2/2}}{B(\nu_1/2, \nu_2/2)} \cdot \int_0^f x^{(\nu_1/2)-1} \cdot (\nu_1 x + \nu_2)^{-(\nu_1+\nu_2)/2} dx$

12. F-Verteilung: $X \sim F(\nu_1, \nu_2)$

Eine stetige Zufallsvariable X mit den Parametern ν_1, ν_2 ($\nu_1, \nu_2 = 1, 2 \ldots$) und der Dichtefunktion

$$f_F(x \mid \nu_1, \nu_2) = \nu_1^{\nu_1/2} \cdot \nu_2^{\nu_2/2} \cdot x^{(\nu_1/2)-1} \cdot (\nu_1 x + \nu_2)^{-(\nu_1+\nu_2)/2} / B(\nu_1/2, \nu_2/2), \quad x > 0.$$

$$E(X) = \nu_2/(\nu_2 - 2) \text{ für } \nu_2 > 2,$$
$$V(X) = [2\nu_2^2(\nu_1 + \nu_2 - 2)]/[\nu_1(\nu_2 - 2)^2 \cdot (\nu_2 - 4)] \text{ für } \nu_2 > 4,$$
$$F_F(x \mid \nu_1, \nu_2) = F_{Be}(y \mid \alpha, \beta) \text{ mit } y = \nu_1 x/(\nu_1 x + \nu_2),\ \alpha = \nu_1/2,\ \beta = \nu_2/2.$$

13. Standardstudentverteilung: $X \sim T(\nu)$

Eine stetige Zufallsvariable X mit dem Parameter $\nu(\nu = 1, 2 \ldots)$ und der Dichtefunktion

$$f_T(x \mid \nu) = \nu^{\nu/2} \cdot (\nu + x^2)^{-(\nu+1)/2} / B(1/2, \nu/2), \quad -\infty < x < \infty.$$

$$E(X) = 0 \text{ für } \nu > 1,\ V(X) = \nu/(\nu - 2) \text{ für } \nu > 2.$$

14. Zusammenhänge zwischen Verteilungen

Die Zusammenhänge zwischen Poisson-, Gamma- und Chiquadratverteilung (A), sowie zwischen Binomial-, Beta- und F-Verteilung (B) sind in den Tabellen auf Seite 201 dargestellt. Mit Hilfe dieser Beziehungen kann man die Wahrscheinlichkeiten einer Verteilung aus der einer anderen ableiten. Wenn z. B. die Gammaverteilungsfunktion nicht tabuliert zur Verfügung steht, jedoch die Chiquadratverteilungsfunktion, dann können die gesuchten Werte für die Gammaverteilung aus der Tabelle für die Chiquadratverteilung abgelesen werden.

15. Numerische Näherungen

Mit Hilfe der Standardnormalverteilung kann man für die in Punkt 14 angeführten Verteilungen die Verteilungsfunktionen im linken und rechten Ast näherungsweise berechnen (vgl. Peizer, Pratt (1968) S. 1410). Für den linken Verteilungsast ist

$$F_Z(z_1) = (2\pi)^{-1/2} \cdot \int_{-\infty}^{z_1} e^{-x^2/2} dx$$

und für den rechten Ast

$$F_Z(z_2) = (2\pi)^{-1/2} \cdot \int_{z_2}^{\infty} e^{-x^2/2} dx.$$

z wird für die Poisson-, Gamma- und Chiquadratverteilung durch folgende Formel berechnet:

$$z = (d_i/|S - M|) \cdot \{2 \cdot S \cdot \ln(S/M) + 2 \cdot (M - S)\}^{1/2}, \quad i = 1, 2.$$

S, M, d_1 und d_2 sind in folgender Tabelle für die drei Verteilungen definiert.

	S	M	d_1	d_2
$F_P(x\|\lambda)$	$x + (1/2)$	λ	$x + (2/3) - \lambda$	$d_1 + [0{,}02/(x+1)]$
$F_\Gamma(y\|\alpha)$	$\alpha - (1/2)$	y	$y + (1/3) - \alpha$	$d_1 - (0{,}02/\alpha)$
$F_{\chi^2}(x^2\|\nu)$	$(\nu - 1)/2$	$x^2/2$	$(x^2/2) + (1/3) - (\nu/2)$	$d_1 - (0{,}04/\nu)$

Für die Binomial-, Beta- und F-Verteilung berechnet man z nach der Formel

$$z = (d_i/|S - np|) \cdot \{[2/(1 + (6n)^{-1})] \cdot [S \cdot \ln(S/np) + T \cdot \ln(T/nq)]\}^{1/2},$$
$$i = 1, 2.$$

Auch für diese drei Verteilungen findet man die genaue Definition von S, T, n, p, q, d_1 und d_2 in folgender Tabelle.

	S	T	n	p	q
$F_B(x\|\pi, n)$	$x + (1/2)$	$n - x - (1/2)$	n	π	$1 - \pi$
$F_{Be}(y\|\alpha, \beta)$	$\beta - (1/2)$	$\alpha - (1/2)$	$\alpha + \beta - 1$	$1 - y$	y
$F_F(f\|\nu_1, \nu_2)$	$(\nu_2 - 1)/2$	$(\nu_1 - 1)/2$	$[(\nu_1 + \nu_2)/2] - 1$	$\nu_2/(\nu_1 f + \nu_2)$	$1 - p$

$d_1 = S + (1/6) - [n + (1/3)] \cdot p$
$d_2 = d_1 + 0{,}02[q/(S + (1/2)) - p/(T + (1/2)) + (q - (1/2))/(n + 1)]$

Prinzipiell liefert d_2 die bessere Näherung. Peizer und Pratt (1968) geben folgende Fehlergrenzen für die Näherungen an:

$$|F - F_Z(z)| < \begin{cases} 0{,}001 & \text{für} \quad S, T \geq 1{,}5, \\ 0{,}01 & \text{für} \quad S, T \geq 0{,}5, \end{cases}$$

$$\frac{|F - F_Z(z)|}{F} < \begin{cases} 0{,}01 \text{ wenn } S, T \geq 2{,}5 \text{ und } 0{,}2 \leq Sq/Tp \leq 5, \\ 0{,}02 \text{ wenn } S, T \geq 1{,}25 \text{ und } 0{,}125 \leq Sq/Tp \leq 8, \\ 0{,}03 \text{ wenn } S, T \geq 1 \text{ und } 0{,}1 \leq Sq/Tp \leq 10. \end{cases}$$

F ist der exakte Wert der Verteilungsfunktion der entsprechenden Verteilung.

Für die Verteilungsfunktion $F_T(t|\nu)$ der Studentverteilung wird z durch folgende Formel bestimmt:

$$z = \pm(\nu - 2/3 + 1/10\nu)\{[1/(\nu - 5/6)]\ln(1 + t^2/\nu)\}^{1/2}.$$

Diese Näherungsformel kann auch invertiert werden, um Quantile der Studentverteilung berechnen zu können. Mit

$$\pm\{\nu \cdot \exp[z^2 \cdot (\nu - 5/6)/(\nu - 2/3 + 1/10\nu)^2] - \nu\}^{1/2}$$

erhält man das gewünschte Quantil der Studentverteilung, wobei z das entsprechende Quantil der Normalverteilung ist.

16. Dichtefunktion der Standardnormalverteilung

$$f_Z(z) = (2\pi)^{-1/2} \cdot \exp(-z^2/2)$$

	Zweite Dezimalstelle von z									
z	0,00	0,01	0,02	0,03	0,04	0,05	0,06	0,07	0,08	0,09
0,0	0,3989	0,3989	0,3989	0,3988	0,3986	0,3984	0,3982	0,3980	0,3977	0,3973
0,1	0,3970	0,3965	0,3961	0,3956	0,3951	0,3945	0,3939	0,3932	0,3925	0,3918
0,2	0,3910	0,3902	0,3894	0,3885	0,3876	0,3867	0,3857	0,3847	0,3836	0,3825
0,3	0,3814	0,3802	0,3790	0,3778	0,3765	0,3752	0,3739	0,3726	0,3712	0,3697
0,4	0,3683	0,3668	0,3653	0,3637	0,3621	0,3605	0,3589	0,3572	0,3555	0,3538
0,5	0,3521	0,3503	0,3485	0,3467	0,3448	0,3429	0,3411	0,3391	0,3372	0,3352
0,6	0,3332	0,3312	0,3292	0,3271	0,3251	0,3230	0,3209	0,3187	0,3166	0,3144
0,7	0,3123	0,3101	0,3079	0,3056	0,3034	0,3011	0,2989	0,2966	0,2943	0,2920
0,8	0,2897	0,2874	0,2850	0,2827	0,2803	0,2780	0,2756	0,2732	0,2709	0,2685
0,9	0,2661	0,2637	0,2613	0,2589	0,2565	0,2541	0,2516	0,2492	0,2468	0,2444
1,0	0,2420	0,2396	0,2371	0,2347	0,2323	0,2299	0,2275	0,2251	0,2227	0,2203
1,1	0,2179	0,2155	0,2131	0,2107	0,2083	0,2059	0,2036	0,2012	0,1989	0,1965
1,2	0,1942	0,1919	0,1895	0,1872	0,1849	0,1827	0,1804	0,1781	0,1759	0,1736
1,3	0,1714	0,1692	0,1669	0,1647	0,1626	0,1604	0,1582	0,1561	0,1540	0,1518
1,4	0,1497	0,1476	0,1456	0,1435	0,1415	0,1394	0,1374	0,1354	0,1334	0,1315
1,5	0,1295	0,1276	0,1257	0,1238	0,1219	0,1200	0,1182	0,1163	0,1145	0,1127
1,6	0,1109	0,1092	0,1074	0,1057	0,1040	0,1023	0,1006	0,0989	0,0973	0,0957
1,7	0,0941	0,0925	0,0909	0,0893	0,0878	0,0863	0,0848	0,0833	0,0818	0,0804
1,8	0,0790	0,0775	0,0761	0,0748	0,0734	0,0721	0,0707	0,0694	0,0681	0,0669
1,9	0,0656	0,0644	0,0632	0,0620	0,0608	0,0596	0,0584	0,0573	0,0562	0,0551
2,0	0,0540	0,0529	0,0519	0,0508	0,0498	0,0488	0,0478	0,0468	0,0459	0,0449
2,1	0,0440	0,0431	0,0422	0,0413	0,0404	0,0396	0,0387	0,0379	0,0371	0,0363
2,2	0,0355	0,0347	0,0339	0,0332	0,0325	0,0317	0,0310	0,0303	0,0297	0,0290
2,3	0,0283	0,0277	0,0271	0,0264	0,0258	0,0252	0,0246	0,0241	0,0235	0,0229
2,4	0,0224	0,0219	0,0213	0,0208	0,0203	0,0198	0,0194	0,0189	0,0184	0,0180
2,5	0,0175	0,0171	0,0167	0,0163	0,0159	0,0155	0,0151	0,0147	0,0143	0,0139
2,6	0,0136	0,0132	0,0129	0,0126	0,0122	0,0119	0,0116	0,0113	0,0110	0,0107
2,7	0,0104	0,0101	0,0099	0,0096	0,0094	0,0091	0,0089	0,0086	0,0084	0,0081
2,8	0,0079	0,0077	0,0075	0,0073	0,0071	0,0069	0,0067	0,0065	0,0063	0,0061
2,9	0,0060	0,0058	0,0056	0,0055	0,0053	0,0051	0,0050	0,0049	0,0047	0,0046
3,0	0,0044	0,0043	0,0042	0,0040	0,0039	0,0038	0,0037	0,0036	0,0035	0,0034
3,1	0,0033	0,0032	0,0031	0,0030	0,0029	0,0028	0,0027	0,0026	0,0025	0,0025
3,2	0,0024	0,0023	0,0022	0,0022	0,0021	0,0020	0,0020	0,0019	0,0018	0,0018
3,3	0,0017	0,0017	0,0016	0,0016	0,0015	0,0015	0,0014	0,0014	0,0013	0,0013
3,4	0,0012	0,0012	0,0012	0,0011	0,0011	0,0010	0,0010	0,0010	0,0009	0,0009
3,5	0,0009	0,0008	0,0008	0,0008	0,0008	0,0007	0,0007	0,0007	0,0007	0,0006
3,6	0,0006	0,0006	0,0006	0,0005	0,0005	0,0005	0,0005	0,0005	0,0005	0,0004
3,7	0,0004	0,0004	0,0004	0,0004	0,0004	0,0004	0,0003	0,0003	0,0003	0,0003
3,8	0,0003	0,0003	0,0003	0,0003	0,0003	0,0002	0,0002	0,0002	0,0002	0,0002
3,9	0,0002	0,0002	0,0002	0,0002	0,0002	0,0002	0,0002	0,0002	0,0001	0,0001

17. Verteilungsfunktion der Standardnormalverteilung

$$F_Z(a) = \int_{-\infty}^{a} (2\pi)^{-1/2} \cdot \exp(-z^2/2)\,dz$$

z	Zweite Dezimalstelle von z									
	0,00	0,01	0,02	0,03	0,04	0,05	0,06	0,07	0,08	0,09
0,0	0,5000	0,5040	0,5080	0,5120	0,5160	0,5199	0,5239	0,5279	0,5319	0,5359
0,1	0,5398	0,5438	0,5478	0,5517	0,5557	0,5596	0,5636	0,5675	0,5714	0,5753
0,2	0,5793	0,5832	0,5871	0,5910	0,5948	0,5987	0,6926	0,6864	0,6103	0,6141
0,3	0,6179	0,6217	0,6255	0,6293	0,6331	0,6368	0,6406	0,6443	0,6480	0,6517
0,4	0,6554	0,6591	0,6628	0,6664	0,6700	0,6736	0,6772	0,6808	0,6844	0,6879
0,5	0,6915	0,6950	0,6985	0,7019	0,7054	0,7088	0,7123	0,7157	0,7190	0,7224
0,6	0,7257	0,7291	0,7324	0,7357	0,7389	0,7422	0,7454	0,7486	0,7517	0,7549
0,7	0,7580	0,7611	0,7642	0,7673	0,7703	0,7734	0,7764	0,7794	0,7823	0,7852
0,8	0,7881	0,7910	0,7939	0,7967	0,7995	0,8023	0,8051	0,8078	0,8106	0,8133
0,9	0,8159	0,8186	0,8212	0,8238	0,8264	0,8289	0,8315	0,8340	0,8365	0,8389
1,0	0,8413	0,8438	0,8461	0,8485	0,8508	0,8531	0,8554	0,8577	0,8599	0,8621
1,1	0,8643	0,8665	0,8686	0,8708	0,8729	0,8749	0,8770	0,8790	0,8810	0,8830
1,2	0,8849	0,8869	0,8888	0,8907	0,8925	0,8944	0,8962	0,8980	0,8997	0,9015
1,3	0,9032	0,9049	0,9066	0,9082	0,9099	0,9115	0,9131	0,9147	0,9162	0,9177
1,4	0,9192	0,9207	0,9222	0,9236	0,9251	0,9265	0,9279	0,9292	0,9306	0,9319
1,5	0,9332	0,9345	0,9357	0,9370	0,9382	0,9394	0,9406	0,9418	0,9429	0,9441
1,6	0,9452	0,9463	0,9474	0,9484	0,9495	0,9505	0,9515	0,9525	0,9535	0,9545
1,7	0,9554	0,9564	0,9573	0,9582	0,9591	0,9599	0,9608	0,9616	0,9625	0,9633
1,8	0,9641	0,9649	0,9656	0,9664	0,9671	0,9678	0,9686	0,9693	0,9699	0,9706
1,9	0,9713	0,9719	0,9726	0,9732	0,9738	0,9744	0,9750	0,9756	0,9761	0,9767
2,0	0,9772	0,9778	0,9783	0,9788	0,9793	0,9798	0,9803	0,9808	0,9812	0,9817
2,1	0,9821	0,9826	0,9830	0,9834	0,9838	0,9842	0,9846	0,9850	0,9854	0,9857
2,2	0,9861	0,9864	0,9868	0,9871	0,9875	0,9878	0,9881	0,9884	0,9887	0,9890
2,3	0,9893	0,9896	0,9898	0,9901	0,9904	0,9906	0,9909	0,9911	0,9913	0,9916
2,4	0,9918	0,9920	0,9922	0,9925	0,9927	0,9929	0,9931	0,9932	0,9934	0,9936
2,5	0,9938	0,9940	0,9941	0,9943	0,9945	0,9946	0,9948	0,9949	0,9951	0,9952
2,6	0,9953	0,9955	0,9956	0,9957	0,9959	0,9960	0,9961	0,9962	0,9963	0,9964
2,7	0,9965	0,9966	0,9967	0,9968	0,9969	0,9970	0,9971	0,9972	0,9973	0,9974
2,8	0,9974	0,9975	0,9976	0,9977	0,9977	0,9978	0,9979	0,9979	0,9980	0,9981
2,9	0,9981	0,9982	0,9982	0,9983	0,9984	0,9984	0,9985	0,9985	0,9986	0,9986
3,0	0,9987	0,9987	0,9987	0,9988	0,9988	0,9989	0,9989	0,9989	0,9990	0,9990
3,1	0,9990	0,9991	0,9991	0,9991	0,9992	0,9992	0,9992	0,9992	0,9993	0,9993
3,2	0,9993	0,9993	0,9994	0,9994	0,9994	0,9994	0,9994	0,9995	0,9995	0,9995
3,3	0,9995	0,9995	0,9995	0,9996	0,9996	0,9996	0,9996	0,9996	0,9996	0,9997
3,4	0,9997	0,9997	0,9997	0,9997	0,9997	0,9997	0,9997	0,9997	0,9997	0,9998
3,5	0,9998	0,9998	0,9998	0,9998	0,9998	0,9998	0,9998	0,9998	0,9998	0,9998
3,6	0,9998	0,9998	0,9999	0,9999	0,9999	0,9999	0,9999	0,9999	0,9999	0,9999
3,7	0,9999	0,9999	0,9999	0,9999	0,9999	0,9999	0,9999	0,9999	0,9999	0,9999
3,8	0,9999	0,9999	0,9999	0,9999	0,9999	0,9999	0,9999	0,9999	0,9999	0,9999
3,9	1,0000	1,0000	1,0000	1,0000	1,0000	1,0000	1,0000	1,0000	1,0000	1,0000

IV. Literaturverzeichnis

Andrews, D.F., Bickel, P.J., Hampel, F.R., Huber, P.J., Rogers, W.H., Tukey, J.W., (1972). Robust Estimates of Location, Princeton.

Bahadur, R.R., (1954). Sufficiency and statistical decision functions, Ann. Math. Stat. 25, S. 423–462.

Bamberg, G., (1972). Statistische Entscheidungstheorie, Würzburg, Wien.

Bamberg, G., Coenenberg, A.G., (1981). Betriebswirtschaftliche Entscheidungslehre, 3. Auflage, München.

Barnett, V., (1982). Comparative Statistical Inference, 2nd Ed., Chichester-Singapore.

Basler, W., (1967). Bestimmung kostenoptimaler Prüfpläne mittels des Minimax-Prinzips, Metrika, 12, S. 115–154.

Bayes, T., (1763). An Essay towards solving a Problem in the Doctrine of Chances. The Philosophical Transactions 53, S. 370–418, nachgedruckt in Biometrika 45 (1958), S. 293–315.

Beaumont, G.P., (1980). Intermediate Mathematical Statistics, London, New York.

Berger, J.O., (1975). Minimax Estimation of Location Vectors for a wide Class of Densitis, Ann. Stat. 3, S. 1318–1328.

Berger, J.O., (1980). Statistical Decision Theory, New York, Heidelberg.

Bernardo, J.M. (1980). A Bayesian analysis of classical hypothesis testing, in Bernardo, De-Groot, Lindley and Smith (1980), Bayesian Statistics, Proceedings of the First International Meeting, Valencia 1979, Valencia.

Bickel, P.J., Doksum, K.A., (1977). Mathematical Statistics, San Francisco, Sidney.

Blackwell, D., (1947). Conditional expectation and unbiased sequential estimation, Ann. Math. Stat. 18. S. 105.

Blackwell, D., Girshick, M.A., (1954). Theory of Games and Statistical Decisions, New York.

Blyth, C.R., Still, H.A., (1983). Binomial Confidence Intervals, JASA 78, S. 108–116.

Box, G.E.P., Tiao, G.C., (1973). Bayesian Inference in Statistical Analysis, Menlo Park, Sydney.

Bühlmann, H., Loeffel, H., Nievergelt, E., (1975). Entscheidungs- und Spieltheorie, Berlin, Heidelberg, New York.

Bünning, H., Trenkler, G., (1978). Nichtparametrische statistische Methoden, Berlin, New York.

Cox, D.R., Hinkley, D.V., (1974). Theoretical Statistics, London.

Cramer, H., (1946). Mathematical Methods of Statistics, Princeton.

Darmois, G., (1935). Sur les lois de probabilité à estimation exhaustive, C. R. Acad. Sci. Paris, 260, S. 1265–1266.

De Finetti, B., (1974, 1975). Theory of Probability I, II, Chinester; Deutsch: (1981) Wahrscheinlichkeitstheorie, Wien, München.

DeGroot, M.H., (1970). Optimal statistical decisions, New York et. al.

Diaconis, P., Ylvisaker, D., (1979). Conjugate Priors for Exponential Families, Ann. Stat. 7, S. 269–281.

Dixon, P.O., (1976). Interval Estimates Derived from Bayes Testing Rules, JASA 71, S. 406–408.

Drygas, H., (1973). Median and Linear Loss-Functions, Statistische Hefte, S. 6–11.

Drukarczyk, J., (1975). Probleme individueller Entscheidungsrechnung, Wiesbaden.

Ferguson, T.S., (1967). Mathematical Statistics. A Decision Theoretic Approach, New York, San Francisco, London.

Ferschl, F., (1975). Nutzen- und Entscheidungstheorie, Opladen.

Fishburn, P.C., (1970). Utility Theory for Decision Making, New York.

Fisher, R.A., (1935). The fiducial argument in statistical inference, Ann. Eugenics, S. 391–398.

Fisz, M., (1978). Wahrscheinlichkeitsrechnung und mathematische Statistik, 9. Auflage, Berlin.

Fraser, D.A.S., (1963). On sufficiency and the exponential familiy, J. Roy. Stat. Soc. (B) 25, S. 115–123.
Frechet, M., (1943). Sur l'extension de certain evaluation statistique au cas des petit echantillons, Rev. Inst. Stat. S. 182–205.
Gaefgen, G., (1974). Theorie der wirtschaftlichen Entscheidungen, 3. Aufl., Tübingen.
Giri, C.N., (1974). Introduction to Probability and Statistics, I, II, New York.
Good, I.J., (1967). A Bayesian significance test for multinomial distributions, J. Roy. Stat. Soc. (B) 28, S. 399–431.
Gottinger, H. W., (1974a). Grundlagen der Entscheidungstheorie, Stuttgart. (1974b). Subjektive Wahrscheinlichkeiten, Göttingen, Zürich.
Guenther, W.C., (1969). Shortest confidence intervals, Ann. Stat. 23, S. 22–25.
Gray, H.L., *Watkins, T.A.*, *Schucany, W.R.*, (1973). On the Jackknifing statistic and its relation to UMVU estimators in the normal case, Comm. in Stat., S. 285–326.
Guttman, R., *Wilks, S.S.*, *Hunter, J.S.*, (1982). Introductory Engineering Statistics, 3rd Ed., New York, Toronto, Chichester, Brisbane, Singapore.
Halmos, P.R., *Savage, L.J.*, (1949). Applications of the Radon-Nikodym theorem to the theory of sufficient statistics, Ann. Math. Stat. 20, S. 225–241.
Hampel, F.R., (1978). Modern trends in the theory of robustness, Math. Operationsforschung und Statistik, S. 425–442.
Hartigan, J.A. , (1983). Bayes Theory, New York, Berlin, Heidelberg, Tokyo.
Hax, H., (1974). Entscheidungsmodelle in der Unternehmung, Hamburg.
Henn, R., *Kischka, P.*, (1981). Statistik: Theorie und Anwendung in den Wirtschaftswissenschaften, Teil 2, Königstein.
James, W., *Stein, C.*, (1960). Estimation with quadratic loss, Proc. Fourth Berkeley Symp. Math. Stat., S. 361–380, Berkeley.
Jeffreys, H., (1961). Theory of Probability, 3d Ed., London.
Jeffrey, R.S., (1967). Logik der Entscheidungen, Wien, München.
Johnson, R.B., *Truax, D.R.*, (1973). Asymptotic Behaviour of Bayes Tests and Bayes Risk, Ann. Stat. 2, S. 278–294.
Karlin, S., *Rubin, H.*, (1956). The theory of decision procedures for distributions with monotone likelihood ratio, Ann. Math. Stat. 27, S. 272–300.
Kirsch, W., (1977). Einführung in die Theorie der Entscheidungsprozesse, 2. Auflage, Wiesbaden.
Kleiter, G.D., (1981). Bayes Statistik, Grundlagen und Anwendungen, Berlin, New York.
Kofler, E., *Menges, G.*, (1976). Entscheidungen bei unvollständiger Information, Berlin, Heidelberg, New York.
Kofler, E., *Menges, G.*, *Fahrion, R.*, *Huschens, S.*, *Kuß, U.*, (1980). Stochastische Partielle Information, Statistische Hefte. S. 160–167.
Koopman, B.O., (1936). On distributions admitting a sufficient statistic, Trans. Am. Math. Soc. 39. S. 399–409.
Krelle, W., (1968). Präferenz- und Entscheidungstheorie, Tübingen.
Krutchkoff, R.G., (1970). Probability and Statistical Inference, New York, London, Paris.
Kuß, U., (1980). C-optimale Entscheidungen, Statistische Hefte, S. 261–279.
Laux, H., (1982). Entscheidungstheorie, Berlin, Heidelberg, New York.
LaValle, I.H., (1970). An Introduction to Probability, Decision and Inference, New York, Sydney.
LaValle, I.H., (1978). Fundamentals of Decision Analysis, New York et. al.
Lehmann, E.L., *Scheffe, H.*, (1950). Completness similar regions and unbiased estimation, Sankhya, 10, S. 305–340.
Lehmann, E.L., (1959). Testing Statistical Hypotheses, New York.
Lindgren, B.W., (1971). Elements of Decision Theory, New York, London.
Lindley, D.V., (1965). Introduction to Probability and Statistics from a Bayesian Viewpoint, I, II, London.
Lindley, D.V., (1971). Making Decision, London, übersetzt (1974). Einführung in die Entscheidungstheorie, Frankfurt.

Lindley, D. V., (1978). The Bayesian approach, Scand. J. Statist. 5, S. 1–26.
Mag, W., (1977). Entscheidung und Information, München.
Maritz, J. S., (1970). Empirical Bayes Methods, London.
Melsa, J. L., Cohn, D. L., (1978). Decision and Estimation Theory, New York.
Menges, G., Leiner, B., (1968). Bibliographie zur statistischen Entscheidungstheorie, Köln.
Menges, G., (1969). Grundmodelle wirtschaftlicher Entscheidungen, Köln, Opladen.
Mood, A. M., Graybill, F. A., Boes, D. C., (1974). Introduction to the Theory of Statistics, 3rd. Ed., New York.
Neyman, J., (1937). Outline of a theory of statistical estimation based on the classical theory of probability, Phil. Trans. R. Soc. A, S. 233–380.
Neyman, J., Pearson, E. S., (1967). Joint statistical papers, London.
Pitman, E. J. G., (1936). Sufficient statistics and intrinsic accuracy, Proc. Cambridge Phil. Soc. 32, S. 567–579.
Peizer, D. P., Pratt, J. W., (1968). A Normal Approximation for Binomial, F, Beta and Other Common, Related Tail Probabilities, JASA 63, S. 1416–1456.
Pratt, J. W., (1961). Length of confidence intervals, JASA 56, S. 260–272.
Pratt, J. W., Raiffa, H., Schlaifer, R., (1965). Introduction to Statistical Decision Theory, New York et. al.
Raiffa, H., (1973). Einführung in die Entscheidungstheorie, München, Wien.
Raiffa, H., Schlaifer, R., (1961). Applied Statistical Decision Theory, Boston.
Rao, C. R., (1945). Information and accuracy attainable in the estimation of statistical parameters, Bull. Calcutta Math. Soc. S. 81–91.
Rao, C. R., (1973). Linear Statistical Inference and Applications, 2nd Ed., New York.
Renn, H., (1975). Nichtparametrische Statistik, Stuttgart.
Robinson, G. K., (1972). Some counter examples to the theory of confidence intervals, Biometrika 62, S. 155–161.
Robbins, H., (1955). An empirial Bayes approach to statistics, Proceedings of the Third Berkeley Symposium on Mathematical Statistics and Probability, Vol. 1., Berkeley, S. 157–164.
Rohatgi, V. K., (1976). An Introduction to Probability Theory and Mathematical Statistics, New York, London, Sydney, Toronto.
Ross, M. S., (1980). Introduction to Probability Models, 2nd Ed., New York et. al.
Savage, L. J., (1954). The Foundations of Statistics, New York.
Savage, L. J., (1962). The Foundations of Statistical Inference, New York.
Schmetterer, L., (1966). Einführung in die mathematische Statistik, 2. Auflage, Wien, New York.
Schmitz, N., (1968). Zur Konstruktion gleichmäßig bester Minimax-Verfahren bei Mehrentscheidungsproblemen, Unternehmensforschung 12, S. 34–49.
Schneeweiß, H., (1967). Entscheidungskriterien bei Risiko, Heidelberg, New York.
Schönfeld, P., (1971). Methoden der Ökonometrie, Bd. II, München.
Sieben, G., Schildbach, T., (1980). Betriebswirtschaftliche Entscheidungstheorie, 2. Auflage, Düsseldorf.
Silvey, D. S., (1970). Statistical Inference, Harmondsworth.
Sphon, W., (1978). Grundlagen der Entscheidungstheorie, Kronberg.
Susarla, V., (1979). Empirical Bayes Theory, Encyclopedia of Statistical Science, New York.
Stange, K., (1977). Bayes Verfahren, Schätz- und Testverfahren bei Berücksichtigung von Vorinformationen, Berlin, Heidelberg, New York.
Stein, C., (1964). Inadmissibility of the usual estimator for the variance of a normal distribution with unknown mean, Ann. Inst. Stat. Math. 16, S. 155–160.
Szyperski, N., Winand, V., (1974). Entscheidungstheorie, Stuttgart.
Uhlmann, W., (1968). Kostenoptimale Prüfpläne für die Gut-Schlecht-Prüfung, Metrika 13, S. 206–220.
Villegas, C., (1975). On the representation of ignorance, JASA 72, S. 651–654.
Wald, A., (1947). Sequential Analysis, New York.
Wald, A., (1950). Statistical Decision Functions, New York, London.
Watson, S. R., (1973). On Bayesian Inference with incompletely specified prior distributions, Biometrika 60, S. 193–196.

Weibel, B., (1978). Bayes'sche Entscheidungstheorie, Bern, Stuttgart.
Wetherill, G.B., (1966). Sequential methods in statistics, New York, London, Sidney.
Wilks, S.S., (1962). Mathematical Statistics, New York.
Winkler, R.L., (1972). A Decision-Theoretic Approach to Interval Estimation, JASA 67, S. 187–191.
Winkler, R.L., (1972). Introduction to Bayesian Inference and Decision, New York.
Witting, H., (1974). Mathematische Statistik, 2. Auflage, Stuttgart.
Zehnwirth, B., (1975). Minimax Interval Estimators of Location Parameters, Ann. Stat. 3, S. 451–456.
Zellner, A., (1971). An Introduction to Bayesian Inference in Econometrics, New York.

Sachwortverzeichnis

Errata

S. 62 Figur 16: $f(x \mid \pi_j)$ statt $f(x = 1/\pi_j)$

S. 106 3. Zeile von unten: $\sigma''^2 = 0{,}067$ statt $\sigma^2 = 0{,}067$

S. 108 2. Zeile von unten: $(1/5 + 1/10)^{-1}$ statt $(1/15 + 1/10)^{-1}$

S. 130 nach b) statt des ersten Satzes: Das beste statistische Verfahren nach der Bayes Regel hat nicht nur minimales Bayes Risiko, sondern auch minimalen Posteriorischadenerwartungswert (s.S. 181).

S. 137 nach c) statt des 1. Satzes: Da das beste statistische Verfahren nicht nur minimales Bayes Risiko, sondern auch minimalen Posteriorischadenerwartungswert besitzt, kann man die Beurteilung von Testfunktionen auch nach diesem Erwartungswert vornehmen: $E_{\vartheta \mid x}[s(a, \vartheta)] = \ldots$

S. 149 7. Zeile von oben: $s(a_1, \vartheta)$ statt $s(a_0, \vartheta)$

2. Zeile von unten: $\int_0^{0,14}$ statt $\int_0^{14}$

S. 150 10. Zeile und 14. Zeile von oben: Formel für $\lambda(s \mid x)$ ohne $\dfrac{1 - p_0}{p_0}$

4. Zeile von unten $s_2 = 1$ statt $s_1 = 1$

S. 151 3. Zeile von oben: Formel für $\lambda(s \mid x)$ ohne $\dfrac{1 - 0{,}5}{0{,}5}$

S. 157 7. Zeile von oben: z_u statt $L_{-\infty}^{z_u}(Z)$

8. Zeile von oben: z_0 statt $L_{z_0}^{\infty}(Z)$

13. Zeile von oben: $L_{-\infty}^{-0,51}(z) = f_Z(-0{,}51) + (-0{,}51) \cdot F_Z(-0{,}51) =$
$= 0{,}19 = L_{0,19}^{\infty}(z)$

15. Zeile von oben: 0,51 statt 0,31 und 4,00 statt 3,79

16. Zeile von oben: 0,51 statt 0,31 und 3,74 statt 3,95

17. Zeile von oben: 0,39 statt 0,24

S. 160 7. Zeile von oben: Anstelle des Satzes „Da dieses Risiko ...": Die beste Punktschätzfunktion nach der Bayes Regel besitzt nicht nur minimales Risiko, sondern auch minimalen Posteriorischadenerwartungswert für jedes $x \in \mathfrak{X}$.

S. 165 Letzte Zeile: 0,0629 statt 0,629

S. 170 Aufgabe 14: $F_{\vartheta \mid x}$ statt F_x

S. 180 7. Zeile von unten: p_0 statt P_0

S. 186 6. Zeile von unten: $\int_{-\infty}^{T_u}$ statt $\int_{\infty}^{T_u}$

S. 191 9. Zeile von unten: ϕ statt Θ

S. 196 1. Zeile von oben: $\tilde{\mu}$ statt μ

S. 200 Partielle Erwartungswerte: $E_{-\infty}^{a}(X) = E(X) \cdot F(a \mid .)$ statt $E_{-\infty}^{a}(X) = E(X) \cdot F(x \mid .)$

Oldenbourg · Wirtschafts- und Sozialwissenschaften · Steuer · Recht

Oldenbourg · Wirtschafts- und Sozialwissenschaften · Steuer · Recht

Oldenbourg · Wirtschafts- und Sozialwissenschaften · Steuer · Recht

Oldenbourg · Wirtschafts- und Sozialwissenschaften · Steuer · Recht

www.ingramcontent.com/pod-product-compliance
Lightning Source LLC
LaVergne TN
LVHW081334011026
849161LV00013BB/2921